江苏省"十四五"时期重点出版物出版专项规划项目

AIBOT

国家人工智能和农业机器人创新中心　全国农业机器人产业科技创新联合体

联合发布

设施农业智能化丛书

SHESHI NONGYE ZHINENGHUA CONGSHU

农产品
品质与安全检测技术

—— 刘 东 董秀秀 罗莉君 李丽波 刘 倩 牛其建 段宏伟 纪冠亚 由天艳 ——

编著

江苏大学出版社

JIANGSU UNIVERSITY PRESS

镇 江

图书在版编目(CIP)数据

农产品品质与安全检测技术 / 刘东等编著. -- 镇江：
江苏大学出版社，2024.4
（设施农业智能化丛书 / 刘继展主编）
ISBN 978-7-5684-2085-3

Ⅰ. ①农… Ⅱ. ①刘… Ⅲ. ①农产品－品质②农产品
－质量检验 Ⅳ. ①S331②S37

中国国家版本馆 CIP 数据核字(2024)第 098392 号

农产品品质与安全检测技术

Nongchanpin Pinzhi Yu Anquan Jiance Jishu

编　　著/	刘　东　董秀秀　罗莉君　李丽波　刘　倩
	牛其建　段宏伟　纪冠亚　由天艳
责任编辑/	徐　婷　吴春娥
出版发行/	江苏大学出版社
地　　址/	江苏省镇江市京口区学府路 301 号(邮编： 212013)
电　　话/	0511-84446464 （传真）
网　　址/	http://press.ujs.edu.cn
排　　版/	镇江市江东印刷有限责任公司
印　　刷/	江苏凤凰数码印务有限公司
开　　本/	718 mm×1 000 mm　1/16
印　　张/	15.75
字　　数/	272 千字
版　　次/	2024 年 4 月第 1 版
印　　次/	2024 年 4 月第 1 次印刷
书　　号/	ISBN 978-7-5684-2085-3
定　　价/	89.00 元

如有印装质量问题请与本社营销部联系（电话：0511-84440882）

设施农业智能化丛书

主编

刘继展

副主编

毛罕平　由天艳

丛书编委会

（以姓氏笔画为序）

卜　权　毛罕平　左志宇　由天艳
刘　东　刘继展　李青林　张晓东
金玉成　胡建平　姜　勇　倪纪恒
韩绿化

前　言

农产品安全是确保食品质量的关键，直接关系到广大人民群众的身体健康，也是保障农业健康发展的基础。随着国家经济的蓬勃发展，人们对农产品品质提出了更高的要求。高品质的农产品成为提升居民幸福感和农民收入的重要保证。一直以来，我国都高度重视农产品品质与质量安全问题，先后颁布实施了《中华人民共和国农产品质量安全法》《全国农产品质量安全检验检测体系建设规划（2011—2015 年）》等，并在《"健康中国 2030"规划纲要》《全国农业现代化规划（2016—2020 年）》等文件中对农产品安全作出了明确部署。

近年来，随着纳米科技与生物科技的快速发展，农产品品质与质量安全检测技术日新月异。其中，有望实现农产品品质与质量安全快速现场检测的光谱学、电化学生物传感技术更是得到了广泛关注。例如，拉曼光谱可以实现对谷物中真菌毒素的快速无损检测，而通过结合电化学高灵敏性与核酸适配体高特异性，电化学适配体传感器在农产品重金属离子检测、农药残留检测等方面均展现出优异性能。

在此背景下，有必要整理并介绍农产品品质与质量安全检测技术的最新进展。本书共分为 6 章，第 1 章及第 2 章主要介绍农产品品质与质量安全检测技术的概况，第 3~6 章分别重点讨论拉曼光谱检测技术、电化学检测技术、电化学发光检测技术和光电化学检测技术的概念、方法及其在农产品品质与质量安全检测方面的研究现状。

本书由江苏大学农业工程学院的相关教师编写，各章节的编写分工如下：第 1 章、第 2 章，牛其建副研究员、段宏伟博士；第 3 章、第 4 章，刘东副研究员；第 5 章，罗莉君博士、李丽波副研究员；第 6 章，董秀秀博士、刘倩副研究员。感谢课题组研究生在材料整理、校稿等过程中的付出。

本书可供高等院校农业电气化、食品工程、环保等相关专业师生参考和学习。由于近年来学科发展迅速，也限于编者水平，书中难免存在不妥之处，热忱盼望广大读者对本书提出批评和进一步改进意见。

目 录

3 拉曼光谱检测技术

4 电化学检测技术

1

绪论

1.1 农产品

1.1.1 农产品概述

2022 年我国颁布实施的《中华人民共和国农产品质量安全法》中规定：农产品是指来源于种植业、林业、畜牧业和渔业等的初级产品，即在农业活动中获得的植物、动物、微生物及其产品。其中，植物产品包括蔬菜、水果、粮食等；动物产品包括动物的肉、脏器、脂、血液、奶、蛋等；微生物产品包括木耳、香菇、羊肚菌、猴头菌等菌类产品。

1.1.2 农产品品质

1.1.2.1 农产品品质概述

农产品品质是指农产品外观及其内在品质，包括农产品的商品属性及使用价值等，尤其是营养成分、风味等。它们虽然看不见、摸不着，但却是影响农产品品质的关键。

从农产品生产、加工、销售等方面看，农产品品质是影响农产品价值的关键。随着我国人民生活水平日益提升，人们对优质农产品的需求越来越大。为此，我国开展了以无公害农产品认证为主、绿色食品和有机食品认证为辅的农产品质量安全认证工作，该工作是全面提高我国农产品质量安全水平的重要手段。

1.1.2.2 农产品品质的影响因素

农产品品质的主要影响因素有温度、光照、水分和营养。

（1）温度

每种作物都有最适、最高和最低生长温度。在最适生长温度时，农作物生长速度最快；在大于最高生长温度或小于最低生长温度时，农作物生长则会受到不同程度的影响。当有效积温不能满足农作物的生长发育需求时，农作物就会出现生长发育不良，农产品品质变差等情况。另外，昼夜温差对农作物内的糖分积累有显著影响。昼夜温差越大，越有利于糖分积累，从而使农作物甜度升高，进一步提升农产品风味。

（2）光照

光照是植物进行有机合成的必要条件，光照不足会导致农作物营养物质积累不足、口感变差。例如，玉米、小麦等农作物的过度密植会导致作物光合作用减弱，糖分积累不足，从而影响粮食口感；若不对果园中的果树进行合理修剪，就会导致透光性变差，从而影响果实口感。

（3）水分

农作物生长的最佳湿度为 70%~80%，湿度过高易引发病虫害，湿度过低则会阻碍农作物正常的生长发育。对农作物而言，若生长期缺乏水分，会影响作物产量，还会使农产品品质变差。

（4）营养

农作物生长必须有足够的营养元素补充，公认的植物必需营养元素有 16 种，主要分为三类：一是大量元素，包括碳（C）、氢（H）、氧（O）、氮（N）、磷（P）和钾（K）；二是中量元素，包括钙（Ca）、镁（Mg）、硫（S）；三是微量元素，包括铁（Fe）、铜（Cu）、锰（Mn）、钼（Mo）、锌（Zn）、硼（B）和氯（Cl）。其中，微量元素在土壤中含量偏低，因此需要施肥以满足农作物生长的需要。

1.1.3 农产品质量安全

1.1.3.1 农产品质量安全的定义

《中华人民共和国农产品质量安全法》中规定：农产品质量安全是指农产品质量达到农产品质量安全标准，符合保障人的健康、安全的要求。广义而言，就是在农产品的生产、加工、运输以及贮藏过程中各项技术指标及卫生指标均满足国家或有关行业的执行标准。例如，在动物养殖过程中，兽药、抗生素的使用，饲料中重金属的累积，以及动物养殖环境是否合乎行业标准等；在水果蔬菜的培育过程中，农药用量、农药残留物的量是否符合行业标准；在农产品加工过程中，防腐剂、添加剂的使用是否符合行业标准；在产品贮藏过程中，产生的微生物致病菌是否符合行业标准。上述问题，都会对农产品的安全造成影响。因此，从这些角度考虑，在农产品开始生产到使用结束的整个过程中，每个环节对农产品质量安全都是至关重要的。

1.1.3.2 农产品质量安全的影响因素

（1）农药残留

农药残留是指给作物施用农药后残存于生物体、收获物、环境（土壤、水体、大气）中的微量农药原体、有毒代谢物、降解物和杂质的总称。施用于农作物上的农药，一部分会附着在农作物表面，一部分会流失到土壤、大气及水等环境中。残留农药通过农作物的根系进入农作物体内，这些农作物被人们食用后会使农药进入人体，严重危害人体健康。根据残留的特性，残留性农药可分为植物残留性农药、土壤残留性农药和水体残留性农药。根据残留的成分，残留性农药可分为有机磷类、有机氯类、拟除虫菊酯类和氨基甲酸酯类等。在植物、土壤和水体中，残留性农药主要以原化学结构和其化学转化或生物降解产物的形式残存。

（2）兽药残留

兽药残留是指给动物使用药物后蓄积和贮存在动物细胞、组织和器官内的药物原形、代谢产物和药物杂质，包括兽药在生态环境中的残留和兽药在动物性食品中任何可食用部分的残留。广义上的兽药残留除了用于防治动物疾病的药物外，还包括药物饲料添加剂、动物接触或食入环境中的污染物（如重金属、霉菌毒素等）。兽药残留的主要原因如下：使用违禁药物；不遵守休药期规定；滥用药物，即存在不符合用药剂量、给药途径、用药部位和用药动物种类等用药规定，以及重复使用多种成分相同药物的现象；兽药企业添加化学物质逃避报批，不进行说明，导致用户盲目用药；屠宰前用兽药掩饰畜禽临床症状，逃避检验，以及在休药期结束前屠宰。

（3）真菌毒素

真菌毒素是指真菌在适宜环境条件下产生的有毒代谢产物，其会导致农产品大幅减产，使农产品品质下降。农产品中常见的真菌毒素有黄曲霉毒素、赭曲霉毒素、伏马菌素、展青霉素、玉米赤霉烯酮等。被真菌毒素污染的农产品最终会通过食物链对人类和动物造成危害。食用被真菌毒素污染的食品有致癌、致畸、致突变的风险，可导致急、慢性真菌毒素中毒症等。

（4）重金属污染

重金属是指密度大于 $4.5\ g/cm^3$ 的金属，包含金、银、铜、铁等。在环境领域，重金属污染主要是指汞、镉、铅、铬以及类金属砷等生物毒性显著的重金属元素。重金属不能通过生物环境降解，相反会通过食物链不断地在生物体内累积。人类食用这些受重金属污染的产品后，体内会累积重金属，导致人体中的蛋白质结构被破坏，从而使酶失活，对人体器官造成严重伤害，危害人体健康。

1.2　农产品品质与质量安全

1.2.1　我国农产品品质与质量安全概况

我国是农业大国，农产品进出口贸易在我国国民经济中占据重要地位。近年来，随着我国对外贸易的不断扩大，我国农产品贸易也得到了快速发展。

1.2.2　我国农产品品质与质量安全存在的问题

民以食为天，食以安为先。农产品品质与质量安全直接关系到人民群众的切身利益。我国对农产品质量安全的重视程度日益增强，但近年来农产品质量安全问题仍然时有发生。这不仅对农产品消费者身体健康产生了一定的安全隐患，还使生产者的切身利益受到了一定的损失，同时也给农产品质量安全监管者带来了新的挑战。

化肥和农药是提高农作物产量的重要保障，但在实际生产环节中存在过度使用化肥、农药的现象。根据相关调查，我国主要农产品（如粮、果、菜、肉、蛋、奶等）中均存在农药、重金属和亚硝酸盐等有害物质残留污染超标现象。究其原因主要有以下几点。

（1）农业生产环境被污染

改革开放政策让我们实现了从"站起来"到"富起来"的目标，在这个过程中，一些环保问题越来越受到重视。工业"三废"（废水、废气、废渣）的排放，污染了大气环境、农田土壤及灌溉用水，导致农产品生产环境不断恶化，严重影响了农产品品质和质量安全。

（2）化肥过度使用

在农产品生产过程中，有些农产品生产者为了提高农产品产量，长期地、不当地、过度地使用化肥，导致重金属在土壤中富集（磷肥、钾肥中存在砷、铅、镉等重金属）。这些重金属被作物吸收，通过食物链进入人体，在人体内累积，最终对人体造成严重伤害。

（3）农药、植物生长调节剂滥用

在生产农产品的过程中，许多农产品生产者为了提高产品观感、产量，会使用杀虫剂、除草剂和植物生长调节剂等。部分生产者在这些药物的使用上可能存在违规行为，导致农产品中农药和植物生长调节剂等残留，严重危害人类健康。

（4）兽药、激素滥用

养殖者为追求高产，在家禽、家畜养殖过程中违规使用兽药、动物激素等，造成家禽、家畜体内的残留药物通过食物链进入人体，干扰人体的正常代谢和生长发育，严重的还会致癌。

（5）食品添加剂滥用

农产品生产者为使农产品尽快上市销售，会过量使用一些化学试剂，导致农产品品质下降，造成水果、蔬菜和肉类口感欠佳，营养成分流失。甚至有些不法商家见利忘义，使用我国明令禁止的添加剂，造成"瘦肉精""毒大米""金华火腿"等恶性事件，严重危害了人民的生命安全，对整个食品行业及社会都产生了极其恶劣的影响。

1.3 农产品品质与质量安全检测技术

1.3.1 农产品品质与质量安全检测技术研究现状

农产品品质是指农业产品在加工或使用过程中所表现的、需满足人们要求的特性。农产品质量安全因素是指农产品可能对人、动植物和环境产生危害或潜在危害的因素。农产品品质与质量安全检测是指综合运用物理、化学和仪器分析等技术，按照标准检测方法，研究农产品品质与质量安全性状指标，对粮食、果蔬、油料及其他经济作物产品质量进行分析测定。根据农产品品质与质量安全性状的理化特性，农产品品质主要分为物理品质和化学品质。农产品品质与质量安全不仅是保障人们健康、安全的重要基石，还是我国农产品出口贸易可持续发展的核心根本。因此，农产品品质和质量安全检测对保护人类健康安全具有重要意义。

1.3.1.1 农产品物理品质检测技术研究现状

农产品物理品质是指作物被利用部分所涉及或表现的物理和机械性能，

如农产品的形状、大小、色泽、质量等。不同类型的农作物，所考察的物理品质也各有差异。例如，对于粮食作物，需考察籽粒的颗粒容重、饱满度及种皮厚度等；对于棉花作物，需考察纤维长度、整齐度及拉伸强度等；对于大豆、花生类作物，需考察籽粒色泽、硬度及干物质含量等。由于不同农产品含有的主要成分不一样，所要求的各项检测指标也不同，因此需针对不同农产品选择不同的检测方法。根据检验原理，主要分为感官检验法与理化检验法。

传统农产品品质通过人体感官，主要包括眼、耳、鼻、口（包括唇和舌头）和手，对农产品色、香、味和外观形态进行综合性鉴别和评价。该方法简单易行，直观且实用。然而，感官指标存在很强的主观性，其结果很难以数据形式呈现并被大多数人接受。因此，常用理化检验法进一步检验，包括质量法、干燥法、机器视觉法、超声波法、核磁共振法等。

1.3.1.2　农产品化学品质检测技术研究现状

农产品化学品质是指作物被利用部分所含有的对人类健康有益、有害或有毒的化学成分的性质。农产品化学品质的检测内容不仅包括农产品提供给人类所需的糖类、脂肪、蛋白质、氨基酸、维生素、矿物元素和碳水化合物等营养成分的含量，还包含农药残留、重金属元素及真菌毒素等有害物质的含量。目前，用于检测农产品化学品质的方法大致分为色谱法、光谱法、生物传感器法及免疫分析法。

（1）色谱法

色谱法适用于复杂混合物的高效、快速分离，是我国目前农产品品质与质量安全检测技术中使用最广泛的方法。该方法主要通过样品中各组分的性质与结构差异实现组分分离。当流动相中携带的样品混合物流经色谱柱时，其与柱中的固定相之间产生大小不同的作用力，在两相间的分配比例产生差异。随着流动相的移动，混合物在两相间经过反复多次分配平衡，使得各组分在固定相中的滞留时间不同，形成差速移动，最终按一定次序从固定相中流出。分离后再与适当的柱后检测方法（如质谱法、荧光光谱法、分光光度法等）结合，实现混合物中各组分的检测。近年来，色谱法已被广泛应用于农产品营养成分与有害成分的检测。根据分离方式，色谱法可分为气相色谱法、高效液相色谱法及薄层色谱法等。

（2）光谱法

光谱法是指物质与辐射能作用时，通过测量物质内量子化能级间跃迁产生的发射、吸收或散射光谱的波长及强度进行分析的一种方法。在农产品品质与质量安全检测中，常用的光谱法主要有分光光度法、原子吸收光谱法、荧光光谱法、红外光谱法及拉曼光谱法等。

（3）生物传感器法

生物传感器法是近年来兴起的新型检测方法。生物传感器的工作原理是将酶、抗原、抗体、适配体、蛋白质、生物细胞、微生物等生物识别元件固定到电极或敏感元件上，当生物活性分子与待测物质结合时，就会导致检测体系中物理化学性质发生变化，进一步通过转换器将这种变化转化为光信号或电信号，最后利用检测仪器对其进行定性及定量分析。根据信号输出方式，生物传感器可分为电化学传感器、电化学发光传感器与光电化学传感器等类型。

（4）免疫分析法

免疫分析法是基于抗原、抗体的特异性识别和结合反应的分析方法。其中，酶联免疫法是将抗原、抗体的特异性免疫反应和酶的催化放大作用有机结合起来的一种常用免疫分析方法，其基本原理如下：① 使抗原或抗体结合到某种固相载体表面，并保持其免疫活性；② 使抗原或抗体与某种酶连接形成酶标抗原或抗体，这种酶标抗原或抗体既可保留其免疫活性，又可保留酶的活性。在测定时，使受检标本（测定其中的抗原或抗体）和酶标抗原或抗体按不同的步骤与固相载体表面的抗原或抗体反应，用洗涤的方法使固相载体上形成的抗原或抗体复合物与其他物质分开，结合到固相载体上的酶量与标本中受检物质（抗原或抗体）的量成一定比例。加入酶反应的底物后，底物被酶催化成有色产物，产物的量与标本中受检物质的量直接相关，故可根据颜色深浅进行待测物质的定性或定量分析。因为酶的催化效率很高，间接地放大了反应信号，所以该方法具有很高的灵敏度。目前，酶联免疫法在农产品安全检测（如重金属检测、生物毒素检测及病原微生物检测等）领域已被广泛应用。

1.3.2 农产品品质与质量安全检测技术面临的主要挑战

随着科学技术的快速发展，农产品质量安全检测技术更加注重实用性和精确性，向着微型化、低能耗化、功能专用化、多维化、一体化、成像化等方向发展。虽然上述检测技术在农产品品质与质量安全检测中已展现出不同程度的优势，但这些方法仍存在不足，有待解决。

（1）感官检验法

该方法简单、实用，且多数情况下不受时间、地点的限制，但准确性与检验者感官的敏感程度和实际工作经验密切相关。该方法不同于理化检验法那样可用确切的数字表示，其检测结果带有一定的主观性，因此其准确性有待提高。

（2）机器视觉法

机器视觉具有高精准性、高效率及可长时间持续工作等优点，擅于对结构化场景进行定量。但该方法主要依赖算法的改进，且在复杂的多变环境中抗干扰性差，影响运算速度和准确性。

（3）超声波法

利用超声波技术对农产品进行检测，不会造成农产品的污染，且检测效率高。但超声波自身具有不稳定性，检测过程中易受外界因素影响，导致检测误差大。因此，在进行超声波检测时，一定要做好管理工作，以保障超声波能够在食品检测中发挥出应有的作用。另外，农产品中的气泡也会影响该方法检测结果的准确性。

（4）核磁共振法

核磁共振信号强度与 H 质子密度密切相关。由于水果中含有大量水分，不同成熟度及组织老化、腐烂或缺陷都会引起水分的变化，利用核磁共振技术能够及时有效地捕捉 H 质子的变化。因此，可利用核磁共振技术判断水果的最佳采收期，并对产品进行分级。但该方法也具有一定的局限性：① 不适用于所有水果，且对不同水果要使用不同的处理和分析方法；② 不能精确地获取分子结构信息，且不能直接测定生物的大分子物质（糖、果胶、维生素等）含量。

（5）色谱法

色谱法是最常用的仪器分析方法，具有较高的精准度和灵敏度，在农产品品质与质量安全指标的检测中应用广泛。但是色谱法需要价格高昂的仪器设备，以及训练有素的操作人员，并且前期处理过程复杂，分析时间较长，不适合于现场快速检测。此外，在采用色谱法检测的过程中，常会有干扰物存在，因此需要与高性能的检测器相结合。

（6）光谱法

光谱法是分析农产品品质的可靠手段，灵敏度和精准度较高，所需检测时间也较短，但仪器价格昂贵且专业性强，需要专业人员操作。目前，大力发展的各种光谱法各有不足，如原子吸收光谱法检测限较高，对于待检测物质含量较低的样品，不能实现直接测定；近红外光谱检测法在农产品和食品中的应用需要根据相应的模型进行分析，但是该模型的构建难度较大，需要具备较强的分析能力和现代化的分析设备，才能很好地进行相应的分析。

（7）生物传感器法

构建生物传感器时需要将生物活性分子作为识别元素，因而该方法具有一定的生物不稳定性，适用范围也相对有限。同时，生物传感器法还需克服基底效应。这是由于实际样品成分相对复杂，存在成百上千种化学物质，这些物质会对生物传感器的性能造成一定的影响。因此，如何克服这些物质带来的基底效应是将生物传感器应用于农产品快速检测中应首要解决的问题。另外，生物传感器法目前尚处于起步阶段，其稳定性、可重复性、使用寿命等性能有待进一步提升。

（8）免疫分析法

由于抗原、抗体的结合反应具有专一性，因此每种待测物都需要建立专门的检测试剂和方法，且抗体生产成本较高，这为免疫分析法的广泛使用带来了一定的难度。另外，在采用酶联免疫法进行分析时，酶的环境不耐性会使其应用范围受到限制，尤其在采用试纸条法时易受环境因素（溶液值和盐度）干扰，出现假阴性和假阳性等现象，影响分析结果。除此之外，免疫分析法只能对一种或一类化合物进行检测，而农产品中农药残留和真菌毒素的种类繁多，因此从适用性与检测效率上说，这种方法无法在短时间内取代仪器分析法。

上述方法除了各自存在的问题外，还存在一些共性问题。其一，检测对象有限，目前已报道的检测方法的检测对象较集中，常检测的农产品营养成分包括乳糖、蛋白质、脂肪等，而有关维生素和矿物质等营养成分的检测方法的报道相对较少；对有毒有害物质的检测，主要集中在抗生素、农药和兽药等方面，而对重金属离子、添加剂、掺假成分的检测则相对较少。其二，整个检测体系的构建成本较高，检测仪器较庞大，不利于现场检测作业。因此，需要研究更先进、更经济、更方便的快速检测方法用于农产品品质与质量安全的检测。

参考文献

[1] 吴广枫.农产品质量安全及其检测技术[M].北京：化学工业出版社，2007.

[2] 岳录巧.影响农产品品质的因素及提高农产品品质的措施[J].乡村科技，2019(10)：93-94.

[3] 江巧玲.东源县农产品质量安全监管问题研究[D].广州：仲恺农业工程学院，2020.

[4] 陆燕.兽药残留产生的原因剖析及对策[J].畜禽业，2013(6)：55-56.

[5] 祖祎."一带一路"背景下我国农产品贸易发展策略[J].北方经贸，2021(9)：14-16.

[6] 陈静.我国农产品安全现状问题分析及解决对策[J].吉林蔬菜，2019(4)：58-59.

[7] 董晓晔.发展安全农产品的策略研究[J].发展，2008(9)：26-27.

[8] 沈国辉，吴卫国.DHA 微胶囊的婴幼儿奶粉制备技术研究[J].农产品加工，2011(2)：75-77,79.

[9] 布威海丽且姆·阿巴拜科日，木塔力甫·艾买提，阿米尼姑丽·买买提，等.新疆蜂胶提取物抗氧化活性及槲皮素和白杨素含量测定[J].生物技术通报，2013(2)：163-171.

[10] 郑冬梅，刘静，戴丽明，等.氯含量检测标准中的技术现状及展望[J].中国石油和化工标准与质量，2019，39(12)：7-8,10.

[11] 张志恒.农药残留检测与质量控制手册[M].北京：化学工业出版社，2009.

[12] 周邦萌，李其美.酶联免疫吸附分析技术在食品农药残留检测中的应用探究[J].食品安全导刊，2020(18)：87-88.

[13] 郭志明，王郡艺，宋烨，等.果蔬品质劣变传感检测与监测技术研究进展[J].智慧农业(中英文)，2021，3(4)：14-28.

[14] 龚菲菲.超声波技术在食品检测中的应用[J].食品安全导刊，2021 (24)：147-148.

[15] 汤梅，罗洁莹，高杨文，等.低场核磁共振技术在水果采后品质检 测中的研究进展[J].保鲜与加工，2019，19(6)：225-231.

2

农产品品质的常规检测方法

2.1 概述

民以食为天，食以安为先。随着生活质量的提高，人们对食品安全的重视程度也不断提高。农产品是食品的源头，其品质与质量安全更是人们关注的热点话题。为确保农产品质量安全，需要提高农产品品质与质量安全检测水平，用科技的力量做好农产品的质量控制。

理化检验法是利用各种仪器、设备、器械和化学试剂，通过化学、光学、力学、热学、电学、物理化学、生物学等手段检验农产品质量的方法。该方法能探明农产品的内部结构瑕疵，能深入地测定农产品的成分，包括营养物质和有害物质的含量及其性质，其检验结果相较于感官检验法更加客观、精确，可以通过具体数值表示。

理化检验法根据其原理可分为物理检验法、化学检验法和生物检验法。物理检验法用于检测长度、强度、细度、密度、相对密度、质量、体积、色泽、透明度和导电性等。化学检验法用于检测农产品的营养成分及有害物质等，这种检测方法包括定性分析和定量分析两种类型。生物检验法用于检测可食用农产品及皮张、绒毛和鬃尾等中是否存在有害微生物。本章主要介绍农产品物理指标、营养成分及有害物质的检测。

2.2 农产品物理指标检测

农产品常规物理特征（形状、体积、大小、密度、孔隙度、颜色和外观等）和物理特性（水果坚实度、成熟度，谷物损坏程度、种子品质、完整性等参数）的评估在农产品品质与质量安全检测中起着非常重要的作用。根据农产品物理参数与其组成含量之间的关系构建的检测方法，是农产品品质与质量安全检测过程中常用的前期检测方法。该方法由于可实现农产品的快速直观检测，因此成为生产管理和市场管理中不可缺少的检测手段。本节主要介绍农产品品质与质量安全检测中常用的物理指标检测方法。

2.2.1　相对密度测定

相对密度是物质重要的物理参数，各种液态农产品（如粮油、米酒、牛奶等）都具有一定的相对密度。例如，全脂牛乳的相对密度为 1.028 ~ 1.302，植物油（压榨法）的相对密度为 0.9090 ~ 0.9295。当这些农产品由于掺杂或变质等原因引起组织成分及浓度发生改变时，相对密度也往往随之改变。因此，通过测定液态农产品的相对密度，可以检验农产品的纯度、浓度，判断它们的质量。需要注意的是，当液态农产品的相对密度异常时，可以肯定该农产品的质量存在问题；而当其相对密度在正常范围内时，并不能确保该产品质量没有问题，必须配合其他理化分析，才能确定农产品的质量。

密度（ρ）是指物质在一定温度下单位体积的质量。而相对密度（d）是指某一温度（t_1）下液体样品的密度与某一温度（t_2）下同体积水的密度之比，即

$$d = \frac{t_1 \text{ 温度下物质的密度}}{t_2 \text{ 温度下同体积水的密度}} \tag{2-1}$$

根据温度 t_1 与 t_2 是否相等，相对密度又被分为真相对密度（$t_1 \neq t_2$）和视密度（$t_1 = t_2$）。目前，对于农产品及食品相对密度的测定，主要参考《食品安全国家标准　食品相对密度的测定》（GB 5009.2—2024）及《粮油检验　粮食、油料相对密度的测定》（GB/T 5518—2008），检测方法包括密度瓶法、密度计法及天平法（韦氏天平）。其中，密度瓶法和密度计法使用较多。

密度瓶法的测定原理如下：在一定温度下，用同一密度瓶分别称量等体积的样品溶液和蒸馏水，二者的质量之比即为该样品溶液的相对密度。由于样品在密封瓶内，因此可以控制样品挥发，该方法对于挥发性样品（如酒精）具有较好的测量结果。此外，使用该方法测定较黏稠样液时，宜使用具有较强疏水性能的毛细管密度瓶。该方法准确度高，可用于液态农产品相对密度的检测，但在检测过程中存在大量的洗涤、加热步骤，操作较为烦琐，并且密度瓶的容量有限，因此仅适用于样品量较少的场合。

密度计法的测定原理是以阿基米德定律（$F_浮 = G_排 = \rho_液 g V_排$）为基础的。将待测液体倒入一个较高的容器，再将密度计放入液体中，密度计下沉到

一定深度后呈漂浮状态，此时液面的位置在玻璃管上所对应的刻度就是该液体的密度，测得试样和水的密度的比值即为该样品的相对密度。在农产品及食品工业中，常用的密度计按标度方法，可分为普通密度计、糖锤度密度计、波美密度计、酒精密度计和乳稠计，分别用于测定各种密度性质不同的样品。该方法具有快速、便捷等优点，在农产品及食品检测中应用广泛。然而，其测定结果较密度瓶法准确性差，因此国家标准中规定精密度在重复性条件下获得的两次独立测定结果的绝对值之差不得超过算数平均值的5%。

此外，韦氏相对密度天平法也可用于液态农产品相对密度的精准检测，其相较于密度瓶法和密度计法灵敏度更高，但操作也更加烦琐，因此在农产品检测领域应用较少。

2.2.2　折射率测定

折射率是物质的特征常数之一，常用于测定物质的纯度及其溶液（油类、醇类、糖类溶液）的浓度。折射率的大小不仅受物品类别的影响，还受入射光波长、物质溶液浓度及环境温度的影响。例如，蔗糖溶液的折射率随浓度的增大而升高，通过测定折射率可以确定糖液的浓度。利用折射率测定的方法还可以测定以糖为主要成分的果汁、蜂蜜等农产品的可溶性固形物的含量。正常情况下，某些液态农产品的折射率有一定的范围，如正常牛乳乳清的折射率为 1.34199~1.34275。当这些液态农产品由于掺杂、浓度改变或品种改变等原因引起农产品品质发生变化时，折射率通常也会发生变化。如果测得牛乳乳清的折射率在 1.34128 以下，那么可判断其中可能掺了水。

折射率也可用于脂肪酸和油脂的定性鉴定，因为每一种脂肪酸或油脂均有其特征折射率。饱和脂肪酸的分子量增大时，折射率也增大。不饱和脂肪酸的折射率比含有同样数目碳原子的饱和脂肪酸的折射率要大得多。脂肪酸内双键数目增加，折射率增大很多。酸度高的油脂折射率低。油脂折射率还与比重有关，比重大的油脂折射率也高。因此，测定折射率可以鉴别油脂的组成和品质。

通过测量农产品的折光率来鉴别其物质的组成，确定物质的纯度和浓度以及判断物质品质的分析方法，称为折光法。《化学试剂　折光率测定通用方法》（GB/T 614—2021）中将折光率定义为在钠光谱 D 线、20 ℃的条件下，空气中光速与被测物中光速的比值或光自空气通过被测物时的入射角正弦与折射角正弦的比值，记作 n_D^{20}。对某种介质来说，入射角的正弦与折射角的正弦之比为恒定值，它等于光在空气中和介质中的速度之比，此值称为该介质的折射率，又称折光系数，一般用 n 表示。近年来，除了国家标准方法中采用阿贝折光仪测定折光率，各种新型手段也被开发用于测定折光率，如 Pereira 等利用近红外光谱法实现对植物油的一些参数包括折光率的测定等。

2.2.3　比旋光度测定

当普通光通过一个偏振的透镜或尼科尔棱镜时，一部分光会被挡住，只有振动方向与棱镜晶轴平行的光才能通过。这种只在一个平面上振动的光称为偏振光。偏振光的振动面称为偏振面。当平面偏振光通过手性化合物溶液后，偏振面的方向就被旋转了一个角度。这种能使偏振面旋转的性能称为旋光性，而具有旋光性的物质就称为旋光物质或光学活性物质。许多农产品或食品成分都具有光学活性，如单糖、低聚糖、淀粉以及大多数的氨基酸和羟基酸等。

目前，在农产品检测中，比旋光度主要采用《化学试剂　比旋光本领（比旋光度）测定通用方法》（GB/T 613—2007）中所规定的自动旋光仪进行测定。农产品中具有光学活性的还原糖类（如葡萄糖、果糖、乳糖、麦芽糖等）溶解后，其比旋光度起初迅速变化，然后渐渐变化得较缓慢，最后达到恒定值。利用自动旋光仪测定农产品的比旋光度，并将测定结果与该物质的标准比旋光度做比较，可测定该类物质在该农产品中的纯度和含量，从而判断农产品品质。表 2-1 中列出了常见糖类的比旋光度。

表 2-1　常见糖类的比旋光度

糖类	比旋光度 $[\alpha]$	糖类	比旋光度 $[\alpha]$
葡萄糖	+52.5	乳糖	+53.3
果糖	−92.5	麦芽糖	+138.5
转化糖	−20.0	糊精	+194.8
蔗糖	+66.5	淀粉	+196.4

2.2.4　质构测定

农产品加工的目的是经过适当处理使食品原料所具有的固有组织变成

感官效果较好的质构，即改善原料质构的固有性和原始性，增加其实用性、商品性和感官性。这些专业指标很难通过人类长期积累的经验进行量化和传承，同时人为的判断往往带有个人偏好的主观意见，缺乏科学的量化论证。科学的分析方法需要科学的可量化的数据，以及测量这些数据的专业化仪器。

国际标准组织（ISO）将食品的质构定义为"用力学的、触觉的，可能的话还包括视觉的、听觉的方法能够感知的食品流变学特性的综合感觉"。它是农产品除色、香、味以外的一种重要性质，是决定农产品档次的重要指标之一。食品（农产品）的质构包括咀嚼性、硬度、酥脆性、胶黏性、黏附性和弹性等（见表2-2）。

表2-2 常规质构指标及定义

质构指标	定义
咀嚼性	把固态食品咀嚼成能够吞咽的状态所需的能量
硬度	使物体变形所需的力
酥脆性	破碎产品所需的力
胶黏性	把半固态食品咀嚼成能够吞咽的状态所需的能量
黏附性	食品表面与其他物体（舌、牙、口腔）附着时，剥离它们所需的力
弹性	物体在外力作用下发生形变，当撤去外力后恢复原来状态的能力

质构仪，也叫物性分析仪，其通过模拟人的触觉，分析检测样品的物理特征，并使用统一的测试方法对样品的物性概念做出准确表述。它是量化物性的精确的测量仪器。质构仪在水果中的应用主要包括测试水果的成熟度、坚实度，果皮或果壳的硬度，果实的脆性，以及果皮或果肉的弹性、凝聚性等；在蔬菜中的应用主要包括测试蔬菜的成熟度、硬度、酥脆性、弹性、断裂强度、韧性、柔软性和纤维度等。质构仪具有如下特点：软件功能强大，使用简单；有多种探头可供选择，检测模式灵活；精度高，性能稳定，坚固耐用，具有数据存储等功能；适用于大多数农产品，包括面制品、肉制品、米制品、乳制品、糖果、果蔬等。质构仪作为一种感官分析仪器，解决了感官指标所存在的主观性、不稳定性问题，使得农产品质构检测数据化、科学化，可广泛应用于农业、食品、医药和化工等领域。

2.3 农产品营养成分检测

2.3.1 矿质元素测定

矿质元素（大量元素，如 Ca、K、Na、Mg 等；微量元素，如 Fe、Zn、Se、Mo、Cr、Co 等）含量是农产品营养评估分析的重要指标，主要采用石墨炉原子吸收光谱法进行分析。

采用石墨炉原子吸收光谱法测定矿质元素前需要对样品进行消解处理。主要过程如下：准确称取试样 0.2~0.6 g 置于微波消解罐中，加入 5 mL 硝酸，微波消解试样。冷却后取出消解罐，在 140~160 ℃的电热板上赶酸至 0.5~1 mL。待消解罐冷却后，将消化液转移至 10 mL 容量瓶中，用少量水洗涤消解罐 2~3 次，合并洗涤液，用水定容至刻度，同时做试剂空白试验。

2.3.2 脂类测定

脂类是油、脂肪、类脂的总称。食物中的油脂主要是油和脂肪。脂肪是由甘油和脂肪酸组成的三酰甘油酯，是生物体的重要组成部分和储能物质，是粮食和油料籽粒中的重要化学成分，也是人体不可或缺的重要营养物质之一，还是工业的重要原料。花生、油菜、向日葵、蓖麻、松子、核桃等植物都含有较多的脂肪，这些植物的脂肪多储存在它们的种子里，压榨它们的种子可以得到食用植物油。

测定食品的脂肪含量可以用来评价食品的品质，衡量食品的营养价值。不同作物或食物，由于脂肪含量及其存在形式不同，测定脂肪含量的方法也各不相同。植物性或动物性油脂的脂肪含量最高，而水果、蔬菜的脂肪含量很低。常用的脂肪含量测定方法有索氏提取法、酸水解法、碱性乙醚提取法（罗兹-哥特里法）、巴布科克氏法和盖勃氏法、氯仿-甲醇抽提法。

2.3.3 碳水化合物测定

农产品中的碳水化合物通常包括糖分、淀粉、纤维素、半纤维素及果胶等，它们均为衡量农产品品质的重要指标。植物中的糖分含量主要受作物种类、品种特性及生育时期变化的影响，同时受气温、光照、雨水、施肥等环境条件的影响。

测定农产品中糖分含量的方法有很多，如重量法、容量法、比色法及旋光法等。重量法是以还原糖将斐林试剂还原产生的 Cu_2O 称重为基础的经典法。容量法按所用氧化剂不同又分为铜还原法和铁氰化钾还原法两类，前者常以斐林试剂为氧化剂，后者以铁氰化钾的碱性溶液为氧化剂。

淀粉是由葡萄糖聚合而成的高分子化合物。淀粉在酶或酸的作用下又水解成葡萄糖，这是淀粉经酶或酸水解后测定还原糖从而计算淀粉含量的理论基础。此外，淀粉经分散和酸解后具有一定的旋光性，所以也可用旋光法测定淀粉含量。

2.3.4 蛋白质和氨基酸测定

农产品中蛋白质含量的测定方法主要有凯氏定氮法、双缩脲法和紫外吸收法。先测定样品中的总氮量，再由总氮量计算出样品中的蛋白质含量。这里测定的氮也包括非蛋白的氮，所以只能称测量结果为粗蛋白的含量。

氨基酸含量的测定方法主要包括电位滴定法、甲醛滴定法、茚三酮比色法、薄层色谱法。电位滴定法和甲醛滴定法都利用了氨基酸的两性作用，加入甲醛以固定氨基的碱性，再利用强碱标准溶液来滴定羧基，并用间接的方法测定氨基酸总量。电位滴定法简单易行、快速方便，适用于各类样品游离氨基酸含量的测定，即使是浑浊和色深的样液也可不经处理而直接测定。甲醛滴定法则适用于发酵液中氨基氮含量的测定，以了解可被微生物利用的氮源的量及利用情况，并以此作为控制发酵生产的指标之一。茚三酮比色法利用氨基酸在碱性溶液中能与茚三酮作用生成蓝紫色化合物（除脯氨酸外均有此反应）的原理来测定氨基酸含量。蓝紫色化合物的颜色深浅与氨基酸含量成正比，其最大吸收波长为 570 nm。根据这一特性，可以测定样品中氨基酸含量。薄层色谱法首先取一定量水解后的样品溶液滴在制好的薄层板上，在溶剂系统中双向上行展开，样品各组分在薄层板上经过多次吸附、解吸、交换等作用，使同一成分具有相同的 R_f 值（retention factor value，比移值），不同成分具有不同的 R_f 值，从而达到各种混合物彼此分离的目的；然后用茚三酮显色，与标准氨基酸对比，鉴别氨基酸种类，从显色斑点颜色的深浅可以大致确定其含量。

2.3.5 维生素测定

维生素是维持机体正常生理功能及细胞内特异代谢反应所必需的一类微量低分子天然有机化合物。根据维生素的溶解性，可将其分成两大类：脂溶性维生素（维生素 A、D 等）和水溶性维生素（B 族维生素、维生素 C 等）。脂溶性维生素不溶于水而溶于脂肪及有机溶剂（如苯、乙醚及氯仿等），在食物中常与脂类共存，在酸败的脂肪中容易被破坏，其吸收情况与肠道中的脂类密切相关，主要储存于肝脏中。水溶性维生素及其代谢产物较易排出，体内没有非功能性的单纯的储存形式。

维生素 A 类是指含有 β-白芷酮环的多烯基结构，并具有视黄醇生物活性的一大类物质。广义而言，它包括已经形成的维生素 A 和维生素 A 原。三氯化锑比色法是常用的维生素 A 测定方法，其基本原理是维生素 A 在三氯甲烷中与三氯化锑相互作用，生成蓝色物质，其颜色深浅与溶液中维生素 A 的含量成正比。但该蓝色物质不稳定，需在一定时间内（约 6 s）用分光光度计于 620 nm 波长处测定其吸光度。

维生素 C 是一种己糖醛基酸，有抗坏血病的作用，因此被人们称为抗坏血酸。维生素 C 主要有还原型及脱氢型两种，广泛存在于植物组织中。新鲜的水果、蔬菜，特别是枣、辣椒、苦瓜、柿子叶、猕猴桃、柑橘等食物中维生素 C 含量较多。维生素 C 是氧化还原酶之一，本身易被氧化，但在有些条件下又是一种抗氧化剂。维生素 C 的含量可以通过其还原性质进行测定。常用的测定方法有 2,6-二氯靛酚滴定法（还原型维生素 C）、2,4-二硝基苯肼法（总维生素 C）、碘酸法、碘量法和荧光分光光度法。

2.4 农产品有害物质检测

2.4.1 重金属元素测定

2.4.1.1 重金属分析的样品前处理技术

样品中的元素常与蛋白质、维生素等有机物结合，形成难溶解或难离解的有机矿物化合物，从而失去原有特性。因此，在对元素进行分析之前，需对样品进行处理。前处理的目的在于将被测元素从复杂的样品中分离，同时除去对分析测定有干扰的基体物质，或者浓缩被测组分以降低检测限。样品前处理通常采用的方法是在高温下结合强氧化剂分解有机物，使其中的碳、氢、氧等元素转化成二氧化碳和水，使被测的金属或非金属微量元素以氧化物或无机盐的形式留下来。有机样品的前处理按具体操作方法分为干法灰化、湿法消化和微波消解三大类。

（1）干法灰化

样品在马弗炉（500～550 ℃）中经过高温灼烧后，被充分灰化，使得有机组分被氧化分解，而无机组分（主要是无机盐和氧化物）留下来以供测定。但是在灰化过程中，高温会引起待测元素的挥发损失或滞留在酸不溶性灰粒上的损失。为了克服灰化法的不足，通常在灰化之前加入适量的助灰化剂。常用的助灰化剂有氧化镁、硝酸镁、硝酸、硫酸等。这些助灰化剂的加入，不仅提高了无机物的熔点，而且使得样品呈疏松状态，加快了氧化过程。

（2）湿法消化

湿法消化的主要原理是样品在加热条件下被硝酸、高氯酸、硫酸、过氧化氢等强氧化剂氧化分解，有机成分中的碳、氢、氧等元素转化为二氧化碳和水等逸出，无机成分则留在消化液中以供检测。因为样品在分解时呈现液体状态，所以称该方法为湿法消化。

湿法消化的优点：有机物分解速度快，所需时间短；加热温度低，可减少金属的挥发逸散损失。缺点：消化时易产生大量有害气体，需在通风橱中操作；消化初期会产生大量泡沫外溢，需随时照看；试剂用量较大，有时空白值偏高。

（3）微波消解

微波消解一般是在 2450 MHz 微波电磁场的作用下，以每秒 24.5 亿次的超高频率振荡样品溶剂，使溶剂中的样品分子相互碰撞、摩擦、挤压而产生高热，促使样品分解完全。溶液体系中的离子在微波电场的作用下定向移动，形成离子电流。在这个过程中，离子在流动中与周围的分子和离子相互摩擦和碰撞，将微波能转化为热能。微波热量传输是通过体系内的物质吸收微波能量转化为热量，然后带动整个体系温度升高的。热量在容器内的试剂和样品混合物中传递并最终通过导体消散到周围环境中。不同的微波消解装置是通过压力或温度反馈控制装置控制微波源的开关，合理有效地利用微波能量的。微波消解技术具有样品分解快速、完全，挥发性元素损失小，试剂消耗少，操作简单，处理效率高，污染小，空白值低等显著特点，近年来备受关注。微波消解不适用于具有突发性反应和含有爆炸组分的样品的消解。若加酸后反应剧烈，则需静置至激烈反应结束再放入微波消解仪中。若反应非常激烈，还可将酸加入试样中浸泡过夜，次日再放入微波消解仪中消解，从而达到更好的消解效果。

2.4.1.2　重金属测定方法

目前，重金属检测技术比较成熟，主要包括电感耦合等离子体质谱法

（ICP-MS）、原子吸收光谱法、原子荧光光谱法等。这些检测技术具有稳定性好、灵敏度高、重复性好等优点，其中 ICP-MS 能够实现多金属元素同步分析，被广泛用作农产品中重金属检测的首选方法。ICP-MS 的基本原理是样品经酸消解处理为样品溶液，样品溶液经雾化由载气送入 ICP 炬管中，经过蒸发、解离、原子化和离子化等过程转化为带电荷的离子，经离子采集系统进入质谱仪，质谱仪根据质荷比进行分离。对于一定的质荷比，质谱信号强度与进入质谱仪的离子数成正比，即质谱信号强度与样品浓度成正比。通过测量质谱信号强度，可对样品溶液中的元素进行测定。

2.4.2 农药残留测定

2.4.2.1 农药残留分析的样品前处理技术

一般来说，农药残留分析的样品前处理分为 3 个步骤，分别为提取、分离和净化。前处理的主要目的是改善提取效果，减少基质和杂质对检测结果的影响。样品和目标农药的理化性质不同，所选择的提取试剂、净化方法和浓缩条件也不同，可根据相似相容原则选择合适的提取试剂和方法。目前，经典的提取、净化方法有漂洗、匀浆、索氏提取、超声波提取、柱色谱、薄层色谱等。常用的农药残留分析的样品前处理技术有农药残留萃取技术和样品提取液净化技术。

（1）农药残留萃取技术

农药残留的溶剂萃取方式主要包括液-液萃取、液-固萃取和液-气萃取。其中，前两者是农产品和食品农药残留萃取的主要方式。

液-液萃取主要用于提取水、果汁或奶制品等液态样品中的农药残留。其利用残留农药在不同液相中分配比例或溶解度的不同，经多次萃取达到分离、提取或纯化的目的。常用的液相是水和有机溶剂，其中亲水性化合物易进入水相，憎水性化合物易进入有机溶剂相。

液-固萃取一般用于提取蔬菜、水果和谷类等农产品中的农药残留。其将固相中的待测物溶解，后经萃取获得农药残留，实现残留农药从固相到液相的转移。如果单纯靠有机溶剂去提取固相中的残留农药，那么短时间内很难达到理想的提取效果。因此，一般采用振荡或索氏提取法辅助加快提取速度，以增强提取效果。

（2）样品提取液净化技术

分离残留农药与干扰基质的操作过程称为净化。提取过程中随残留农药一同被提取出来的样品基质称为共萃取物，如油脂、色素、糖分和蛋白质等。共萃取物会干扰检测结果，甚至污染检测仪器，因此样品净化对农药残留检测非常重要。常见的样品净化方法主要有液-液分配净化法、柱色谱法、凝胶渗透色谱法等。

液-液分配净化法的基本原理是通过溶剂提取样品中的残留农药，基于分配定律，利用农药和杂质在不同溶剂中的溶解度不同，经多次液-液分配，将残留农药转移到目标有机相。一般采用由非极性和极性溶剂组成的混合溶剂进行分配，同时加入盐溶液进行盐析，以增加残留农药的转移程度。

柱色谱法操作简单、吸附剂可自行制备、成本低、净化效果好，是实验室样品净化的常用方法之一。其利用吸附剂对残留农药和杂质的吸附力差异，用不同极性溶剂进行洗脱，从而达到分离、净化的目的。一般最先被洗脱的是残留农药，而杂质等被吸附在吸附柱上。在净化过程中，一般采用梯度洗脱法，即使用不同极性的洗脱液，根据相似相容原理，分时段地洗脱不同极性的残留农药。该方法常用于多残留检测。

凝胶渗透色谱法是目前大型检测中常用的样品净化手段之一，对含有大分子脂肪、色素的样品净化效果好。该方法是根据溶质（被分离物质）分子量的不同，使其通过具有分子筛性质的固定相（凝吸），从而达到物质分离的目的。溶质分子量越大，在固定相中的移动速度就越快，洗脱时间也越短。

2.4.2.2　农药残留测定方法

目前国家标准规定的用于农药残留测定的方法有气相色谱法和高效液相色谱法等。高效液相色谱法以液体为流动相，通过高压输液系统将流动相泵入装有固定相的色谱柱，各组分在柱内被分离，最后进入检测器进行测定，实现对试样的分析。

动物性样品经提取、净化、浓缩、定容、微孔滤膜过滤后进样，用反相高效液相色谱分离，用紫外检测器检测，根据色谱峰的保留时间定性，利用外标法定量。植物性样品用乙腈提取，提取液经固相萃取或分散固相萃取净化，使用带荧光检测器和柱后衍生系统的高效液相色谱仪进行检测，利用外标法定量。

（1）实验仪器和设备

高效液相色谱仪、旋转蒸发仪、凝胶净化柱、高速匀浆机、高速离心机、组织捣碎机、氮吹仪、固相萃取柱、氨基填料等。

（2）样品前处理

① 采样。

动物性样品：蛋类去壳，制成匀浆；肉类去筋，切成小块，制成肉糜；乳制品，混匀待用。

植物性样品：蔬菜和水果的取样量按照《新鲜果蔬　取样方法》（20220785—T—424）的规定执行，食用菌样品随机取样 1 kg。

样品取样部位按照《食品安全国家标准　食品中农药最大残留限量》（GB 2763—2021）附录 A 的规定执行。对于个体较小的样品，取样后全部处理；对于个体较大的基本均匀样品，可在对称轴或对称面上分割或切成小块后处理；对于细长、扁平或组分含量在各部分有差异的样品，可在不同部位切取小片或截成小段后处理。将提取的样品全部切碎，充分混匀，用四分法取样或直接放入组织捣碎机中捣碎拌成匀浆，放入聚乙烯瓶中。例如：谷类随机取样 500 g，粉碎后使其全部可通过 425 μm 的标准网筛，再放入聚乙烯瓶或袋中；油料作物、茶叶、坚果和香辛料随机取样 500 g，粉碎后充分混匀，放入聚乙烯瓶或袋中；植物油类搅拌均匀，放入聚乙烯瓶中。所有试样于-18 ℃下保存。

② 提取与分配。

蛋类：称取蛋类样品 20 g，置于 100 mL 具塞三角瓶中；加水 5 mL（视样品水分含量加水，使总水量约为 20 g。通常鲜蛋水分含量约75%，加水 5 mL 即可），加 40 mL 丙酮，振摇 30 min；加氯化钠 6 g，充分摇匀；再加 30 mL 石油醚，振摇 30 min。取 35 mL 上清液，经无水硫酸钠滤于旋转蒸发仪中，浓缩至约 1 mL，加 2 mL 乙酸乙酯-环己烷（1∶1）溶液再浓缩，如此重复 3 次，浓缩至约 1 mL。

肉类：称取肉类样品 20 g，加水 6 mL（视样品水分含量加水，使总水量约为 20 g。通常鲜肉水分含量约 70%，加水 6 mL 即可），然后按照蛋类样品的提取、分配步骤处理。

乳制品：称取乳类样品 20 g，鲜乳不需要加水，直接加丙酮提取，然后按照蛋类样品的提取、分配步骤处理。

蔬菜、水果和食用菌：称取 20 g 试样置于 150 mL 烧杯中，加入 40 mL 乙腈，用高速匀浆机以 15000 r/min 转速匀浆提取 2 min，将提取液过滤至装有 5~7 g 氯化钠的 100 mL 具塞量筒中，盖上塞子，剧烈振荡 1 min，在室温下静置 30 min。吸取 10 mL 上清液置于 80 ℃ 水浴中，用氮吹仪蒸发至近干，加入 2 mL 甲醇溶解残余物，待净化。

③ 净化。

动物性样品提取液：将提取液经凝胶柱以乙酸乙酯-环己烷（1∶1）溶液洗脱，弃去 0~35 mL 流分，收集 35~70 mL 流分。将其旋转蒸发浓缩至约 1 mL，再经凝胶柱净化收集 35~70 mL 流分，旋转蒸发浓缩，用氮吹仪蒸发至约 1 mL，以乙酸乙酯定容至 1 mL，留待高效液相色谱分析。

植物性样品提取液：将固相萃取柱用 4 mL 甲醇-二氯甲烷（1∶99）溶液预淋洗，当液面到达柱筛板顶部时，立即加入待净化溶液，用 10 mL 离心管收集洗脱液，用 2 mL 甲醇-二氯甲烷（1∶99）溶液涮洗烧杯后过柱，并重复 1 次，将收集的洗脱液置于 50 ℃ 水浴中用氮吹仪蒸发至近干，准确加入 2.5 mL 甲醇，混匀，用 0.22 μm×25 mm 微孔滤膜过滤，待测。

（3）农药残留量的测定

将仪器调至最佳状态后，分别将 5 μL 混合标准溶液及试样净化液注入色谱仪中，以保留时间定性，将试样峰高或峰面积与标准比较定量。试样中各农药残留量为

$$X = \frac{V_1 \times V_3 \times A}{V_2 \times m \times A_s} \times \rho \tag{2-2}$$

式中：X 为试样中各农药的残留量，mg/kg；ρ 为标准溶液中被测组分的质量浓度，mg/L；V_1 为提取溶剂的总体积，mL；V_2 为样液的最终定容体积，mL；V_3 为待测溶液的定容体积，mL；A 为待测溶液中被测组分的峰面积，mV·s 或 mL·s（液体）；A_s 为标准溶液中被测组分的峰面积，mV·s 或 mL·s（液体）；m 为试样质量，g。

计算结果应扣除空白值，以重复性条件下获得的 2 次独立测定结果的算术平均值表示，保留 2 位有效数字。当农药残留量超过 1 mg/kg 时，保留 3 位有效数字。

2.4.3 真菌毒素测定

本小节所用的样品前处理方法和检测方法与前文所述一致，此处不再

叙述。根据《粮油检验 主要谷物中16种真菌毒素的测定 液相色谱-串联质谱法》（LS/T 6133—2018）的规定，采用乙腈-水-乙酸溶液提取试样中的真菌毒素，经振荡、离心后，取上清液进行稀释、离心、过滤，加入稳定同位素内标，通过液相色谱-串联质谱法测定，利用稳定同位素内标法定量。

（1）实验仪器和设备

高效液相色谱-串联质谱仪、冷冻离心机、天平、振荡器、粉碎机、筛网、13 mm 聚四氟乙烯针头过滤器（孔径 0.2 μm）。

（2）样品前处理

样品经粉碎机粉碎，过 500 μm 孔径筛网后，混匀。准确称取 5 g 样品置于 50 mL 离心管中，加入 20 mL 乙腈-水-乙酸提取液，振荡提取 30 min，然后以 6000 r/min 转速离心 10 min，吸取 0.5 mL 上清液置于 1.5 mL 离心管中，加入 0.5 mL 水并混匀，在 4 ℃下以 12000 r/min 转速离心 10 min，将上清液过 0.2 μm 孔径的聚四氟乙烯滤膜，收集滤液。分别吸取 180 μL 滤液和标准溶液置于 400 μL 内插管中，将 20 μL 稳定同位素内标混合入工作溶液中，涡旋混匀，供液相色谱-串联质谱法测定使用。

（3）真菌毒素的测定

① 定性测定。

使用液相色谱-质谱法测定样品，若检测的色谱峰保留时间与标准品色谱峰保留时间一致，则允许偏差小于±2.5%；若定性离子与定量离子的相对丰度和浓度相当的标准工作液的相对丰度一致，且相对丰度的允许偏差不超过表 2-3 中的规定，则可判断样品中存在被测物。

表 2-3 定性时离子相对丰度的允许偏差 %

离子相对丰度	≥50	50~20	20~10	≤10
允许偏差	±20	±25	±30	±50

② 定量测定。

绘制标准曲线：使用液相色谱-串联质谱法测定样品，将配置含有同位素内标的标准溶液按浓度从低到高依次注入液相色谱-串联质谱联用仪，待仪器条件稳定后，以待测真菌毒素和其对应内标的浓度比为横坐标，以目标物和内标的峰面积比为纵坐标，对各个数值点进行最小二乘法线性拟合，以绘制标准曲线。

采用同位素内标法进行定量，样品中真菌毒素的含量为

$$X = \frac{x \times \rho \times V \times f}{m} \qquad (2\text{-}3)$$

式中：X 为试样中待测真菌毒素的含量，$\mu g/kg$；x 为待测真菌毒素/内标的浓度比；ρ 为待测真菌毒素对应的内标质量浓度，$\mu g/L$；V 为加入的提取液体积，20 mL；f 为提取液稀释因子，$f=2$；m 为试样质量，g。

计算结果以重复性条件下获得的 2 次独立测定结果的算数平均值表示，保留至小数点后 1 位。当测定结果不符合重复性要求时，应按《粮油检验　一般规则》（GB/T 5490—2010）的规定重新测定，并计算结果。检测限和定量限见表 2-4。

表 2-4　16 种真菌毒素的检测限和定量限

毒素名称	检测限/ ($\mu g \cdot kg^{-1}$)	定量限/ ($\mu g \cdot kg^{-1}$)	毒素名称	检测限/ ($\mu g \cdot kg^{-1}$)	定量限/ ($\mu g \cdot kg^{-1}$)
AFB1	0.3	1.0	NIV	60.0	200.0
AFB2	0.3	1.0	DON	45.0	150.0
AFG1	0.3	1.0	DON-3G	7.5	25.0
AFG2	0.3	1.0	3-AcDON	12.0	40.0
ZEN	6.0	20.0	15-AcDON	6.0	20.0
OTA	0.6	2.0	ST	0.3	1.0
HT-2	3.0	10.0	FB1	6.0	20.0
T-2	0.6	2.0	FB2	3.0	10.0

参考文献

［1］唐三定.农产品质量检测技术［M］.北京：中国农业大学出版社，2010.

［2］PEREIRA A F C, PONTES M J C, NETO F F G, et al. NIR spectrometric determination of quality parameters in vegetable oils using iPLS and variable selection［J］. Food Research International, 2008, 41（4）：341-348.

［3］朱丹实，李慧，曹雪慧，等.质构仪器分析在生鲜食品品质评价中的研究进展［J］.食品科学，2014，35(7)：264-269.

［4］大连轻工业学院，华南理工大学，郑州轻工业学院，等.食品分析［M］.北京：中国轻工业出版社，1994.

［5］苗春雨.食品中铬的测定方法改进［J］.中国医药指南，2013，11(17)：86-87.

［6］任志秋，孙淑华，乐也国.测定大豆粗脂肪含量方法 SZC-C 型脂肪测定仪［J］.黑龙江粮食，2003(5)：36-37.

［7］王凤龙，王刚.烟田农药安全使用技术［M］.北京：中国农业出版社，2004.

［8］吴广枫.农产品质量安全及其检测技术［M］.北京：化学工业出版社，2007.

［9］鲍时安，陈永玲.火焰原子吸收法测定木瓜中的铜、锰、钙、镁［J］.广州食品工业科技，2002(4)：38-40.

［10］张志恒.农药残留检测与质量控制手册［M］.北京：化学工业出版社，2009.

［11］宋瑞，高景报，张蕾，等.畜产品中常见农药残留及检测方法［J］.今日畜牧兽医，2019，35(4)：1-2.

［12］王世平.食品安全检测技术［M］.北京：中国农业大学出版社，2016.

［13］刘楚楚，刘倩倩，张艳敏.采用 GC-MS/MS 对酿酒原料中农残测量可靠性的探讨［J］.酿酒，2020，47(4)：44-47.

［14］刘利晓.HPLC 法和 LC-MS/MS 法测定饲料中黄曲霉毒素 B_1 含量的比较［J］.畜牧与饲料科学，2019，40(10)：1-8.

［15］蔡潼玲，林长虹，董超先.食品中的黄曲霉毒素 B_1、B_2、G_1、G_2 的超高效液相色谱-串联质谱检测［J］.广东化工，2016，43(7)：192-194.

3

拉曼光谱检测技术

3.1 概述

3.1.1 拉曼散射

当一束光照射到介质（固体、液体、气体）上时，会产生多种光学效应，其中大部分光会被介质吸收、透射、反射，而小部分光则会发生散射。事实上，散射现象在大自然中普遍存在，当入射粒子击中目标物质后，由于入射粒子与目标物质发生相互作用，使前者的运动方向发生改变甚至能量变化，形成散射现象。

散射过程中的能量变化具体表现为散射光波长与入射光波长的变化，通常采用波长的倒数（cm^{-1}）作为其变化的单位。光散射可根据能量变化大小进行分类，通常包括瑞利散射（Rayleigh scattering）、拉曼散射（Raman scattering）、布里渊散射（Brillouin scattering）三类。一束频率为 ν_0 的单色光（如激光）照射到待测物分子上，入射光与散射光的波长变化小于 $10^{-5}\ cm^{-1}$，这种散射称为瑞利散射，其散射光的强度占总散射光强度的 $10^{-6} \sim 10^{-10}$ 数量级。在瑞利散射过程中，光子与待测物分子不发生能量变化，散射频率不变，仅光子传播方向发生改变。这种现象是由待测物分子反冲造成的，称为弹性碰撞。1922 年，布里渊观察到波长变化约为 $0.1\ cm^{-1}$ 的散射现象，命名为布里渊散射；之后，拉曼发现波长变化大于 $1\ cm^{-1}$ 的散射现象，即拉曼散射。在布里渊散射、拉曼散射过程中，光子与分子发生能量转换，同时改变了光子的运动方向与频率，这一过程属于非弹性碰撞。在非弹性碰撞后，光子吸收或释放能量，使传波方向及频率改变，对待测分子振动产生抑制或激发作用。

拉曼散射是能反映分子转动、振动信息的非弹性碰撞。其中，斯托克斯（Stokes）散射是由待测分子吸收能量导致散射光子能量低于入射光子能量，从而波动频率下降的散射；反斯托克斯（Anti-Stokes）散射则是由待测分子释放能量导致散射光子能量高于入射光子能量，从而波动频率增加的散射。对于任何物质，受单色光激发的斯托克斯效应总会伴随反斯托克斯效应的产生或消失，其波峰位置的相对频移量相同。

根据量子理论，分子运动遵循能量守恒定律，因此可以从能级角度解释拉曼散射。如图 3-1 所示，E_0 表示基态的能量，E_1 表示振动激发态的能量，$E_0+h\nu_0$ 和 $E_1+h\nu_0$ 称为激发虚态的能量。待测分子吸收频率为 ν_0 的光子后会跃迁至虚态，而虚态是分子的非稳定能态，因此分子会重新跃迁回到低能级。若分子释放频率为 ν_0 的光子从激发虚态回到基态，发射光子与入射光子能量相同，则此时发生瑞利散射；若分子从低能态跃迁到高能态，发射频率为 $\nu_0-\nu$ 的光子，其能量小于入射光子，则此时发生斯托克斯散射；若分子从高能态跃迁到低能态，同时发射频率为 $\nu_0+\nu$ 的光子，则此时发生反斯托克斯散射。

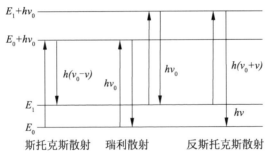

图 3-1 拉曼散射能级跃迁示意图

3.1.2 拉曼散射光谱特征

拉曼散射是待测物质固有的物理特性，而拉曼光谱则是在拉曼散射现象基础上建立的一种光谱分析方法，对光谱特征信息进行提取和分析，可精确获得物质的组成。通常将拉曼散射强度与波长关系的函数图称为拉曼光谱图（图 3-2），其纵坐标是散射强度，可用任意单位表示，横坐标是拉曼位移，也是非弹性散射最主要的特征量，单位是波数（cm^{-1}）。拉曼光谱主要有频移、强度、偏振 3 个特征参数。

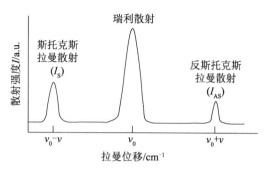

图 3-2 拉曼光谱图

3.1.2.1 频移特征

在拉曼光谱图中,拉曼位移(Raman shift)或拉曼频率(Raman frequency)是相对于入射光频率重新标记的散射光频率。通常用相对于瑞利线的位移表示拉曼位移的数值,位移为正数的为斯托克斯位移,位移为负数的为反斯托克斯位移,多应用于发荧光的分子。

斯托克斯线与瑞利线之间的频率差用式(3-1)表示,反斯托克斯线与瑞利线之间的频率差用式(3-2)表示。两者数值相等,符号相反,分别称为斯托克斯频率 w_S 和反斯托克斯频率 w_{AS},它们对称地分布在瑞利线的两侧。值得注意的是,入射光频率 w_0 不影响拉曼频率。

$$\nu_0 - (\nu_0 - \nu) = \nu \qquad (3-1)$$

$$\nu_0 - (\nu_0 + \nu) = -\nu \qquad (3-2)$$

散射来源于入射粒子和分子的相互作用。根据能量守恒定律,所有的散射(包括拉曼散射)过程,其能量必须满足:

$$E_S - E_0 = E_K \qquad (3-3)$$

式中:E_K、E_S 和 E_0 分别代表散射体系 K 的能量、散射光的能量和入射光的能量。

由于光子能量 $E = \hbar w_0$,故方程(3-3)可以改写为

$$\hbar(w_S - w_0) = \hbar w_K \qquad (3-4)$$

式中:$\hbar$ 为约化普朗克常数。

E_K 是散射体系本身性质的体现,一般不随入射光频率发生变化。因此,根据公式,拉曼频率 $w_{AS} - w_0$ 也必定与入射光频率无关。

对于同一物质,不同频率的入射光照射会产生不同的拉曼散射频率,

但拉曼位移的数值始终保持一致，这是拉曼光谱作为定性鉴定和表征物质结构的主要依据。拉曼位移是拉曼散射光谱的波长与入射光波长的频率差，取决于分子本身振动能级的改变，与入射光的波长无关。不同分子有不同的振动能级，它们的拉曼图谱可以反映分子特定能级的能量变化。根据分子中含有的化学键或基团，可以判断分子的指纹图谱信息，进而达到检测的目的。

3.1.2.2 强度特征

在散射强度方面，拉曼散射约为瑞利散射的千分之一，而强度低则是制约拉曼光谱发展与应用的关键问题。根据玻尔兹曼定律，基态光子数远大于激发态光子数，因此斯托克斯散射强度要远大于反斯托克斯散射，它们的强度比可根据公式（3-5）计算：

$$\frac{I_{AS}}{I_S} = \left(\frac{\nu_0 - \nu}{\nu_0 + \nu}\right)^4 e^{\frac{-h\nu}{kT}} \tag{3-5}$$

式中：ν_0 为激发光频率；ν 为散射光频率；k 为玻尔兹曼常数；h 为普朗克常数；T 为热力学温度。

当 ν_0 和 T 恒定时，斯托克与反斯托克散射强度比与相对波数成正比。在拉曼光谱分析中，通常测定斯托克斯散射。

当光入射到分子上产生辐射时，其总强度为

$$I = \frac{16\pi^4 \nu^4}{3c^3} M_0^2 \tag{3-6}$$

式中：I 为光学系统接收到的拉曼信号强度；ν 为感生偶极子的振荡频率，即散射光频率；M_0 为感生偶极子的振幅；c 是光速。

粒子的拉曼散射强度为

$$I = \frac{16\pi^4 \nu^4}{C^4} I_0 \, (\alpha_{yx}^2 + \alpha_{zx}^2) \tag{3-7}$$

式中：C 为样品中产生拉曼散射的物质浓度；I_0 为入射光强度；α 为极化率张量。

前面的计算中仅考虑了单个偶极子散射的情况，而实际测量的是大量分子体系的散射光强度平均值。式（3-7）中，极化率张量 α 与空间中偶极子的取向相关，而单个偶极子的取向是任意的。因此，求解大量粒子的总散射光强必须对个别偶极子可能的取向求平均，然后乘以总偶极子数 N。散射光强 I

表示拉曼散射的相对强度，在特定的条件下与待测样品浓度 C 的关系为

$$I = K\varphi_0 C \int_0^b e^{-(\ln 10)(k_0+k)z} h(z)\,\mathrm{d}z \tag{3-8}$$

式中：K 为分子的拉曼散射的截面积；φ_0 为样品表面的激光入射功率；b 为样品池宽度；k_0 为入射光的吸收系数；k 为散射光的吸收系数；z 为入射光和散射光通过的距离；$h(z)$ 为光学系统的传输函数。

拉曼散射光谱具有定量检测分析的潜力，它的强度与样品中特定工作条件下要测试的物质的浓度成正比。然而，获得拉曼散射光的强度与待测物质浓度之间的线性关系是很难的，这与仪器和样品本身的因素有关，如样品的自吸收、单色器的光谱狭缝宽度、样品池的大小、样品的自吸收、光源功率的稳定性等。因此，直接量化不同浓度样品的拉曼散射强度是非常困难的，可采用内标法或外标法进行校正。

3.1.2.3　偏振特征

当入射光是偏振光时，对于确定方位的分子和晶体，分子结构和晶体对称性将决定散射光的偏振状态。因此，偏振光拉曼光谱实验提出了偏振态的选择定则，也称偏振选择定则，用于分析拉曼峰和晶体对称性。

外加交变电磁场作用于分子内原子核和核外电子，可促使分子电荷分布形态发生畸变，诱导偶极矩产生。极化率可以用来量化诱导偶极矩的大小，极化率越高，分子的电荷分布越容易改变。若分子极化率在振动过程中发生变化，则说明分子具有拉曼活性，产生拉曼散射。具有拉曼活性的分子在振动过程中极化率发生变化，而极化基团具有红外活性，非极化基团没有显著的红外活性，因此红外光谱和拉曼光谱是互补的。

3.1.3　拉曼光谱检测系统的构成

自首次被发现以来，拉曼光谱历经近百年的发展历程，在诸多领域得到了广泛研究与应用。随着计算机技术、智能化控制技术等的进步，拉曼光谱检测系统也获得了快速发展，尤其是在集成度、智能化水平等方面。拉曼光谱检测系统的主要组成部分为激发光源、光谱仪、探测器。

3.1.3.1　激发光源

拉曼检测系统最初使用的光源主要是太阳光与汞灯。现阶段，单色性好、相干性好、指向性强的激光已逐渐替代太阳光与汞灯，成为拉曼检测系统中的主要光源。根据检测物质不同，激光器可分为气体激光器、固体

激光器、半导体激光器和自由电子激光器等。激发光光源主要包括可见光、紫外光和近红外光。其中：可见激光光源的常用波长为 457，488，514，532，633，660 nm；紫外激光光源的常用波长为 244，257，325，364 nm；近红外激光光源的常用波长为 785，835，980，1064 nm。在拉曼光谱研究中，选择合适的激发光波长十分关键，需要遵循以下原则：

① 拉曼散射强度与激发光频率密切相关，选择高频率的激发光可以得到明显的激发光效果。

② 选择距离分子最大吸收峰波长较近的激发光，能够产生共振拉曼效应，实现拉曼增强。

③ 高频率激发光易造成荧光背景干扰。

④ 高能量激发光可能会导致样品受损，而近红外激发光容易引发热效应使样品分解。

3.1.3.2　光谱仪

分光光路是拉曼光谱仪的核心部分，其主要作用是将不同波长的散射光分开。光栅色散型分光光路主要由入射狭缝、准直镜、光栅、会聚镜、色散元件等组成。其中：狭缝的作用是接收从滤光器射出的样品拉曼散射信号；准直镜可将散射光转化为平行光束，并将其会聚至色散元件；色散元件主要将棱镜、光栅作为分光元件，可实现紫外光、可见光、红外光光谱范围内光线的分解。光栅光谱因具有范围宽、分辨率高等优点而成为现阶段拉曼光谱系统的首选分光元件。经过色散元件分离，光谱信号在会聚透镜作用传输至信号检测系统后需进行进一步转换及处理。

3.1.3.3　探测器

由于拉曼散射信号较弱，因此要求光谱仪能高灵敏地获取拉曼散射信号。目前，拉曼光谱仪中对光信号的检测主要有单道检测和多道检测两类，二者分别对应窄波长范围和宽波长范围中的光谱信号。

在早期的光谱信号探测中，主要使用基于光化学效应的照相干板，但其检测效率低。随着检测技术的不断优化，使用电荷耦合探测器（CCD）和光电倍增管（PMT）可有效实现弱信号的探测。CCD 和 PMT 均基于光电效应原理，但在设计、应用和性能上存在显著差异。PMT 是一种单道检测的真空管，而 CCD 是一种多道检测的半导体器件。PMT 利用光照下产生的光电子进行二次电子发射，CCD 则是用电荷量表示不同状态的半导体动态位移寄存器，同时具有光电倍增和光电二极管的优势，且光谱分辨率高、响应范围宽、尺寸小、功耗低。与 PMT 相比，CCD 能够节省采样时间，同时在短时间内多次采样，从而提高信噪比。因此，CCD 已成为搭建光谱检测系统的首选。

3.2 常见的拉曼光谱检测方法

常见的拉曼光谱检测方法包括激光共振拉曼光谱（resonance Raman spectroscopy，RRS）法、表面增强拉曼光谱（surface enhanced Raman spectroscopy，SERS）法、共聚焦显微拉曼光谱（confocal micrographic Raman spectroscopy，CMRS）法等。

3.2.1 激光共振拉曼光谱法

激光共振拉曼光谱技术是在传统拉曼光谱的基础上引入共振吸收增强效应而发展起来的一种拉曼技术。由于激发光波长与分子内的电子跃迁波长相差较大，常规拉曼散射谱带强度较弱。而共振拉曼光谱技术使用接近或等于散射分子内的电子跃迁波长，可引发强烈的吸收和共振效应，获取常规谱图中无法观察到的组合振动光谱，因此其拉曼强度可增强 $10^4 \sim 10^6$ 倍。

共振拉曼光谱和常规拉曼光谱在系统设计方面类似，但共振拉曼光谱对光源、单色器和探测器有特殊的要求。在光源选择方面，激发光源的可调谐性是共振拉曼光谱检测的必要条件。同时，为保证激发光源谱线的单色性和频率稳定性，光源谱带宽度应较窄；为保证激发光源强度和会聚性，需要减少样品自身损耗的散射光。因此，在共振拉曼光谱中将探测器更换为光子计数器电子或脉冲计数器，利用双、三光栅单色器代替棱镜的方法抑制样品损耗的散射光。

激光共振拉曼光谱法因其高灵敏度和高选择性等优势，在多个领域得到了广泛应用，尤其是在低浓度、微量样品检测方面。然而，由于共振拉曼光谱技术需要使用昂贵的连续可调激光器，因此在应用方面受到了限制。

3.2.2 表面增强拉曼光谱法

由于拉曼散射强度低且易受荧光背景干扰，因此将拉曼光谱技术应用在痕量物质分析方面存在较大难度。1974 年，Flesichmann 等首次发现在银电极表面吸附的吡啶的拉曼信号增强了 10^6 个数量级，这为之后的表面增强拉曼散射的提出奠定了基础。表面增强拉曼散射的基本原理是将痕量分子吸附于小尺寸金属颗粒表面，导致金属颗粒表面或附近的分子拉曼散射强度增强 $10^4 \sim 10^6$ 倍。由于此类增强主要依赖入射电场的强度与极化率的变化，因此表面增强拉曼散射的增强机制主要包括电磁增强（EM）和化学增强（CE）。

电磁增强主要是由于局域等离子体共振的激发，也就是等离子激元在金属表面被入射光所激发，使局部电场产生振荡，从而增强表面拉曼散射信号。对于此类增强机制，基底材料性能是其拉曼信号增强的关键，通过设计具有特定结构的活性基底材料，可以实现对增强能力的调控。目前，电磁增强常用的基底材料有金属电极、纳米金、纳米银，以及一些半导体氧化物材料等。化学增强产生机制是利用吸附分子与金属表面的化学作用来提高体系极化率，而改变体系极化率的主要原因是金属与其表面吸附分子之间的电荷转移效应和化学键效应。其中，化学键效应源于吸附分子与金属表面的复合、成键等相互作用，而电荷转移效应则主要在吸附分子与金属发生电子激发时产生。

表面增强拉曼光谱法灵敏度高、检测快速，同时检测对样品浓度需求低、无破坏性，可以实现现场快速检测的目的，适用于环境监测与公共安全、食品安全检测、水体污染物检测等领域。但是，由于只有几种金属可激发优异的表面增强拉曼信号，且此类基底需具有表面粗糙或纳米形态，因此可重复性制备高性能基底仍然是表面拉曼增强技术发展的挑战。

3.2.3 共聚焦显微拉曼光谱法

共聚焦显微拉曼光谱技术是一种基于显微镜系统与拉曼光谱系统的新型拉曼分析技术。该技术可以利用显微镜放大样品图像，并精准选择拉曼检测区域，从而高效采集目标区域的拉曼光谱。共聚焦显微拉曼光谱技术的原理是使光源、样品、探测器共轭聚焦，从而确保拉曼探头的散射光均源自激光焦点薄层微区的散射光，以此抑制杂散光并实现无损检测。共聚焦显微拉曼光谱仪的光路设计简单，且稳定性高、重复率好。为了得到最佳拉曼信号，应尽量选择荧光效应弱的波长，同时也应尽量避免热效应对样品的破坏。

共聚焦显微拉曼光谱法可以通过共聚焦扫描去除杂散光，这有助于获得高质量的样品图像，而基于显微镜放大的微区扫描能够实现拉曼检测效率的提高。该方法检测速度快、检测灵敏度高、样品用量少，已被广泛应用于环境污染、生物学、文物的鉴定和修复等方面。

3.3 拉曼光谱的分析方法

3.3.1 采集参数的选择

3.3.1.1 激光功率的选择

拉曼信号是激光照射样品时，样品产生的散射现象。激光功率的大小不影响样品的拉曼位移，但对拉曼谱峰强度影响显著，而样品自身性质也是拉曼激光选择的重要考量。在拉曼光谱测试过程中，激光照射样品后会使样品表面温度升高而产生热效应，甚至使样品的物理状态发生改变（如气化或碳化），特别是吸收能力强、有颜色、导热能力弱的样品。同时，激光在激发样品拉曼信号的同时也可以引发荧光现象，而荧光信号会引起拉曼光谱基线漂移，并可能降低或湮灭拉曼信号。然而，低激光功率虽然可以降低热效应及荧光背景的影响，但无法有效激发拉曼信号，导致检测信噪比下降。因此，选择合适的激光功率是高效获取拉曼信号的基础。

3.3.1.2 积分时间的选择

积分时间是指激光快门开启至关闭的时间间隔。一般而言，积分时间长可以显著增加采集拉曼谱峰的强度。但是，积分时间过长会导致光谱的采集时间延长，采集效率降低；同时，拉曼谱峰会变形或缺失，可能导致荧光背景影响增强，引发谱线漂移以及信号强度降低；积分时间过长也会增加宇宙射线出现的概率，从而影响数据采集的准确性。基于以上考虑，为了能够高效地获取优质拉曼谱图，必须确定合适的拉曼光谱积分时间。

3.3.2 预处理

对于拉曼光谱分析，预处理是必不可少的，其主要目的是降低噪声与荧光背景的影响，提高后续测试结果的准确性，同时避免高维光谱数据增加复杂程度以及影响建立模型的鲁棒性。现阶段，对拉曼谱图的预处理方式主要包括平滑、归一化、求导等。

3.3.2.1 平滑

一般来说，拉曼光谱的噪声主要来自样品黑体和环境的辐射、激光和拉曼散射的发射噪声、样品/容器的荧光背景、探测器噪声等。依据噪声与光谱信号统计特性之间的差异，可通过平滑滤波的方式降低噪声，主要包括滑动窗口中值法、滑动窗口平均法、Savitzky-Golay 平滑法。

（1）滑动窗口中值法

滑动窗口中值法是指一个滑动窗口沿着光谱向量平移，对窗口内部元素取中值来达到光谱降噪的目的。具体而言，滑动窗口中值法按数值大小对窗口内部数据点进行排序，并以序列中间值作为滤波窗口的输出。设窗口宽度为 $2m+1$，则平滑后的光谱 S' 为

$$S'(n) = \text{median}\left[S(n-m), \cdots, S(n), \cdots, S(n+m)\right] \tag{3-9}$$

式中：n 为光谱数据点的个数。

（2）滑动窗口平均法

类似于滑动窗口中值法，滑动窗口平均法是指一个窗口沿着光谱向量滑动，先计算窗口中所有元素的算术平均值，再将这个平均值作为窗口中心位置元素替换到原始光谱中，进而达到光谱降噪的目的。设原始光谱为 S，窗口宽度为 $2m+1$，则平滑后的光谱 S' 为

$$S'(n) = \frac{\sum\limits_{i=-m}^{m} S(n+i)}{2m+1} \tag{3-10}$$

式中：$i=1$，2，$\cdots$，n，n 为光谱数据点的个数。

需要注意的是，滑动窗口宽度是滑动窗口平均法的重要参数。窗口宽度太小会产生滤波残留，但窗口宽度过大则可能导致信息丢失、光谱失真。

（3）Savitzky-Golay 平滑法

Savitzky-Golay 平滑法是指通过定义一个包含奇数个数据点的窗口，对中心点进行平滑。设原始光谱为 S，窗口宽度为 $2m+1$，则平滑后的光谱 S' 为

$$S'(n) = \frac{\sum\limits_{i=-m}^{m} S(n+i)h(i)}{H} \tag{3-11}$$

式中：$h(i)$ 表示平滑系数；H 表示归一化因子，$H = \sum\limits_{i=-m}^{m} h(i)$。

相较于滑动窗口平均法，Savitzky-Golay 平滑法是将窗口中的数据点拟合成多项式。其中，数据点的个数为奇数，平滑的点是根据所得多项式计算出来的。

3.3.2.2 归一化

对拉曼光谱进行归一化处理的主要原因是拉曼信号强度受到激光强度、积分时间、聚焦束尺寸等因素的影响，归一化处理可以通过原始光谱除以光谱数据中的参照值将光谱强度值等比缩放至一个标准范围，实现光谱强度的校正。选取合适的参照值是归一化处理的关键。待测物质浓度最大时，可选择其对应的峰值、光谱整谱面积、最高谱峰面积、最高谱峰强度等作为参照值。

归一化公式如下：

$$S'(i) = \frac{S(i)}{S} \times 100\% \tag{3-12}$$

式中：$S'(i)$ 为归一化后的光谱强度；$S(i)$ 为原始拉曼光谱强度；$i = 1$，2，…，n，n 为光谱数据点的个数；S 为参照值。

3.3.2.3 求导

对拉曼光谱进行求导处理的目的是降低背景干扰以及基线漂移、偏移造成的数据偏差。具体而言，求导是指沿光谱谱线逐一计算波数点的斜率，并形成新的曲线，即导数图谱。需要指出的是，由于求导会使噪声变大，所以必须对光谱进行平滑处理。常用的光谱求导方法有直接差分法和 Savitzky-Golay 求导法等。

直接差分法较为简单，对于离散光谱 x_i，可根据以下公式计算出波长 λ、差分宽度 d 的一阶导数和二阶导数：

$$x_{\lambda, 1st} = \frac{x_{\lambda+d} - x_{\lambda-d}}{d} \tag{3-13}$$

$$x_{\lambda, 2nd} = \frac{x_{\lambda+d} - 2x_\lambda + x_{\lambda-d}}{d^2} \tag{3-14}$$

对于 Savitzky-Golay 求导法，首先需要选择与数据序列相邻的奇数个数据点作为窗口；其次将这些点视为多项式函数，用最小二乘法拟合多项式系数的值；最后根据多项式系数和求导的结果，计算不同阶导数。

虽然这种方法消除了基线，提高了分辨率，但是噪声的增大使得信噪比降低。差分宽度的选择是十分重要的，若差分宽度太大，平滑过度，则容易丢失细节；若差分宽度太小，则噪声会很大，影响分析。

3.3.3 数据模型分析

光谱数据分析的关键在于建立样品待测指标的数学预测模型，其中模型建立、分析预测是重要步骤。前者主要应用数学方法，将校正集样本中已知的待测特性与训练样本的光谱相关联，建立待测特性的校正模型；后者则利用校正模型计算得到预测样本的性质。下面介绍拉曼光谱定量分析中常用的建模分析方法。

（1）多元线性回归法

多元线性回归（multiple linear regression，MLR）法是一种多元校正方法，又称逆最小二乘法。若自变量 x_j 有 m 个，$j=1$，2，$\cdots$，m，因变量为 y，则用多元线性回归法建立 y 与 x_j 之间的线性关系，数学模型为

$$y = \sum_{j=1}^{m} b_j x_j + e \qquad (3\text{-}15)$$

式中：b_j 为回归系数，e 是误差项。

当样品数为 n 时，其矩阵形式为

$$Y = BX + E \qquad (3\text{-}16)$$

式中：E 为浓度残差矩阵；B 为回归系数矩阵；X 为样品光谱矩阵；Y 为样品浓度矩阵。

需要指出的是，进行多元线性回归分析时，假定校正集的样本数总是多于光谱变量的个数，即 $n>m$。对于复杂程度较低的体系，例如不存在干扰、低噪声、无共线性等条件时，多元线性回归分析可以作为合适的分析方法。然而，多元线性回归分析直接使用光谱数据变量来构建模型，而没有考虑光谱数据信息与模型的实际相关性以及信号噪声对模型建立预测能力的影响。

（2）主成分回归法

主成分回归（principal component regression，PCR）法采用多元统计中的主成分分析（principal component analysis，PCA）分解光谱矩阵，之后选取主成分进行多元线性回归。这种方法的核心是主成分分析，核心思想是数据维度的降低。降维后，少数主成分是原始变量的线性组合，其中每个主分量彼此正交，第一主分量具有解释变量的最大方差，其余分量依次减小。主成分的选择应代表原始变量数据的特征而不丢失信息，以消除信息共存的重叠部分。

采用 PCA 将光谱矩阵 X 进行分解，得到

$$X = TP^{\mathrm{T}} \qquad (3\text{-}17)$$

式中：T 为得分矩阵；P 为载荷矩阵。

选取得分矩阵的前一些主成分组成新变量 T_0，代替原始光谱变量与浓度矩阵 Y 建立多元线性回归模型：

$$Y = BT_0 + E \tag{3-18}$$

主成分回归分析是对从原始光谱矩阵中提取的主因子特征响应矩阵与浓度进行回归分析，从而消除部分误差影响，以提高预报准确度，简化数据分析。

（3）偏最小二乘法

偏最小二乘（partial least square，PLS）法是以因子分析为基础的多变量校正方法。在某种程度上，这种方法可视为主成分分析、多线性偏差分析、典型相关分析的综合。其基本思想是考虑 Y 在 X 矩阵测试中的作用，同时对光谱矩阵 X 和浓度矩阵 Y 进行分解并以主要成分 X 和 Y 进行回归。

对光谱矩阵 X 和浓度矩阵 Y 进行主成分分析：

$$X = TP^T + E \tag{3-19}$$

$$Y = UQ^T + F \tag{3-20}$$

式中：T 和 U 分别为 X 和 Y 的得分矩阵；P 和 Q 分别为 X 和 Y 的载荷矩阵；E 和 F 分别为残差矩阵。

对降维处理后的 T 和 U 进行多元线性回归分析：

$$U = BT + G \tag{3-21}$$

式中：B 为回归系数矩阵；G 为残差矩阵。

偏最小二乘法可以同时分离光谱矩阵 X 和浓度矩阵 Y 的主要成分，有效解决多重相关问题，是光谱定量分析中最常用的多元校正方法。

除上述方法外，支持向量机（support vector machine，SVM）法作为一种非线性建模分析方法，可以解决小样本、非线性、高维数等问题，在模式识别、信号处理等领域得到了广泛研究。

3.4　农产品品质与质量安全的拉曼光谱检测技术

农产品检测主要分为品质检测和安全检测两个方面。农产品品质主要是指农产品的形态、颜色、硬度、糖分、病变等。农产品风险的主要来源包括农药残留超标、重金属累积和真菌毒素侵染等。近年来，拉曼光谱因无须样品前处理以及检测快速、便捷、无损伤等优势被广泛应用于水果、蔬菜等农产品品质与安全检测中。在农产品拉曼光谱检测中，提取复杂拉曼光谱中的有用信息是至关重要的一步，基于统计方法的化学计量模型常用于处理拉曼光谱中的数据。常见数据处理方法有主成分回归法、偏最小二乘法、多元线性回归法及人工神经网络法等。随着技术的进步和检测要求的提高，拉曼信号的显著增强使得表面增强拉曼光谱术（SERS）成为一种成熟的超灵敏分析技术。SERS 标签的使用也大大降低了数据处理的难度。为增强拉曼散射，贵金属及其复合材料被用作拉曼增强基底产生局域表面等离子体共振，使拉曼信号得到增强。此外，一些信号放大方法如杂交链式反应、催化发夹组装扩增、酶扩增等也被广泛应用于分析物的识别，进而实现拉曼信号的增强。

3.4.1　农产品中营养物质的拉曼光谱检测

农产品中的营养物质包括物理化学成分、大量营养物质和微量营养物质（维生素、碳水化合物、蛋白质、脂质、灰分、矿物质等），可以通过测定参数来评价，如其生物活性物质及营养物质的成分、微生物污染和病原体的存在、农产品的来源、农产品基质中的掺假情况等。

农产品质量的测定可以通过传统的分析技术来完成，但传统技术需要花费大量时间，样品制备烦琐，并且常常造成环境污染（产生有毒废物）。根据绿色化学原理，以及基于化学计量学相关的振动光谱（红外、拉曼和高光谱成像系统）具有快速测量、不需要样品制备、不会对操作人员产生风险、不会产生有毒废物的优点，拉曼光谱检测已成功应用于农产品中各种营养物质的分析。

3.4.1.1　维生素的拉曼光谱检测

维生素是评价果蔬类农产品品质的重要指标。例如，作为一类重要的维生素，胡萝卜素的含量能反映果蔬的成熟度、新鲜度等，利用拉曼光谱技术采集胡萝卜素的指纹谱图，并结合数据处理建模，可以实现对果蔬类农产品的无损检测，指导此类农产品的采摘、储存及品质甄别。

Peter 等采用 1064 nm 激光作为激发光，采集了蔷薇果实表面的拉曼光谱图，实现了无损检测。他们发现蔷薇果实的拉曼特征谱线大部分源于类胡萝卜素，主要为 β-胡萝卜素。果实内部的谱图中出现了不饱和顺式脂肪酸及其酯类的谱带，而外部谱带则可归属为包括不饱和顺式脂肪酸、多糖和多酚等多种物质。上述光谱信息可提供此类蔷薇果实主要成分的标志物，应用于此类水果产品的定性分析。Dana 等将 SERS 技术应用于维生素 B_2、B_{12} 的同时检测。在浓度依赖性测量中，SERS 技术对维生素 B_2、B_{12} 的检测限均为 100 nmol/L，而在含有淀粉和糖的复杂基质中，其可实现二者的检测限低至 70 nmol/L。Osterrothová 等提出了一种共振拉曼光谱和高效液相色谱相结合的方法，并将其应用于雪藻类胡萝卜素的检测，建立了雪藻不同生命周期阶段的光谱库。他们还利用拉曼光谱确定了初级类胡萝卜素（叶黄素，β-胡萝卜素）和二级类胡萝卜素（虾青素）在雪藻不同生命周期阶段的比例。Bicanic 等通过激光光热窗法、共振拉曼光谱法和三刺激比色法对 21 种不同芒果匀浆中的 β-胡萝卜素进行了分析。

农产品的成熟度信息对采摘、储运等过程意义重大。例如，油棕榈的出油率与油棕榈果实的成熟度密切相关，因此准确获取鲜果的成熟度信息至关重要。Raj 等利用机器学习建立了油棕榈果实成熟度的自动分类模型。他们测试了油棕榈果实的拉曼光谱，采用 19 种分类技术对所提取的果实特征进行分析，将果实分为欠成熟、成熟和过成熟 3 个成熟度类别，并将 1515 cm^{-1} 处的胡萝卜素指纹拉曼峰作为区分油棕榈果实成熟度的关键指标。

考虑到成熟番茄和未成熟番茄的不同拉曼光谱特征，Trebolazabala 等将两个拉曼仪器（便携式和共聚焦显微镜式）耦合，为番茄成熟度检测提供了互补验证。其中，在未成熟的番茄中，分析的主要物质为角质层蜡和角质层；在成熟的番茄中，分析的主要物质包括多酚、胡萝卜素和多糖。通过对红番茄和绿番茄的图谱进行分析发现，拉曼光谱技术是鉴定农产品成熟指标的有效技术。Jaeger 等采用 785 nm 激光波长的手持式拉曼光谱仪采集了辣椒表面的拉曼光谱，用于测定其成熟度。他们对同一果实在不同成熟期的拉曼光谱进行了记录，同时对果实间的拉曼光谱差异进行了分析，将光谱数据转化为成熟指数的分类方案，最终将果实成熟度归为从未成熟到完全成熟 4 个级别。新鲜度是评价果蔬类农产品质量的重要参数，而利用拉曼光谱法对其进行检测具有无损、快速等优点。例如，在柑橘储存过程中（<20 天），通过对类胡萝卜素的拉曼谱图进行分析发现，柑橘新鲜度与果皮相同区域收集的拉曼信号密切相关。针对果蔬新鲜度分析问题，

Wu 等使用石墨烯片负载金/银纳米粒子作为 SERS 基底,通过便携式拉曼检测系统分析了柠檬、苹果、番茄、红辣椒和胡萝卜等多种水果和蔬菜的新鲜度。结果发现,随着在冰箱中储存时间的增长,在上述农产品表面采集的部分拉曼信号强度逐渐增加,而且经过长期储存会出现峰值。Pinzaru 等研究发现类胡萝卜素的拉曼信号强度可以作为水果新鲜度的检测指标,并引入了新鲜度拉曼系数,不同柑橘类群的新鲜度拉曼系数的递减斜率不同。

3.4.1.2　糖类的拉曼光谱检测

作为农产品的重要营养成分,糖类物质的含量、种类与产品的口感、营养价值及经济价值密切相关。因此,基于拉曼光谱技术快速、无损检测的优势,该方法已广泛应用于农产品中糖类物质的定性分析与定量分析,其中,定性分析可借助糖类物质自身的指纹谱图,而定量分析则需依赖特征提取、数据建模等方法。

Boyaci 等利用拉曼光谱技术实现了对蜂蜜中葡萄糖、麦芽糖、果糖和蔗糖含量的快速测定。他们将化学计量学方法、偏最小二乘法和人工神经网络法引入拉曼光谱数据分析,解决了蜂蜜基质中多种结构相似的糖分子间的相互干扰问题。基于上述策略,他们对不同糖分子的光谱特征进行解析,实现了糖含量的判别分析,并结合校准数据集创建模型/训练网络,利用验证数据集对该方法进行评估。此外,该技术也被用于定量分析软饮料中的葡萄糖、果糖和蔗糖含量。在获取软饮料稀释液中葡萄糖、果糖和蔗糖拉曼光谱的基础上,他们使用拉曼光谱形成校准模型并绘制曲线,利用偏最小二乘回归方法进行数据分析,从而利用校准模型预测软饮料中的糖分含量。

基于拉曼光谱在糖类检测方面的优势,研究者们对其在农产品品质甄别及相关领域也均有研究。针对掺假蜂蜜中常见的高果糖玉米糖浆(HFCS)、麦芽糖浆(MS),Li 等建立了一种基于拉曼光谱与偏最小二乘线性判别模型(PLS-LDA)相结合的掺假蜂蜜甄别模型,该模型对掺有 HFCS、MS 的掺假蜂蜜的分析总准确率分别达到 91.1%、97.8%。Ellis 等将化学计量学与拉曼光谱相结合,并应用于新鲜椰子水中糖类、HFCS 等掺杂物的甄别。他们利用该方法对 785 个样品进行了拉曼光谱分析,结果表明该方法可以辨别椰子水中糖比例的微小异常,实现掺假分析。在糖化过程监测方面,Sato

等利用多变量拉曼光谱开发了一种分析特定酶糖化反应的技术，用于研究植物组织中的糖化过程。他们采用偏最小二乘回归分析法建立了麦芽糖、葡萄糖和淀粉的定量预测模型，并应用于监测 α 淀粉酶引起的糖化过程。结果显示，检测结果与常规方法具有良好的一致性。

近年来，随着特异性识别元件的出现，将其引入拉曼光谱检测体系以提高糖类物质的分析选择性逐渐成为研究热点。Liu 等提出了一种基于拉曼光谱与分子印迹技术的检测方法，用于简单、快速地探测植物组织中的葡萄糖、果糖。这种检测方法以葡萄糖、果糖为模板分子，利用分子印迹等离子体萃取微探针，实现镀金针灸针上特异性分子印迹化合物的制备，并将其用于植物组织中葡萄糖或果糖的特异性提取。在此基础上，利用硼酸功能化的银纳米粒子对提取的葡萄糖或果糖分子进行标记，并形成亲和夹层复合物，用于拉曼光谱采集；利用镀金微探针及纳米银的等离子体增强作用，实现拉曼信号的增强。该方法具有灵敏度高、特异性强、检测速度快的优势，其检测限低至 1 μg/mL，且可在 20 min 内实现检测目的，已成功应用于对苹果中葡萄糖、果糖的空间分布特征研究。

3.4.2 农产品中重金属元素的拉曼光谱检测

随着经济社会的快速发展，工业生产及日常生活中的废物过度排放对环境、农业产生了严重影响。其中，重金属污染的影响尤为显著，所以对农产品中的重金属进行检测是保障人们身体健康的重要前提。由于重金属污染物多以络合物或离子态的形式存在且多数无拉曼活性，所以无法利用拉曼光谱技术对其进行直接检测。一般情况下，研究者是利用重金属离子与拉曼活性探针配位引起拉曼信号变化来实现对重金属离子的间接分析的。

3.4.2.1 汞离子的拉曼光谱检测

汞是我国最常见的重金属污染物之一，不仅因具有挥发性、流动性和转化性等特点而更易在生物链中积累、转化，还因具有隐蔽性和固定性特点而易产生潜在危害不易被发觉，严重威胁农产品的质量安全。汞污染会导致农作物生长发育减缓，甚至枯萎死亡，造成严重的经济损失。农作物中的汞通常来自土壤和水等。

基于等离子体共振特性的磁性纳米粒子，Long 等开发了一种基于 $Fe_3O_4@$ Ag 磁珠的免标记 SERS 传感器，应用于 Hg^{2+} 的检测。该传感器的检测原理

是利用 Hg^{2+}、孔雀石绿（MG）对 $Fe_3O_4@Ag$ 磁珠表面纳米银的竞争性结合实现对 Hg^{2+} 浓度的定量。纳米银可以增强吸附在其表面的 MG 的拉曼信号，而 Hg^{2+} 可与 Ag 形成汞齐，也可与 MG 竞争性结合纳米银，从而抑制 MG 在纳米银表面的吸附，使采集的 MG 拉曼信号的强度降低。因此，随着 Hg^{2+} 浓度的增加，源于 MG 的拉曼信号的强度会逐渐下降，根据这样的关系可实现对 Hg^{2+} 的检测。此 SERS 传感器具有超高的灵敏度，可以检测低至皮摩尔浓度的 Hg^{2+}。

Kuang 等开发了一种基于 Au@gap@AuAg 纳米棒强电磁耦合效应的检测 Hg^{2+} 的拉曼生物传感器。由于核壳结构的强电磁耦合，该传感器具有高灵敏度，检测限低至 0.001 ng/mL，可用于检测饲喂高汞日粮的母鸡和鸡蛋中的残留汞含量，对预防 Hg^{2+} 在人体内的累积具有重要意义。

以上工作对 Hg^{2+} 的检测具有良好的分析性能，但都属于单一信号检测模式，易受干扰物质影响。为了消除操作条件、生物环境等诸多因素的波动，通常将两种方法联用以充分发挥两种方法的优点，利用双通道信号获得更准确的检测结果。Zhao 等展示了一种基于罗丹明修饰的金纳米双锥体（AuNBs）的比色和 SERS 双模传感的检测方法，用于 Hg^{2+} 分析。如图 3-3 所示，将罗丹明标记的 DNA 通过 Ag—S 键组装到 AuNBs 表面；添加 Hg^{2+} 之后，其在 AuNBs 表面形成隔离层，导致 AuNBs 的纵向局域表面等离子体共振（LSPR）波长红移，此时溶液颜色由蓝灰色变成红色。同时，由于 AuNBs 表面的隔离层可以吸附具有拉曼活性的 4-巯基苯甲酸（4-MBA）并抑制其 LSPR 现象，导致 4-MBA 的拉曼信号强度随着 Hg^{2+} 的添加而降低。该方法可以同时实现拉曼检测和裸眼检测，提高分析结果的准确度。Govindaraju 等利用组氨酸（H）共轭苝二酰亚胺（PDI）bola 型两亲体（HPH）作为荧光和拉曼的双响应标记物，开发了一种高选择性和高灵敏度的荧光和 SERS 双模检测平台，用于检测水中的 Hg^{2+}。双信号探针通过主-客体交互驱动荧光和 SERS 检测，具有优异的选择性和灵敏度。在双模检测平台中，传感器展示了不同的检测能力。基于荧光法对 Hg^{2+} 的高选择性检测，检测限低至 5 nmol/L；而基于 SERS 放大技术对 Hg^{2+} 的检测，检测限低至 10 amol/L。

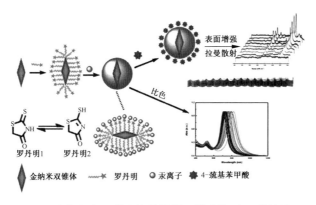

图 3-3 比色和表面增强拉曼散射双模式检测 Hg²⁺ 的原理

随着富含胸腺嘧啶（T）的单链 DNA 序列可以特异性识别 Hg²⁺ 这一理论的提出，该理论被广泛应用于传感体系以提高对 Hg²⁺ 检测的选择性。Yuan 等制备了一种新型 SERS 传感器，用于高选择性和超灵敏地检测水溶液中的 Hg²⁺。首先，将巯基修饰的单链 DNA（ssDNA）通过 Ag—S 键连接在磁性基质 $CoFe_2O_4@Ag$ 上。其次，由于核苷酸碱基和纳米管壁之间的 π-π 堆积，ssDNA 可以稳定地与单壁碳纳米管（SWCNTs）结合，促使 SWC-NTs 被连接在 ssDNA 上形成 $CoFe_2O_4@Ag@ssDNA@SWCNTs$。在 Hg²⁺ 存在的情况下，ssDNA 特异性识别 Hg²⁺ 形成 T-Hg²⁺-T 结构，从而释放出 SWC-NTs，降低 SWCNTs 产生的拉曼信号的强度。由于适配体对分析物的高亲和力和特异性，所以该传感方法选择性好、分析性能优异。

针对 Hg²⁺ 含量低、传统 SERS 无法实现灵敏检测的难题，研究人员基于 DNA 纳米技术，利用适配体作为识别元件，提高了 Hg²⁺ 检测的特异性与灵敏度。Ding 等利用杂交链反应（HCR）作为信号放大辅助工具设计了一种 Hg²⁺ 灵敏检测的拉曼生物传感器。首先，将携带拉曼信号的 DNA 大量组装到金纳米颗粒上，实现了拉曼信号的第一重放大。其次，通过 HCR 有效促进了 DNA 链的增长，为信号纳米探针（AuNPs-DNA）提供了大量的结合位点，实现了拉曼信号的第二重放大。在 Hg²⁺ 存在的情况下，捕获探针与 Hg²⁺ 形成 T-Hg²⁺-T 结构，将长链 DNA 从磁珠上释放，实现了对 Hg²⁺ 的定量分析。经过双重信号放大后，该方法可以在 0.1 pmol/L ~ 10 nmol/L 检测范围内灵敏地检测水中的 Hg²⁺，其检测限低至 0.08 pmol/L。

3.4.2.2 镉离子的拉曼光谱检测

水稻是我国重要的粮食作物之一，但由于一些种植区域环境镉超标，导致水稻中的镉含量超标，严重威胁人体健康。基于此，Chen 等开发了一种基于 SERS 的 Cd^{2+} 定量分析方法，利用三甲基三嗪修饰的金纳米粒子（AuNPs-TMT）作为 SERS 信号探针检测 Cd^{2+}。AuNPs-TMT 可以在多种金属离子存在的样品中选择性地检测 Cd^{2+}。Chen 等进一步采用锥形孔基底，增强 TMT 的拉曼信号。他们在得到拉曼光谱的基础上，结合光谱形状变形（SSD）理论实现了 SERS 光谱中 Cd^{2+} 定量信息的准确提取。Chen 等开发的传感器应用于三种水稻中的 Cd^{2+} 定量分析，得到的结果与电感耦合等离子体质谱法（ICP-MS）相一致。此外，Singh 等将茜草素功能化的金作为拉曼信号分子，用于 Cd^{2+} 的超灵敏、选择性检测。在金表面固定 3-巯基丙酸和 2,6-吡啶二羧酸用于选择性识别 Cd^{2+}。当镉存在时，由于"热点"效应的形成，SERS 信号被放大。这种 SERS 检测机制为饮用水样品中的镉检测提供了极佳的灵敏度，检测限低至 10 ng/L。Yang 等将罗丹明 6G（R6G）修饰在三肽谷胱甘肽（GSH）功能化的金纳米粒子（AuNPs）上作为拉曼探针（R6G/GSH/AuNPs），设计了一种用于河水中痕量 Cd^{2+} 测定的拉曼传感器。当 Cd^{2+} 存在时，GSH 与 Cd^{2+} 螯合形成四面体 Cd（SG）$_4$ 并从 R6G/GSH/AuNPs 中脱离，随着 Cd^{2+} 浓度的增加，拉曼探针发生聚集，R6G 的拉曼信号强度也相应增加。用此方法检测河水中的 Cd^{2+}，具有快速、灵敏、选择性好和重复性好的优势，检测限为 10 mg/L，线性范围为 0.5~20 mg/L。

3.4.2.3 铅离子的拉曼光谱检测

农业生产过程中，含重金属铅的农药、化肥的过量使用会对作物的色素器官造成严重损害，导致作物根部细胞分裂减少，作物生长延缓。铅还会阻碍农作物对磷、氮、钾的吸收，导致农作物出现秆茎矮短、叶子变黄的现象，进而降低农产品品质和产量。在重金属铅的检测和预防过程中，发展科学、灵敏、快速、便捷、稳定的检测方法十分必要。

Ayoko 等提出了一种可实现 Pb^{2+} 污染快速现场检测的表面增强拉曼光谱方法。如图 3-4 所示，他们采用电化学沉积法在金盘表面沉积金纳米结构作为基底，从而为 SERS 测量创造了多个"热点"，同时利用可与 Pb^{2+} 形成络合物的氨基苯-18-冠醚-6 作为识别分子。该络合物可以通过 Au—N 键吸附在基底表面，并利用手持式拉曼光谱仪进行拉曼光谱采集，实现对 Pb^{2+} 的 SERS 间接检测。该方法对 Pb^{2+} 的定量限与检测限分别为 2.20 pmol/L 和 0.69 pmol/L，而其高灵敏度可归因于金基底的表面等离子体激元、纳米金的局部表面等离子体共振及络合物拉曼辐射之间的耦合。

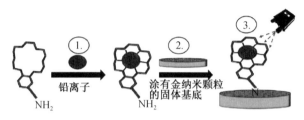

1. 添加 Pb^{2+} 到氨基苯-18-
冠醚-6，形成 Pb^{2+}-氨基苯-
18-冠醚-6络合物

2. Pb^{2+}-氨基苯-18-
冠醚-6

3. ID拉曼微型光谱仪
对铅离子的表面增加
拉曼散射检测

图 3-4　检测水中 Pb^{2+} 的原理图

　　SERS 传感器在 Pb^{2+} 检测方面具有灵敏度高、无须复杂的样品制备即可快速检测等独特优势。在此基础上，为了提高检测的特异性，Li 等将 SERS 与适配体、DNA 酶结合应用于 Pb^{2+} 检测。当双链 DNA（dsDNA）和混合溶液存在时，银纳米粒子的聚集及其与罗丹明 6G（R6G）的相互作用使得 613 cm^{-1} 处有很强的特征峰出现。Pb^{2+} 使 dsDNA 发生裂解，单链 DNA（ssDNA）被释放出来，形成了 AgNPs-ssDNA-Pb^{2+} 复合物。AgNPs-ssDNA-Pb^{2+} 的数量随 Pb^{2+} 浓度的升高而增加。此时，由于 R6G 和 AgNPs-ssDNA-Pb^{2+} 之间的作用增强，613 cm^{-1} 处的 SERS 特征峰强度增加。该方法在 $2.5×10^{-8}~7.5×10^{-7}$ mol/L 浓度范围内具有良好的线性关系，检测限低至 $1.0×10^{-8}$ mol/L。使用该方法对皮蛋中的 Pb^{2+} 含量进行检测，相对标准偏差低于 10%，说明该方法的可靠性良好。针对利用氧化石墨烯纳米酶催化 H_2O_2 还原 $HAuCl_4$ 形成金纳米粒子的机制，Liang 等建立了一种用于 Pb^{2+} 污染检测的 SERS 传感体系，该体系利用纳米酶促进金纳米粒子的产生，可以产生强 SERS 信号。当溶液中存在 Pb^{2+} 适配体时，其与氧化石墨烯纳米酶结合，抑制酶活性，使 SERS 信号强度降低。加入 Pb^{2+} 后，Pb^{2+} 与适配体结合，释放出自由的氧化石墨烯纳米酶，导致 SERS 信号强度增加。该传感器在 0.002~0.075 μmol/L 浓度范围内具有良好的线性关系，检测限为 0.7 nmol/L。这种新的 SERS 定量分析方法具有灵敏度高、选择性好等优点。

3.4.2.4 铬离子的拉曼光谱检测

铬是一种在工业过程中广泛使用的元素，它可以通过呼吸、食物或皮肤接触进入人体消化道。六价铬（Cr^{6+}）是一种有剧毒的重金属离子，会对人类健康造成严重威胁。因此，对 Cr^{6+} 的灵敏、快速分析尤为重要。

Shao 等提出了一种基于表面增强拉曼光谱直接检测 Cr^{6+} 的方法，如图 3-5 所示，这种方法利用 Cr^{6+} 作为拉曼探针分子，快速、经济地定量测定水溶液中的 Cr^{6+}。该检测方法的检测限低至 0.72 μg/L，具有高灵敏度、优异的选择性与重现性特点，因其检测速度快、不需要样品预处理、设备便携，在 Cr^{6+} 浓度的实际检测过程中具有较大的潜力，适用于现场检测。

Tian 等以海藻酸钠（SA）为还原剂和保护剂合成了纳米银，以 SA 保护的 AgNPs 为基底，提出了一种简单、超灵敏的表面增强拉曼散射方法来测定水中的 Cr^{6+}。该方法基于卡比马唑与 Cr^{6+} 的氧化还原反应，在 Cr^{6+} 存在的情况下，卡比马唑的 SERS 信号强度随着重铬酸盐浓度的增加而降低，从而达到间接测定 Cr^{6+} 的目的。该方法的检测限为 $1.01×10^{-9}$ mol/L，常应用于水中 Cr^{6+} 的测定，回收率在 97.9%~104.0%。

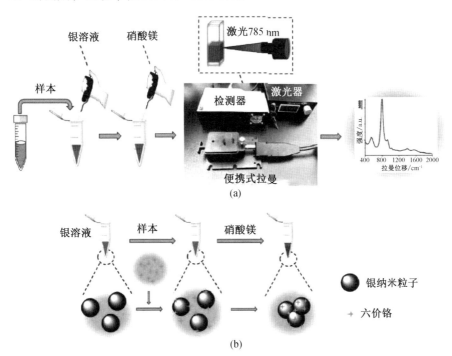

图 3-5　基于表面增强拉曼光谱直接检测 Cr^{6+} 的原理图

Zhang 等合成了一种多功能的 $Fe_3O_4-Au@TiO_2$ 纳米结构，用于表面增强拉曼散射（SERS）检测和 Cr^{6+} 的光还原。在 $Fe_3O_4@Au$ 上涂 $2\sim6\ nm$ 厚的 TiO_2 层可以保护 SERS 基底不与 Cr^{6+} 直接接触和反应，同时也可以使 Cr^{6+} 在 AuNPs 附近富集，以促进 SERS 检测。SERS 反应表现出浓度依赖性，检测限为 $0.05\ mol/L$。

3.4.2.5 砷离子的拉曼光谱检测

砷是人和动物体内不可缺少的营养元素，然而过量的砷对人、动物及大部分植物都具有毒害作用。砷一般聚集在植物的根和块茎，对植物的生长发育和生理代谢（水、碳）有抑制作用；若砷积累在植物的人类食用部分，则会富集于人体内。

Rabolt 等合成了一种金银核壳结构（Ag/AuNRs），将其固定在电纺聚己内酯（PCL）纤维上，并应用于对氨基苯甲酸（PABA）、罗沙酮（ROS）和砷酸的定量分析测量。在去离子水中，检测限低至 $4\ \mu g/L$；在普通盐溶液中，检测限低至 $8\ \mu g/L$。用此种方法设计的传感器对复杂的环境具有较强的耐受性。

基于适配体对 As^{3+} 的特异性识别能力，Zhou 等提出了一种高选择性检测 As^{3+} 的 SERS 方法。如图 3-6 所示，他们制备了分散性好、SERS 效率高的 $Au@Ag$ 核壳纳米粒子作为 SERS 基底。这种新型的 As^{3+} 生物传感器在 $0.5\sim10\ \mu g/L$ 的浓度范围内具有良好的线性关系，检测限低至 $0.1\ \mu g/L$，低于由国家标准指导的最大限值。此外，这种 As^{3+} 生物传感器在监测湖泊水样品的 As^{3+} 中取得了令人满意的结果。

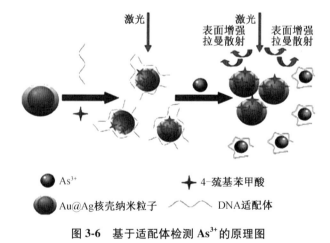

图 3-6 基于适配体检测 As^{3+} 的原理图

3.4.2.6　其他离子的拉曼光谱检测

除了以上提到的重金属，其他重金属也广泛存在于食品污染中，并被作为标准检测指标。

Cialla-May 等开发了一种用于 Cu^{2+} 检测的 SERS 传感器。该传感器通过采用合成的基于二吡啶胺的适配体来实现传感，该适配体通过 Au—S 键固定在金纳米粒子上，适配体与 Cu^{2+} 的相互作用会导致拉曼信号的强度发生变化，从而实现对 Cu^{2+} 的检测。该传感器对 Cu^{2+} 的检测限低至 0.5 nmol/L，在白葡萄酒中的 Cu^{2+} 检测方面具有优异的性能。

3.4.3　农产品中农药残留的拉曼光谱检测

农药的合理使用有助于提高农产品的品质和产量。过量使用农药将导致农产品中农药残留过多，会对人体造成巨大危害，所以检测农产品中的农药残留具有重要意义。使用拉曼光谱检测农药残留就是一种非常有效的方法。

3.4.3.1　氨基甲酸酯类农药的拉曼光谱检测

Wu 等开发了一种用于二硫代氨基甲酸酯（DTC）农药检测的表面增强拉曼散射传感器。为了提高传感器的灵敏度、鲁棒性及抗干扰能力，他们制备了一种银纳米立方体还原氧化石墨烯（AgNCs-rGO）海绵。在 AgNCs-rGO 海绵中，rGO 片形成一个多孔支架，高密度的 AgNCs 嵌入 rGO 海绵中。单个 AgNCs 的表面会产生强的等离子体电场，并在相邻 AgNCs 之间产生狭窄的间隙，形成 SERS 信号放大的"热点"，从而提高 SERS 传感器的检测灵敏度。此外，通过将 AgNCs-rGO 海绵状材料高度压缩成更小的按钮形状，可以增加 AgNCs 的密度，并使 AgNCs-rGO 混合材料的表面更平坦，显著提高 SERS 的活性和信号均匀性。高孔隙度的 AgNCs-rGO 海绵是一种高效的有机分子吸附剂。当样品基质中的 DTC 农药与芳香族农药共存时，由于 DTC 农药优先吸附在 Ag 表面，因此 AgNCs-rGO 海绵可选择性地检测 DTC 农药，从而有效消除干扰分析的芳香族农药的 SERS 信号，方便 DTC 农药的定性和定量分析。AgNCs-rGO 海绵对福美仑和福美铁的检测限分别为 10 ng/mL 和 16 ng/mL。

拉曼光谱检测方法不仅适用于检测单一种类的农药，对于农产品中多种有毒有害物质混合污染的分析也同样适用。混合物中的多种组分会产生相互影响，且大多数物质的拉曼特征峰密度较大，其信号容易重叠，因此，在多种物质同时检测的过程中，物质的定量分析仍具有一定的挑战性。在不改变拉曼频移和峰强度的情况下，实现混合农药中单一组分拉曼光谱信号的有效提取成为广泛关注的课题。Sun 等采用基于银包金纳米粒子（Au@Ag NPs）的表面增强拉曼散射（SERS）方法，同时检测了标准溶液和桃果中的多类农药残留，如噻虫啉（氨基甲酸酯）、丙酚（有机磷）和恶胺（新烟碱）。传感基底由 26 nm Au 核尺寸和 6 nm Ag 壳层厚度的 Au@AgNPs 基底组成，Au@AgNPs 与目标分子之间的连接金属纳米粒子聚集产生热点。研究表明，SERS 方法可以准确识别噻虫啉、异丙酚和恶霉灵等农药的特征波数，噻虫啉的检测限为 0.1 mg/kg，R^2 为 0.986；异丙酚和恶霉灵的检测限均为 0.01 mg/kg，R^2 分别为 0.985 和 0.988。在研究中，将三种农药（吡虫啉、异丙酚和恶霉灵）在标准溶液和桃提取物中进行混合，使用 Au@Ag 底物增强的 SERS 信号进行定量，标准溶液和提取物中的检测限分别为 1 mg/L 和 1 mg/kg，所构建的 SERS 传感平台可用于多目标物检测。

在实际应用中，对于粗糙、凹凸不平的农产品，通常需要对农作物进行前处理。目前，大量的研究集中在利用等离子体纳米结构修饰的柔性模板开发可以快速分析的 SERS 基底上。这种方法利用材料的透明性，通过将入射激光对准粘贴在检测位点上的 SERS 基底来检测被分析物的拉曼信号。这种粘贴—读取的 SERS 方法，可以简化样本收集、预集和传输的步骤。Ekgasit 开发了一种环保型柔性表面增强拉曼散射基底，用于使用可生物降解的细菌纳米纤维素（BNC）原位检测农药。如图 3-7 所示，通过真空辅助过滤法制备等离子体银纳米颗粒-细菌纳米纤维素纸（AgNPs-BNCP）复合材料，将 AgNPs 加载到 BNC 水凝胶中，产生 3D SERS 热点。该策略使用粘贴—读取的 SERS 方法，通过 AgNPs-BNCP 基底对果皮上的灭多威农药进行原位检测。当受污染的果皮与 AgNP-BNCP 接触时，可以清晰地观察到灭多威农药的拉曼光谱主要分布在 674，940，1303，1420 cm^{-1} 处。该策略在 4-氨基苯硫酚和灭多威农药的检测中具有良好的重现性和稳定性，对非平面农产品中农药的快速检测具有明显的优势。

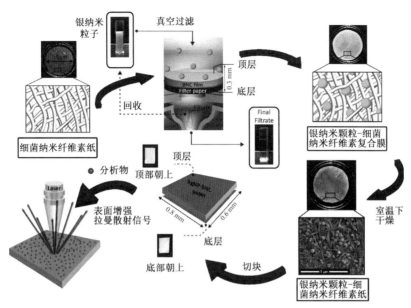

图 3-7　银纳米颗粒-细菌纳米纤维素纸复合材料用于水果表面
农药的粘贴-读取的 SERS 检测机理

3.4.3.2　苯并咪唑类农药的拉曼光谱检测

纳米等离子体材料作为一种有效的表面增强拉曼散射基底，对小分子的敏感检测具有广阔前景。SERS 增强粒子常采用铜（Cu）、银（Ag）、金（Au）纳米材料，通过电磁机制（EM）和化学机制（CM）增强拉曼峰强信号。在技术上，电磁依赖贵金属 SERS 基底表面等离子体共振产生的表面电磁强度增强，放大分子在拉曼散射频率处的振荡偶极子，因此拉曼信号的强度显著增加。以往研究表明，在 EM 存在下，拉曼增强因子（EF）可以达到 10^6 倍甚至更高。

You 等开发了一种基于纤维素纳米纤维/金纳米颗粒（CNF/AuNPs）纳米复合材料的真空辅助过滤 SERS 基底。基于 CNF 的基质，由于其纳米级的表面粗糙度能够通过过滤直接沉积 AuNPs，因此过滤过程可以精确控制AuNPs 的空间分布，包括密度数和尺寸比，这些都与粒子间等离子体的耦合效应密切相关。CNF-AuNPs 纳米复合材料显示了出色的 SERS 活性，实现了罗丹明 6G 的高灵敏检测，检测限为 10 pmol/L，竞争增强因子为 $4.5×10^9$。值得注意的是，对 AuNPs 的密度数和尺寸比的控制都有助于 SERS 的增强 SERS。研究表明，CNF/AuNPs 纳米复合材料的 SERS 可以痕量检测两种有代表性的农药——福氨和三环唑，检测限分别为 1 pmol/L（0.3 ng/L）和 10 pmol/L（2.4 ng/L），与之前文献报道的 SERS 方法相比，这种方法在灵敏度方面提升了 2~3 个数量级。此外，使用基于 CNF/AuNP 纳米复合材料的棉签可以敏感地检测苹果皮和植物叶子中的农药残留，为用无标签和现场检测危险分子提供了巨大的潜力。

目前，研究人员已经合成了许多不同尺寸和形状的 SERS 增强基底材料，包括纳米棒、Au-Ag Janus 纳米颗粒、纳米星、纳米棱柱、纳米三角形等。Zhang 等利用商业胶带的柔性、透明性和黏附性，以及 Al_2O_3 涂层银纳米棒阵列（AgNR@ Al_2O_3）的 SERS 性能，实现了对农药残留的快速检测。他们利用胶带作为媒介，通过粘贴、剥离和再次粘贴的过程构建了一种新的胶带缠绕 SERS（T-SERS）方法，最终实现了分析物从实际表面到 SERS 基底上的快速转移。使用倾斜 AgNR@Al_2O_3 阵列作为 SERS 的基底进行 T-SERS 测量，其优点有 3 个：① 尽管金的化学稳定性较好，但银的强化效果优于相同结构的金；② 与球形纳米结构相比，由于纵向等离子体共振，纳米棒的各向异性形状可以很好地匹配长波激光；③ Al_2O_3 层可以在实际应用时有效地保护银不被氧化。利用提出的 T-SERS 策略，通过粘贴、剥离和再次粘贴的过程检测苹果表面的福美双（TMTD）。测量所得的拉曼光谱可在 564，1383，1513 cm^{-1} 处清晰地识别出 TMTD 的 3 个主要拉曼波段，分别属于 S—S 拉伸、C—N 拉伸和 C—N 拉伸或—CH_3 形变振动，TMTD 的检测限为 1 μg/g，低于苹果中允许的最大农药残留水平。Park 等用超薄的水凝胶皮肤封装三维层次等离子体纳米结构，用于直接检测复杂流体中的小分子。等离子体纳米结构由表面涂有金的多层银纳米线（AgNWs）组成，并用高密度银纳米粒子（AgNPs）修饰。他们选择三环唑农药和全脂牛奶作为目标分子和复合混合物，在未经任何提纯步骤的全脂牛奶中，三环唑的检测限低至 10 ng/mL，构建的 SERS 传感器在实际应用中具有良好的灵敏度。

化学增强（CM）是通过激光作用下分子与基底之间的光致电荷转移而建立的，分子的极化能力增强，从而引起拉曼信号强度的提高。CM 带来的增强效应通常为原始拉曼信号的 10~1000 倍，其拉曼信号更加稳定。Hwang 等将电磁效应和化学增强结合起来，构建了一种均匀稳定的拉曼基底。他们在柔性滤纸上制备 1T-MoS_2/AgNCs 纳米复合 SERS 基板，用于对苹果果

实中的农药残留进行灵敏分析。1T-MoS₂ 纳米片通过水热法合成，随后用
AgNCs 固定。MoS₂ 纳米片形成了一个支架，可以物理地固定 AgNCs，从而
产生 1T-MoS₂/AgNCs 基板以吸附更多的目标分析物。该基板具有显著的
SERS 活性，这归因于等离子体 AgNCs 产生的高电磁增强和 MoS₂ 纳米片与
目标分子之间的电荷转移的协同效应。结果表明，与检测罗丹明 6G 的其他
基底材料相比，1T-MoS₂/AgNCs 纳米复合基板实现了创纪录的增强因子
（AEF = 1.78×10^7）、低至 10^{-12} mol/L 的检测限和良好的重现性（RSD =
9.46%）。此外，SERS 基底能够对苹果汁和苹果皮中的福美双（TMTD）和噻
苯达唑（TBZ）农药进行无标记检测。TMTD 和 TBZ 的检测限分别达到了
0.15 ng/mL 和 10 ng/mL。作为概念验证应用，该基底成功分析了 TMTD 和
TBZ 混合物的多组分检测。因此，1T-MoS₂/AgNCs 纳米复合 SERS 基底有望
用于对真实样品中的多种农药生物标志物进行超灵敏和无标记分析。

尽管在纸张和其他可生物降解表面上已经证明了纳米颗粒良好和令人
信服的 SERS 活性，但将其以一种有组织和可控的方法组装起来仍是一种挑
战，这限制了高灵敏度和可重复性的 SERS 检测的发展。近年来，研究人员
利用生物灵感和仿生方法设计和复制不同纹理生物表面的表面微观结构用
于 SERS 检测。其中，软光刻技术是一种经济有效的微加工技术，它涉及在
弹性聚合物的帮助下反向复制模具，可以可靠地将尺寸缩小到亚微米以下。
Krishnan 等提出了一种用于除草剂痕量检测的高灵敏度仿生 SERS 基底的制
备方法。在研究中，他们使用软光刻技术，基于仿生学原理制造高灵敏度、
可复制和廉价的 SERS 基底，还克服了使用真实植物叶片作为 SERS 基底的
检测方法的几个缺点。Krishnan 选择了两种植物叶片，叶片表面具有不同的
三维层次微/纳米结构疏水性和亲水性，并使用一种易于复制的软光刻技术
获得 SERS 基底。他们采用液滴铸造法将合成的 100 nm 大小的 GNP 沉积在
叶片复制表面上，GNP 根据叶片表面微/纳米结构聚集在特定的位置。首先
用亚甲基蓝（MB）作为模型分析物对用该技术制备的 SERS 基底的性能进
行测试。随后，SERS 基底成功用于实际，其中除草剂、多菌灵和噻苯达唑
的检测灵敏度达到纳摩尔级。

3.4.3.3　有机磷农药的拉曼光谱检测

Wu 等通过静电吸附的方法将金纳米花（AuNFs）和镀银金纳米块

（Au@AgNCs）自组装在纳米纤维素（CNC）薄膜上，制备了敏感、灵活的SERS基底，用于有机磷农药乐果的无创检测。AuNFs的高比表面积和Au@AgNCs的立方结构使得纳米颗粒可以规则有序地排列成阵列，从而有利于形成均匀的二维热点，有利于提高SERS信号的灵敏度和再现性。在测试过程中，将不同浓度的乐果酸溶液直接滴在复合基底上，测量SERS光谱的信号强度。即使浓度降低到5 μg/L，乐果的SERS信号也能清晰识别。该方法的线性检测范围为10~100 μg/L，检测限为4.7 μg/L。

在实际环境中，受污染的水或土壤可能含有复杂的污染混合物。Lei等构建了一种基于银纳米片修饰石墨烯片（Ag-NP@GH）的高灵敏SERS基底，用于有机农药的超灵敏SERS检测与混合农药的检测。一方面，银纳米板被石墨烯固定在一起，彼此紧密相连，为SERS信号放大创造了热点；另一方面，石墨烯片状结构具有很强的吸附能力，与农药分子的π—π键相互作用，可作为农药分子的组装剂。将制备的Ag-NP@GH基质用于检测100 nmol/L福美尔和$5×10^3$ nmol/L甲基对硫磷混合溶液在水中的SERS光谱，结果发现，在1384，561，928，1145，384，1515 cm^{-1}处可以清晰地观察到福美仑的主要特征峰，在812，859，1110，1165，1248，1328，1581 cm^{-1}处可以观察到甲基对硫磷的主要特征峰。这说明使用Ag-NP@GH基质检测多重污染物是成功的。

3.4.3.4　烟酰胺类农药的拉曼光谱检测

为提高目标分子与SERS基质之间的亲和性或相容性，抗体、适配体、分子印迹聚合物（MIPs）等具有高选择性的目标捕获技术已被广泛应用。抗体是免疫蛋白，含有分子识别位点，可以结合，被称为抗原的特定靶点。

在富含有机物的农产品中灵敏检测农药残留具有挑战性。Shi等开发了一种具有光学抗干扰能力的腈介导免疫传感器，用于对吡虫啉的敏感检测。免疫传感器的设计基于Fe_3O_4磁性纳米颗粒偶联抗吡虫啉抗体，以及与拉曼标签（4-巯基苯甲腈，表示为4-MBN）和抗原（antigen-AuNR@Ag-4-MBN）结合的AuNR@Ag纳米长角体。通过抗体与抗原之间的特异性识别，形成Fe_3O_4-antibody-antigen-AuNR@Ag-4-MBN，表示为Fe_3O_4-AuNR@Ag。由于吡虫啉与抗原对抗体的竞争性结合，4-MBN在永磁体分离的组装体中的SERS强度随着吡虫啉的加入而降低。该方法具有较强的光学抗干扰能力，可以实现对河水和苹果汁中吡虫啉的检测。此外，Fe_3O_4 磁性纳米粒子可以简化分离过程，同时提高 4-MBN 在拉曼探针中的 SERS 强度。

Liu 等设计了一种用于对乙酰啶虫脒光学抗干扰检测的腈功能化适配体传感器。如图 3-8 所示，拉曼标签（MMBN）及与适配体结合的 AuNPs（MMBN-AuNPs-aptamer）作为拉曼探针，连接 cDNA 的 AgNPs@Si 基底（cDNA-AgNPs@Si）作为信号增强器，开发了一种新型的对乙酰脒检测的适配体传感器系统。基于对乙酰脒与适配体之间的特异性分子的相互作用，带有拉曼标签的 AuNPs 不能通过 DNA 序列连接与 AgNPs@Si 底物结合。MMBN 对底物的拉曼强度随乙酰氨基吡啶的加入呈线性降低。因此，MMBN 在 Au-AgNPs@Si 上的拉曼强度与对乙酰氨基酚的用量成反比。MMBN 在 2227 cm^{-1} 处具有稳定的、高度可分辨的、强的拉曼特征峰。该方法在 25 ~ 250 nmol/L 检测范围内具有良好的线性关系，检测限为 6.8 nmol/L。使用该方法检测苹果汁中对乙酰氨基酚的实用性，得到了满意的回收率。

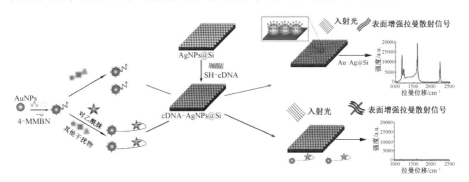

图 3-8 基于对乙酰脒的适配体传感器的制作过程及检测机理

3.4.4 农产品中真菌毒素的拉曼光谱检测

真菌毒素是引发农产品质量问题的重要因素之一，其中赭曲霉毒素（OT）、黄曲霉毒素（AF）、伏马菌素、玉米赤霉烯酮等真菌毒素分布范围广且危害较大。农作物在种植、加工、运输、贮藏等环节中都容易被真菌毒素污染。此外，农产品往往会同时受到多种真菌毒素的污染，它们之间的协同效应会严重危害人畜健康。因此，实现农产品中真菌毒素的灵敏、特异、快速检测对农产品质量安全的保障具有重要意义。在传感器对分析物的选择性识别方面，特异性抗体的制备为提高分析性能提供了很大的可能性。而与天然抗体相比，适配体又称人工抗体，其因具有稳定性、特异性和易用性的特点，已成为构建生物传感器的重要候选材料。迄今为止，研究人员已成功筛选出了众多真菌毒素的特异性适配体，极大地提高了拉曼光谱方法对农产品中真菌毒素的识别能力。

3.4.4.1 黄曲霉毒素的拉曼光谱检测

在农作物真菌毒素污染中，分布最广、毒性最强的是黄曲霉毒素污染，其对人类健康的威胁最为突出。利用拉曼光谱检测技术实现农作物中黄曲霉毒素的灵敏、精准、特异性检测，对农作物质量鉴别及农作物污染早期预警具有重要的指导意义。

在黄曲霉毒素 B_1（AFB_1）的检测方面，研究人员研制了各种类型的 SERS 传感器，并将其应用于对 AFB_1 的直接检测。这些直接检测的方法需要使用复杂的化学计量学方法进行数据处理，才能从拉曼光谱中提取出有用的信息，检测灵敏度和选择性仍需进一步提高。因此，具有高特异性、低成本、制备简单、易于修饰的 AFB_1 适配体已被广泛应用于 SERS 传感器的研发。Huang 等构建了 SERS 适配体传感器，实现了 AFB_1 在花生油样品中的超灵敏检测。在 Fe_3O_4@Au 纳米花上修饰 SH-cDNA 作为基底材料，cDNA 可以与捕获探针进行碱基互补配对。在 Au-4MBA@AgNSs 纳米球上修饰 SH-Apt 作为捕获探针以特异性识别 AFB_1，并实现信号输出。当 AFB_1 存在时，AFB1 会与适配体结合，触发 Au-4MBA@AgNSs 从 Fe_3O_4@AuNFs 上释放，导致拉曼信号强度随 AFB_1 浓度的增加呈线性下降。此传感器的优势在于其对其他干扰毒素具有良好的抗干扰能力和具有 0.40 pg/mL 的超低检测限。

在 AFB_1 特异性识别的基础上，研究人员进一步发展了多种信号放大方式来提高 AFB_1 检测的灵敏度。Han 等提出了一种基于外切酶辅助循环扩增的 SERS 传感策略，用于对 AFB_1 的超灵敏检测。如图 3-9 所示，AFB_1 的检测分为两个过程：一是 AFB_1 在均相溶液中的识别过程。溶液中存在 cDNA 与 AFB_1-Apt 自组装而成的双链结构，其作用是特异性识别 AFB_1，释放 cDNA 并将其作为触发界面反应的启动子。二是传感器界面的信号放大与输出过程。采用金膜作为基底用于组装发夹 DNA。当 cDNA 存在时，发夹结构被破坏并形成部分互补的双链结构。外切酶水解形成的双链部分在金表面留下短的单链 DNA，并释放 cDNA 参与下一个循环。将 4-NTP-AuNPs-DNA 固定在短的单链 DNA 上，可实现信号输出。由于信号方法的引入，传感器具有极高的灵敏度，其检测限低至 0.4 fg/mL。

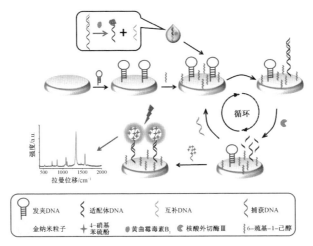

图 3-9　基于外切酶辅助循环扩增策略的拉曼光谱检测原理

　　DNA 纳米技术始于利用 DNA 作为积木来构建纳米尺度的图案，这被称为结构 DNA 纳米技术在该领域的里程碑。Han 等首次采用 DNA 镊子动态控制等离子体银纳米粒子（AgNPs）之间的距离，用于 SERS 生物传感。他们通过单链 DNA 自组装形成 DNA 镊子结构，AFB_1 适配体在两臂之间起支撑作用。将 AgNPs 修饰在 DNA 镊子的两臂，构成由 DNA 镊子驱动的 SERS 探针。在没有 AFB_1 的情况下，由于 DNA 镊子打开，两臂上的 AgNPs 处于分离状态，因此无法实现对 4-NTP SERS 信号的加强。AFB_1 孵育一段时间后，DNA 镊子中的 AFB_1 适配体被释放出来，两臂上的 AgNPs 随着 DNA 镊子的闭合而相互靠近，SERS 信号得到增强。这种方法极大地提高了 AFB_1 的检测灵敏度，检测限低至 5.07 fg/mL。

　　重现性一直是 SERS 发展中有待解决的问题。拉曼信号的强度与金属纳米粒子的结构和间隙密切相关，其微小的改变就会导致信号强度发生几个数量级的变化。在定量分析过程中，研究人员通过添加内标的方式开发了比率型 SERS 传感器以提高 SERS 的重现性。Ma 等基于氧化石墨烯（GO）作为校正内标（IS）和信号放大器，开发了一种比率型 SERS 适配传感器，实现了对 AFB_1 的可靠分析。他们将 4-巯基苯甲酸（4-MBA）嵌入 Au@ Ag 核壳纳米颗粒中，再偶联 AFB_1 适配体作为信号探针（Au-4MBA@ AgNPs-AFB_1apt）。将信号探针通过 π—π 键的叠加作用附着在氧化石墨烯表面，进一步放大信号，形成比率型 SERS 传感器。随着 AFB$_1$ 浓度的增加，适配体被释放出来，导致 4-MBA 强度（I_{4-MBA}）下降，GO 强度（I_{GO}）不变。因此，定量测试是基于比率值（I_{4-MBA}/I_{GO}）进行的。结果表明，该传感器的检测限低至 0.1 pg/mL。此研究开发的比率型 SERS 传感器可以提供稳定的内标（IS）信号，其稳定性长达半个月。此外，该传感器对干燥温度和盐离子浓度也具有良好的抗干扰能力。Lin 等使用内标法开发了一种用于 AFB$_1$ 检测的比率型 SERS 传感器。该传感器使用 1，2-二（4-吡啶基）乙烯（BPE）触发金纳米颗粒二聚体（AuNP 二聚体）的组装，以增强 SERS 信号。同时，MXenes 纳米片负载适配体修饰的 AuNP 二聚体作为内标（IS）用于校准信号。随着 AFB$_1$ 浓度的增大，AuNP 二聚体从 MXenes 纳米片中分离，导致 SERS 信号强度下降。比率方法提高了 AuNP 二聚体及适配体与 AFB$_1$ 之间的亲和力，进而保证了传感器的特异性及灵敏度，该传感器对 AFB$_1$ 的检测限低至 0.6 pg/mL。

3.4.4.2 赭曲霉毒素等其他真菌毒素的拉曼光谱法检测

赭曲霉毒素中毒性最强的是赭曲霉毒素 A（OTA），因其具有致癌作用，国际癌症研究机构（IARC）将其列为 2B 类致癌物。谷物（小麦、玉米、大米等）、咖啡、水果及酒类等均易受到 OTA 的污染。由于 OTA 对农业生产、经济安全与人体健康等构成严重危害，世界各国均制定了严格的 OTA 含量限量标准。

Zhao 等开发了一种基于内标（IS）方法的比率型表面增强拉曼散射（SERS）适配传感器，用于 OTA 的灵敏性和可重复性定量检测。如图 3-10 所示，在 2-巯基苯并噻唑-5-羧酸（MBIA）的诱导下，Au-Ag Janus 纳米粒子（NPs）被成功合成作为信号分子。由于 MXenes 纳米片可产生独特而稳定的拉曼信号，因此可作为拉曼检测的内标分子。在 OTA 存在的情况下，Au-Ag Janus NPs 与 MXenes 纳米片分离，导致 Au-Ag Janus NPs 的拉曼信号强度减弱，而 MXenes 纳米片的信号强度保持不变。经 IS 拉曼信号校正后，这种方法可实现对 OTA 的灵敏定量检测，检测限为 1.28 pmol/L。

基于单模的 OTA 检测方法容易受到样本背景信号、仪器和检测环境等因素的干扰。在实际应用过程中，为了实现传感器的重复性、可靠性及抗干扰性，研究人员研制了基于两种不同类型信号的双模传感器，用于对分析物的检测。双模传感法通过相互校验和相互补充，显著提高了传感器的准确性。

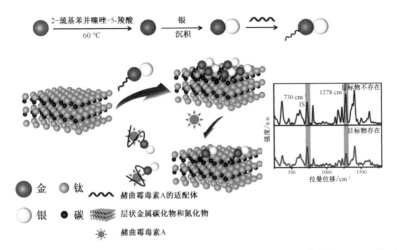

图 3-10 基于 Au-Ag Janus NPs-MXenes 纳米材料的 OTA 内标法 SERS 检测

Xia 等以 Cy3 作为双功能探针建立了一种用于敏感、快速检测赭曲霉毒素 A（OTA）的荧光和表面增强拉曼散射（FL-SERS）双模适配体传感器。如图 3-11 所示，该适配体传感器由 Cy3 修饰的互补 DNA 功能化金纳米球（cDNA-AuNPs）与 OTA 适配体（OTA Apt）修饰的金纳米星（Apt-Au NSs）杂交组装而成。由于 Cy3 靠近 AuNS，传感器显示较弱的荧光信号；而 AuNPs 和 AuNSs 之间的纳米间隙存在热点效应，则会产生较强的 SERS 信号。当 OTA 存在时，OTA Apt 和 OTA 结合导致 SERS 信号降低。同时，cDNA-AuNPs 从杂交复合体中释放出来，导致 FL 信号恢复。适配体传感器在 FL 模式下的检测限低至 0.17 ng/mL，在 SERS 模式下的检测限为 1.03 pg/mL。与单信号适配体传感法不同，双模传感法具有抗干扰能力强、检测灵活性好等优点。该适配体传感器可用于咖啡和葡萄酒样品的 OTA 检测，具有良好的回收率。

Xu 等将结合荧光基团标记的适配体作为探针，DNA 修饰的金纳米棒（AuNR）作为猝灭剂和 SERS 基底，设计了一种 FL-SERS 双模传感器，用于测定伏马菌素 B_1（FB_1）。在 FB_1 不存在的情况下，适配体与 cDNA 结合，获得强 SERS 和弱荧光信号。在 FB_1 存在的情况下，适配体与 FB_1 结合使 cDNA 解离，SERS 和荧光信号强度分别呈降低和增加的趋势。为了考察该传感器的实用性，将其应用于对玉米样品中 FB_1 的加标测定。该方法的检测结果与 LC-MS/MS 方法的测试结果相吻合，验证了传感器的可靠性。另外，该方法在复杂食品基质中 FB₁ 的测定方面具有一定的应用潜力。双模检测的双重判定特征可以为 FB₁ 的检测提供良好的互补验证，降低结果假阳性或假阴性的风险。

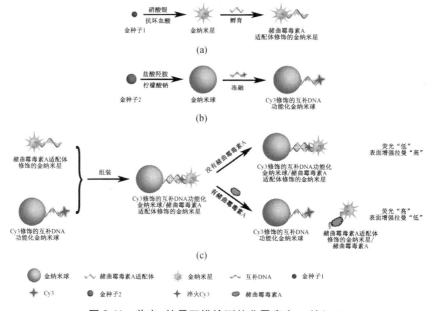

图 3-11　荧光-拉曼双模检测赭曲霉毒素 A 的机理

3.4.4.3　多种真菌毒素的拉曼光谱检测

真菌毒素往往共存于霉变的农作物中，这种共存增加了真菌毒素被食用的可能，且相对较低的摄入量会因多种真菌毒素的协同作用对人体造成严重伤害。

Choo 等基于 SERS 成像的方法，使用抗体偶联的 SERS 纳米标记和 3D 金纳米柱底物对三种真菌毒素进行竞争性免疫分析，在三维金纳米柱基底上大面积绘制 SERS 纳米标记真菌毒素图谱，通过拉曼作图法实现了对伏马菌素 B₁（FB₁）、黄曲霉毒素 B₁（AFB₁）、赭曲霉毒素 A（OTA）的定量分析。如图 3-12 所示，研究人员采用溅射法和热蒸发法制备了两种不同类型的金纳米基板，并比较了它们的再现性能。在该系统中，由于纳米颗粒之间的倾斜效应而缩小的间隙距离及 SERS 纳米标签与纳米颗粒之间的多个热点增强了局部等离子体场的耦合，这种强大的增强效应使得对多种真菌毒素进行高度敏感的检测成为可能。

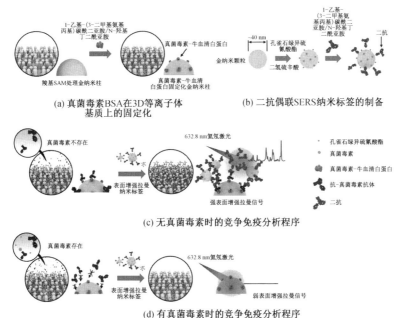

(a) 真菌毒素BSA在3D等离子体基质上的固定化

(b) 二抗偶联SERS纳米标签的制备

(c) 无真菌毒素时的竞争免疫分析程序

(d) 有真菌毒素时的竞争免疫分析程序

图 3-12　真菌毒素免疫分析的过程示意图

此外，致密填充的纳米颗粒基底的高均匀性最大限度地减少了拉曼映射时扫描区域中拉曼峰强度的点对点波动，这使得对三种真菌毒素进行三维底物拉曼图谱的定量评价成为可能。基底上密集排列的 3D 纳米柱的高均匀性在进行拉曼绘图时使扫描区域内拉曼信号强度的点对点变化最小化，获得了三种真菌毒素的拉曼图像。OTA、FUMB 和 AFB_1 的检测限被确定为 5.09，5.11，6.07 pg/mL。

Chai 等基于荧光共振能量转移（FRET）效应和表面增强拉曼散射（SERS）开发了一种可以同时检测伏马菌素 B_1（FB_1）、赭曲霉毒素 A（OTA）、玉米赤霉烯酮（ZEN）的适配体传感器，该传感器对 FB_1、OTA 和 ZEN 的检测限分别是 0.02，0.01，0.03 ng/mL。选择性实验结果表明，三种真菌毒素的检测互不干扰，且该测定对常见真菌毒素具有较高的选择性。利用该方法研制的适配体传感器将为真菌毒素的多重检测领域的研究带来广阔的前景。Yang 等利用薄层色谱-表面增强拉曼光谱（TLC-SERS）技术，开发了一种现场快速检测霉变农产品中黄曲霉毒素（AFs）的方法。首先通过薄层色谱分离出 4 种不同的 AFs，以便携式的小型拉曼光谱仪作为检测装置，选择金胶体作为 SERS 活性基底材料，鉴定分离的斑点，然后考察了 TLC-SERS 技术在 AFs 现场检测中的应用。AFB$_1$、AFG$_1$、AFB$_2$ 和 AFG$_2$ 的检测限分别为 1.5×10^{-6}，1.2×10^{-6}，1.1×10^{-5}，6.0×10^{-7} mol/L。该方法可以实现高选择性检测，能够在发霉花生的复杂提取物中成功识别 AFs，在农产品现场定性筛选中具有良好的应用前景。

参考文献

［1］彭彦昆. 食用农产品品质拉曼光谱无损快速检测技术［M］. 北京：科学出版社，2019.

［2］张琳娜，何玲洁，蔡素华，等. 分子振动光谱及其在化学上的应用［J］. 福建分析测试，1995(2)：258-271.

［3］OZAKI Y. Medical application of Raman spectroscopy［J］. Applied Spectroscopy Reviews，1988，24(3-4)：259-312.

［4］吴淑焕，聂凤明，杨欣卉，等. 拉曼光谱在纺织品纤维成分快速分析中的应用［M］. 北京：电子工业出版社，2015.

［5］TAO F, NGADI M. Recent advances in rapid and nondestructive determination of fat content and fatty acids composition of muscle foods［J］. Critical Reviews in Food Science and Nutrition，2018，58(9)：1565-1593.

［6］张玉凤，龚奕，乔宝华，等. 偏振拉曼光谱在研究分子空间构象中的应用［J］. 光谱学与光谱分析，2013，33(7)：1810-1815.

［7］陈玉伦. 拉曼光谱仪的研制及预处理方法研究［D］. 杭州：浙江大学，2006.

［8］李帅鲜，高启楠. 激光拉曼光谱的发展历史、原理以及在催化领域的应用［J］. 科技资讯，2008(18)：206-207.

［9］FLEISCHMANN M, HENDR P J, MCQUILLAN A J. Raman spectra of pyridine adsorbed at a silver electrode［J］. Chemical Physics Letters，1974，26(2)：163-166.

［10］ZHANG Y, WANG C, WANG J, et al. Nanocap array of Au：Ag composite for surface-enhanced Raman scattering[J]. Spectrochimica Acta Part A: Molecular and Biomolecular Spectroscopy, 2015, 152: 461-467.

[11] PUPPELS G, DEMUL F, OTTO C, et al. Studying single living cells and chromosomes by confocal Raman spectroscopy[J]. Nature, 1990, 347 (6290): 301-303.

[12] 姜承志. 拉曼光谱数据处理与定性分析技术研究[D]. 长春: 中国科学院研究生院(长春光学精密机械与物理研究所), 2014.

[13] 陈杰勋. 拉曼光谱在聚合物产品质量检测中的应用[D]. 杭州: 浙江大学, 2010.

[14] 赵茂程, 齐亮, 唐于维一, 等. 一种鲜肉新鲜度K值的THz光谱快速无损检测方法. CN 106960091B[P]. 2017-7-18.

[15] 王晓彬. 基于拉曼高光谱成像技术的面粉添加剂检测与识别方法研究[D]. 沈阳: 沈阳农业大学, 2018.

[16] 周秀军. 基于拉曼光谱的食用植物油定性鉴别与定量分析[D]. 杭州: 浙江大学, 2013.

[17] 刘燕德, 徐振, 胡军, 等. 基于太赫兹光谱技术的贝母品种鉴别方法研究[J]. 光谱学与光谱分析, 2021, 41(11): 3357-3362.

[18] DA SILVA C E, VANDENABEELE P, EDWARDS H G M, et al. NIR-FT-Raman spectroscopic analytical characterization of the fruits, seeds, and phytotherapeutic oils from rosehips[J]. Anal Bioanal Chem, 2008, 392(7-8): 1489-1496.

[19] RADU A I, KUELLMER M, GIESE B, et al. Surface-enhanced Raman spectroscopy (SERS) in food analytics: detection of vitamins B_2 and B_{12} in cereals[J]. Talanta, 2016, 160: 2892-2897.

[20] Osterrothová K, CULKA A, Němečková K, et al. Analyzing carotenoids of snow algae by Raman microspectroscopy and high-performance liquid chromatography[J]. Spectrochimica Acta Part A: Molecular and Biomol ecular Spectroscopy, 2019, 212: 262-271.

[21] BICANIC D, DIMITROVSKI D, LUTEROTTI S, et al. Estimating rapidly and precisely the concentration of beta carotene in mango homogenates by measuring the amplitude of optothermal signals, chromaticity indices and the inten-

sities of Raman peaks[J]. Food Chemistry, 2010, 121(3): 832-838.

[22] RAJ T, HASHIM F H, HUDDIN A B, et al. Classification of oil palm fresh fruit maturity based on carotene content from Raman spectra[J]. Sciontific Reports, 2021, 11(1):18315.

[23] TREBOLAZABALA J, MAGUREGUI M, MORILLAS H, et al. Use of portable devices and confocal Raman spectrometers at different wavelength to obtain the spectral information of the main organic components in tomato (Solanum lycopersicum) fruits[J]. Spectrochimica Acta Part A: Molecular and Biomol ecular Spectroscopy, 2013, 105: 391-399.

[24] LEGNER R, VOIGT M, SERVATIUS C, et al. A four-level maturity index for hot peppers (capsicum annum) using non-invasive automated mobile raman spectroscopy for on-site testing[J]. Applied Sciences, 2021, 11:1614.

[25] Gopal J, Abdelhamid H N, Huang J H, et al. Nondestructive detection of the freshness of fruits and vegetables using gold and silver nanoparticle mediated graphene enhanced Raman spectroscopy[J]. Sensors and Actuators B: Chemical, 2016, 224: 413-424.

[26] NEKVAPIL F, BREZESTEAN I, BARCHEWITZ D, et al. Citrus fruits freshness assessment using Raman spectroscopy[J]. Food Chemistry, 2018, 242: 560-567.

[27] OZBALCI B, BOYACI I H, TOPCU A, et al. Rapid analysis of sugars in honey by processing Raman spectrum using chemometric methods and artificial neural networks[J]. Food Chemistry, 2013, 136(3-4): 1444-1452.

[28] ILASLAN K, BOYACI I H, TOPCU A. Rapid analysis of glucose, fructose and sucrose contents of commercial soft drinks using Raman spectroscopy[J]. Food Control, 2015, 48: 56-61.

[29] LI S F, SHAN Y, ZHU X R, et al. Detection of honey adulteration by high fructose corn syrup and maltose syrup using Raman spectroscopy[J]. Journal of Food Composition and Analysis, 2012, 28(1): 69-74.

[30] RICHARDSON P I C, MUHAMADALI H, ELLIS D I, et al. Rapid quantification of the adulteration of fresh coconut water by dilution and sugars using Raman spectroscopy and chemometrics[J]. Food Chemistry, 2019, 272: 157-164.

［31］MAHARADIKA A, ANDRIANA B B, SUSANTO A, et al. Development of quantitative analysis techniques for saccharification reactions using Raman spectroscopy［J］. Applied Spectroscopy, 2018, 72(11):1606-1612.

［32］MUHAMMAD P, LIU J, XING R, et al. Fast probing of glucose and fructose in plant tissues via plasmonic affinity sandwich assay with molecularly-imprinted extraction microprobes［J］. Analybica Chimica Acta,2017,995:34-42.

［33］SONG D, YANG R, WANG H Y, et al. A label-free SERRS-based nanosensor for ultrasensitive detection of mercury ions in drinking water and wastewater effluent［J］. Analytical Methods, 2017, 9(1):154-162.

［34］YUAN A, WU X, LI X, et al. Au@ gap@ AuAg nanorod side-by-side assemblies for ultrasensitive SERS detection of mercury and its transformation［J］. Small(Weinleim an der Bergstrasse,Germany), 2019, 15(27): 1901958.

［35］QI Y, ZHAO J, WENG G J, et al. A colorimetric/SERS dual-mode sensing method for the detection of mercury(ⅱ) based on hodamine-stabilized gold nanobipyramids［J］. Journal of Materials Chemistry C, 2018, 6(45):12283-12293.

［36］MAKAM P, SHILPA R, KANDJANI A E, et al. SERS and fluorescence-based ultrasensitive detection of mercury in water［J］. Biosensors and Bioelectronics, 2018, 100: 556-564.

［37］YANG X, HE Y, WANG X, et al. A SERS biosensor with magnetic substrate $CoFe_2O_4@ Ag$ for sensitive detection of Hg^{2+}［J］. Applied Surface Science, 2017, 416: 581-586.

［38］ZHANG R Y, Lyu S P, GONG Y, et al. Sensitive determination of Hg(Ⅱ) based on a hybridization chain recycling amplification reaction and surface-enhanced Raman scattering on gold nanoparticles［J］. Mikrochimica Acta, 2018, 185(8): 1.

［39］ZUO Q, CHEN Y, CHEN Z P, et al. Quantification of cadmium in rice by surface-enhanced Raman spectroscopy based on a ratiometric indicator and conical holed enhancing substrates［J］. Analytical Sciences, 2018, 34(12):1405-1410.

［40］DASARY S S, ZONES Y K, BARNES S L, et al. Alizarin dye based ultrasensitive plasmonic SERS probe for trace level cadmium detection in drinking water[J]. Sensors Actuators B: Chemical, 2016, 224: 65-72.

[41] GUO X Y, XIAO D F, MA Z Y, et al. Surface reaction strategy for Raman probing trace cadmium ion[J]. Arabian Journal of Chemistry, 2020, 13(8): 6544-6551.

[42] SARFO D K, IZAKE E L, O'MULLANE A P, et al. Molecular recognition and detection of Pb(II) ions in water by aminobenzo-18-crown-6 immobilised onto a nanostructured SERS substrate[J]. Sensors and Actuators B: Chemical, 2018, 255(2): 1945-1952.

[43] POTCOAVA M C, FUTIA G L, GIBSON E A, et al. Lipid profiling using Raman and a modified support vector machine algorithm[J]. Journal of Raman Spectroscopy, 2021, 52(11): 1910-1922.

[44] LI C, FAN P, LIANG A, et al. Aptamer based determination of Pb (II) by SERS and by exploiting the reduction of $HAuCl_4$ by H_2O_2 as catalyzed by graphene oxide nanoribbons[J]. Mikrochim Acta, 2018, 185(3): 177.

[45] WANG C J, SHANG M, WEI H Y, et al. Specific and sensitive on-site detection of Cr(VI) by surface-enhanced Raman spectroscopy[J]. Sensors and Actuators B: Chemical, 2021, 346: 130594.

[46] BU X F, ZHANG Z Y, ZHANG L X, et al. Highly sensitive SERS determination of chromium(VI) in water based on carbimazole functionalized alginate-protected silver nanoparticles[J]. Sensors and Actuators B: Chemical, 2018, 273: 1519-1524.

[47] Lyu B, SUN Z L, ZHANG J F, et al. Multifunctional satellite Fe_3O_4-Au@ TiO_2 nano-structure for SERS detection and photo-reduction of Cr(VI)[J]. Colloids and Surfaces A: Physicochemical and Engineering Aspects, 2017, 513: 234-240.

[48] XU S Y, SABINO F P, JANOTTI A, et al. Unique surface enhanced Raman scattering substrate for the study of arsenic speciation and detection[J]. Journal of Physical Chemistry A, 2018, 122(49): 9474-9482.

[49] SONG L L, MAO K, ZHOU X D, et al. A novel biosensor based on Au@ Ag core-shell nanoparticles for SERS detection of arsenic (III)[J]. Talanta,

2016, 146: 285-290.

[50] Dugandži Ć V, KUPFER S, JAHN M, et al. A SERS-based molecular sensor for selective detection and quantification of copper(Ⅱ) ions[J]. Sensors and Actuators B: Chemical, 2019, 279: 230-237.

[51] ZHU C H, WANG X J, SHI X F, et al. Detection of dithiocarbamate pesticides with a spongelike surface-enhanced Raman scattering substrate made of reduced graphene oxide-wrapped silver nanocubes[J]. ACS Applied Materials and Interfaces, 2017, 9(45): 39618-39625.

[52] YASEEN T, PU H B, SUN D W. Fabrication of silver-coated gold nanoparticles to simultaneously detect multi-class insecticide residues in peach with SERS technique[J]. Talanta, 2019, 196: 537-545.

[53] Parnsubsakul A, Ngoensawat U, Wutikhun T, et al. Silver nanoparticle/bacterial nanocellulose paper composites for paste-and-read SERS detection of pesticides on fruit surfaces[J]. Carbohydrate Polymers, 2020, 235: 115956.

[54] KIM D, KO Y, KWON G, et al. Low-cost, high-performance plasmonic nanocomposites for hazardous chemical detection using surface enhanced Raman scattering[J]. Sensors and Actuators B: Chemical, 2018, 274: 30-36.

[55] JIANG J L, ZOU S M, MA L W, et al. Surface-enhanced Raman scattering detection of pesticide residues using transparent adhesive tapes and coated silver nanorods[J]. ACS Applied Materials and Interfaces, 2018,10(10):9129-9135.

[56] KIM S, CHOI W, KIM D J, et al. Encapsulation of 3D plasmonic nanostructures with ultrathin hydrogel skin for rapid and direct detection of toxic small molecules in complex fluids[J]. Nanoscale, 2020, 12(24): 12942-12949.

[57] TEGEGNE W A, SU W N, TSAI M C, et al. Ag nanocubes decorated 1T-MoS$_2$ nanosheets SERS substrate for reliable and ultrasensitive detection of pesticides[J]. Applied Materials Today, 2020, 21:100871.

[58] SHARMA V, KRISHNAN V. Fabrication of highly sensitive biomimetic SERS substrates for detection of herbicides in trace concentration[J]. Sensors and Actuators B: Chemical, 2018, 262:710-719.

［59］WU J, XI J, CHEN H, et al. Flexible 2D nanocellulose-based SERS substrate for pesticide residue detection［J］. Carbohydrate Polymers, 2022, 277:118890.

［60］WANG X J, ZHU C H, HU X Y, et al. Highly sensitive surface-enhanced Raman scattering detection of organic pesticides based on Ag-nanoplate decorated graphene-sheets［J］. Applied Surface Science, 2019, 486: 405-410.

［61］SUN Y, ZHANG N, HAN C, et al. Competitive immunosensor for sensitive and optical anti-interference detection of imidacloprid by surface-enhanced Raman scattering［J］. Food Chemistry, 2021, 358: 129898.

［62］SUN Y, LI Z H, HUANG X W, et al. A nitrile-mediated aptasensor for optical anti-interference detection of acetamiprid in apple juice by surface-enhanced Raman scattering［J］. Biosensors Bioelectronics, 2019, 145: 111672.

［63］HE H, SUN D W, PU H, et al. Bridging Fe_3O_4@ Au nanoflowers and Au@ Ag nanospheres with aptamer for ultrasensitive SERS detection of aflatoxin B_1［J］. Food Chemistry, 2020, 324: 126832.

［64］LI Q, LU Z C, TAN X C, et al. Ultrasensitive detection of aflatoxin B_1 by SERS aptasensor based on exonuclease-assisted recycling amplification［J］. Biosensors Bioelectronics, 2017, 97: 59-64.

［65］LI J J, WANG W J, ZHANG H, et al. Programmable DNA tweezer-actuated SERS probe for the sensitive detection of AFB_1［J］. Analytical Chemistry, 2020, 92(7): 4900-4907.

［66］CHEN P F, LI C B, MA X Y, et al. A surface-enhanced Raman scattering aptasensor for ratiometric detection of aflatoxin B_1 based on graphene oxide-Au@ Ag core-shell nanoparticles complex［J］. Food Control, 2022, 134: 108748.

［67］WU Z H, SUN D W, PU H B, et al. $Ti_3C_2T_x$ MXenes loaded with Au nanoparticle dimers as a surface-enhanced Raman scattering aptasensor for AFB_1 detection［J］. Food Chemistry, 2022, 372: 131293.

［68］ZHENG F J, KE W, SHI L X, et al. Plasmonic Au-Ag Janus nanoparticle engineered ratiometric surface-enhanced Raman scattering aptasensor for ochratoxin A detection［J］. Analytical Chemistry, 2019, 91(18):11812-11820.

［69］WANG H, ZHAO B, YE Y, et al. A fluorescence and surface-enhanced Raman scattering dual-mode aptasensor for rapid and sensitive detection of ochratoxin A［J］. Biosensors Bioelectronies, 2022, 207: 114164.

［70］HE D, WU Z, CUI B, et al. Aptamer and gold nanorod-based fumonisin B₁ assay using both fluorometry and SERS［J］. Mikrochim Acta, 2020, 187 (4): 215.

［71］WANG X K, PARK S G, KO J, et al. Sensitive and reproducible immunoassay of multiple mycotoxins using surface-enhanced raman scattering mapping on 3D plasmonic nanopillar arrays［J］. Small, 2018, 14(39): 1801623.

［72］WU Z Z, HE D Y, CUI B, et al. Trimer-based aptasensor for simultaneous determination of multiple mycotoxins using SERS and fluorimetry［J］. Mikrochimica Acta, 2020, 187(9): 1−7.

［73］QU L L, JIA Q, LIU C, et al. Thin layer chromatography combined with surface-enhanced raman spectroscopy for rapid sensing aflatoxins［J］. Journal of Chromatogrphy A, 2018, 1579: 115−120.

4

电化学检测技术

4.1 概述

电化学检测方法是基于溶液中物质的电化学性质的分析方法。通常，将溶液作为电解池的组成部分，根据电解池的电阻、电位、电流、电量等参数与被测物质浓度之间的关系进行测定。

电解池中发生的化学反应包括两个独立的半反应，分别代表两个电极上发生的化学变化，即发生在相界面上的电荷转移。电子转移的速度可以用电流表示，而电流密度可以反映电化学体系中电化学反应的快慢。

图 4-1 展示了电极表面反应的基本过程。电极表面的反应过程包括溶液反应物的输送以及产物由反应区的移出。其中，反应产物的主要移出方式有扩散、对流和迁移。电子转移过程的前置或后续反应分别为产生电活性物质和发生二次反应的过程，这个过程可能是均相过程，或者是电极表面的异相过程，也可能是发生在电极表面的吸附或脱附过程、电沉积过程，还可能是伴随电化学反应发生的一般电化学反应。

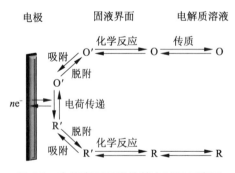

图 4-1 电极表面反应的基本过程示意图

4.1.1　电化学检测的基本原理

4.1.1.1　电极电势

电极体系中的电极和溶液两相的剩余电荷主要分布于两相界面的区间内，电荷的移动产生了电场。在电化学反应发生的过程中，电荷传递发生在电极和溶液两相界面之间，因此，界面的电场强度对界面电荷的传递过程及整个电化学反应动力学具有重要影响。界面电场的电势差变化，即电极与溶液之间的电势差（$\Delta^I\phi^S=\phi^I-\phi^S$），可以用于电化学反应的研究。

然而，单个电极溶液界面的电势差 $\Delta^I\phi^S$ 是无法测得的，需要引入另外的电极溶液界面。因此，为了描述电极溶液界面的电场性质，引入了相对电极电势的概念，用 E 表示。在电化学测试中，一般采用标准氢电极作为基准，在任何温度下，标准氢电极的电极电势均为零，因此标准氢电极被称为参比电极。在实际应用中，常选用一些电极电势比较稳定的电极作为参比电极。

4.1.1.2　电极体系的传质过程

当电极反应进行时，在还原体的氧化过程中，扫描电位逐渐正移（进行极化），当移至某一电位时，电流饱和基本保持不变，这种电流称为极限电流。当化学反应的电荷转移速度足够快和电极反应物质的传输速度足够大时，电位决定电流的大小。

一般而言，溶液中的电荷传输过程主要包括扩散、对流和电迁移，如图 4-2 所示。

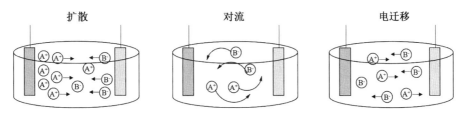

图 4-2　电荷扩散、对流、电迁移的传输过程

扩散是指物质分子从高浓度区域移动至低浓度区域，直至均匀分布。对流是指通过对电解质溶液进行搅拌，引起局部浓度或温度的变化导致局部密度存在差异，使含有反应物质的电解液传输到电极表面附近。电迁移则是荷电粒子在电场的作用下，受带有反号电荷的电极库仑力吸引而沿着一定的方向运动。通常情况下，在测定电流-电压曲线时，若使用的电解质溶液浓度较高，则电迁移传输的物质可忽略不计；若使用的电解质溶液浓度较低，则电迁移在物质的传输中起很大作用。

4.1.2 电化学检测体系的构成

4.1.2.1 电极体系

测定单个电极的极化曲线需要同时测定通过电极的电流与电势，而辅助电极在电极极化过程中也会发生极化，不能作为电势比较的标准。因此，需要引入第三个电极作为参比电极，以组成三电极体系。如图 4-3 所示，电解池由 3 个电极组成：工作电极（WE）、对电极（CE）和参比电极（RE）。其中，工作电极是电极研究的实验对象；对电极也称辅助电极，用来通过极化电流实现对工作电极的极化；参比电极是电极电势的比较标准，用来确定工作电极的电势。图 4-3 中，B 为极化电源，为工作电极提供极化电流；E 为测量和控制电极电势的仪器；mA 为电流表。

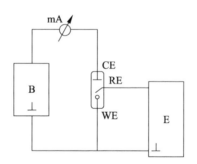

图 4-3　三电极体系电路示意图

极化回路由极化电源（B）、电流表（mA）和辅助电极构成，极化回路中有极化电流通过，可对极化电流进行测量与控制；测量回路由参比电极、工作电极、电势测量仪器组成，可测量或控制工作电极相对参比电极的电势。

三电极体系是电化学分析中常用的手段，可在电化学检测分析中同时实现对电流和电势的控制与测量。下面对三电极体系的电极进行逐一介绍。

（1）工作电极

在电化学测定中，工作电极表面的电化学反应对研究电化学体系起重要作用。根据功能，工作电极可分为两类：一是活性电极，如对光有敏感响应的半导体电极；二是惰性电极，仅提供反应场所，电极本身不发生溶解反应，如贵金属、碳等。惰性电极在不同电解质溶液中稳定工作的电势范围各不相同，一般要求惰性电极在研究体系中不易溶解或产生氧化膜，不与电解质溶液发生反应。但惰性电极的惰性是相对的，在某个电势下，惰性电极与金属或水溶液中的氧或其他溶液中的氧也会发生反应。因此，应根据不同的需求选择合适的工作电极。

铂是一种常用的金属电极材料。铂电极具有电位窗宽、氢过电势小、易获得、容易加工等优点。图 4-4a 是铂电极在 0.5 mol/L H_2SO_4 中的电流-电势曲线图。一方面，在阴极扫描时，氢气产生前有两个峰（氢离子的吸附峰）；氢气生成后进行阳极极化，在阳极扫描时可以观察到氢气的氧化与脱附。吸附峰与脱附峰是单层吸附的，流过的电量是一定的，利用此性质可以计算出铂电极的表面积。另一方面，在生成氧气前首先生成两个氧化膜（PtO 和 Pt_2O_2），在 pH 相同的不同缓冲液里，氧的发生电位也不同。

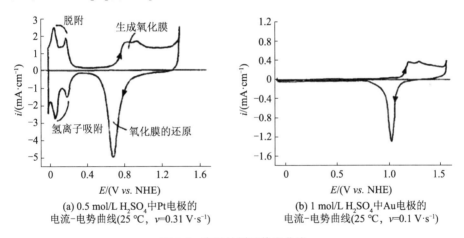

(a) 0.5 mol/L H_2SO_4 中 Pt 电极的
电流-电势曲线(25 ℃，$v=0.31$ V·s^{-1})

(b) 1 mol/L H_2SO_4 中 Au 电极的
电流-电势曲线(25 ℃，$v=0.1$ V·s^{-1})

图 4-4　电极的循环伏安曲线

金也是一种常用的电极材料。图 4-4b 是金电极在 1 mol/L H_2SO_4 中的电流-电势曲线图。图中不存在氢的吸附峰，在 pH 4~10 范围内，阴极区域内氢的电位窗较宽，过电位为 0.4~0.5 V。但是在盐酸水溶液中，金会与氯离子反应生成氯化物的络合物，发生阳极溶解，且这种阳极溶解的现象也会在其他卤素离子存在时发生。此外，金电极上还会生成一层氧化膜。

碳电极具有电位窗宽、背景电流低、易获得、使用方便等特点，主要包括玻碳电极、糊状碳电极、石墨电极、碳纤维电极等。其中，玻碳电极是通过将酚醛聚合物或聚丙烯腈在一定压力下加热到 1000~3000 ℃，然后在惰性气体中碳化得到的各向同性玻璃碳。玻碳电极具有导电性好、对化学药品稳定性好、气体无法通过、纯度高等优点。与铂电极相比，玻碳电极具有价格便宜、表面通过研磨可以再生、氢过电位与溶解氧的还原过电位小等特点。

（2）辅助电极

辅助电极的作用比较简单，它和设定在某一点位下的工作电极构成串联的极化回路，使得工作电极上电流畅通。一般要求辅助电极本身电阻很小，且不容易被极化，以确保来自工作电极的反向电流能通过辅助电极。在工作电极和辅助电极分开的电解池中，辅助电极侧的反应产物对工作电极的影响很小。但是，当两个电极放在同一个电解液中时，辅助电极侧的反应生成物会严重影响工作电极的反应。因此，选择自身不参与反应的材料作为辅助电极是很重要的，而且必须考虑电极在电解池中的位置，通常使用铂电极或碳电极作为辅助电极。

（3）参比电极

在三电极体系中，工作电极施加的电位是很重要的问题，为了对这一问题进行分析，首先要了解该电位的基准电极，即参比电极。在电化学分析中，一般要求参比电极具备如下性质：① 电极表面的电极反应必须是可逆的，电解液中的化学物质必须遵从能斯特平衡电位方程；② 参比电极的稳定性要好，材料温度系数要小，电势随时间的变化要小；③ 电势的重现性要好，每次制作的参比电极稳定后的电势差要小于 1 mV；④ 流过微小电流时，电极电位能迅速恢复原状。

4.1.2.2 电化学测量仪

在三电极体系中，如果在电极反应过程中电极表面的反应物浓度降低，而产物浓度增加，那么电极电势将从初始设定的电势偏离。为了保证设定电位的稳定，施加电压必须根据工作电极和参比电极之间电势的变化进行调整，这可以在恒电位仪的帮助下实现。

电化学测量仪通常包括一个执行电极电势控制的恒电位仪或执行电流控制的恒电流仪、一个产生所需扰动信号的发生器，以及测量和记录体系响应的记录仪，如图4-5所示。

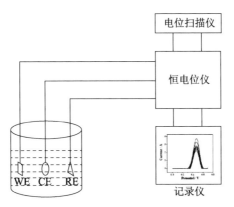

图 4-5　电化学测量仪

恒电位仪是电化学测试中的重要仪器之一，可以将电极电势控制在一定值，达到恒电位极化和恒电势暂态研究的目的。配备信号发生器后，电极电势或电流可以自动跟随发生器给出的指令信号。例如，将恒电位仪配以方波、三角波和正弦波发生器，可以研究电化学系统各种暂态的行为，配以慢的线性扫描信号或阶梯波信号，可以自动进行稳态极化曲线测量。恒电位仪的本质是利用运算放大器使参比电极或辅助电极与测试电极之间的电位差与输入信号电压严格相等。用运算放大器构成的恒电位仪，在连接电解池、电流取样电阻以及指令信号的方式上有很大的灵活性，可以根据测试的要求选择合适的电路。

利用计算机可以方便地获得各种复杂的激励波形，这些波形以数字阵列的方式产生并存储于储存器中，这些数字通过数-模转换器转变为模拟电压施加在恒电位仪上。电化学响应（电流、电势）是连续的，可通过数-模转换器在固定的时间间隔内将它们数字化后进行记录。电化学工作站的主要优点是实验的智能化，可以存储大量的数据，以及将数据进行智能化处理。所有市售的电化学工作站都具备一系列的数据分析功能，如数字过滤、重叠峰的数值分辨、卷积、背景电流的扣除以及未补偿电子的数字矫正等。

4.2　常见的电化学检测方法

4.2.1　电流-电位型电化学检测

控制电极电势 φ 以恒定的速度变化，即 $d\varphi/dt =$ 常数，测定通过电极的电流，该方法在电化学检测中称为伏安法。

4.2.1.1 循环伏安法

控制工作电极的电势以速率 v 从 φ_i 向电势负方向扫描，当线性扫描时间 $t=\lambda$ 时，扫描方向发生改变，以相同的速率回到起始电势，然后再次换方向，反复扫描，即采用的电势控制信号为连续三角波信号，如图 4-6a 所示。记录 i-φ 曲线，称为循环伏安曲线（图 4-6b）。这一测量方法称为循环伏安法（cyclic voltammetry，CV）。

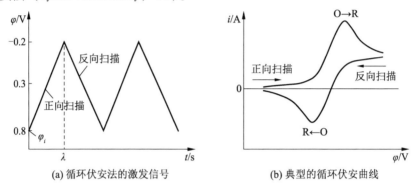

(a) 循环伏安法的激发信号　　　　(b) 典型的循环伏安曲线

图 4-6　循环伏安法的激发信号以及典型的循环伏安曲线

4.2.1.2 溶出伏安法

溶出伏安法通常用于痕量金属离子的分析，具有灵敏度高、连续检测的特点，可一次检测多种离子。通常情况下，溶出伏安法可用于检测溶液中浓度为 $10^{-9} \sim 10^{-7}$ mol/L 的金属离子，在特殊的条件下其检测限甚至能达到 $10^{-12} \sim 10^{-11}$ mol/L。该方法将富集过程和检测过程相结合，主要操作流程分为两步：沉积与溶出。首先，利用电沉积或预浓缩的方法在电极上对溶液中的少部分金属离子进行沉积；其次，通过溶解途径去除电极上富集的沉淀产物。根据溶出过程的电化学性质，溶出伏安法主要分为阳极溶出伏安法（anodic stripping voltammetry，ASV）、阴极溶出伏安法（cathodic stripping voltammetry，CSV）、电位溶出伏安法和吸附溶出伏安法四大类。

（1）阳极溶出伏安法

阳极溶出伏安法（ASV）是指设置恒定的电位在电解质溶液中富集目标离子，使其沉积在工作电极表面并形成汞齐，然后进行反向电位扫描，进一步使沉积在电极上的金属溶出。

（2）阴极溶出伏安法

阴极溶出伏安法（CSV）与 ASV 相反。待测物在校正的电位下，在工作电极上富集形成难溶化合物薄膜，随后电位从正到负扫描，使薄膜电解溶出，产生还原电流。该方法适用范围较广，大部分能和电极金属反应产生难溶薄膜的阴离子与含特殊官能团的化合物，均可使用阴极溶出伏安法测定。

（3）电位溶出伏安法

电位溶出伏安法是一种基于溶出伏安法的新型分析方法。与溶出伏安法相比，它们的富集方式基本相同，不同之处在于：① 二者溶出方式不同。溶出伏安法需要在富集过程结束之后施加反向激励，汞齐或难溶薄膜内的目标离子会被电解溶出；电位溶出伏安法不需要施加任何电压激励，并可根据氧化剂添加与否进一步分为氧化溶出和非氧化溶出两种方法。② 二者检测分析原理不同。溶出伏安法是通过电流-电位曲线对待测物进行定性和定量分析，而电位溶出伏安法的分析对象是电位-时间曲线，定性与定量的基础分别是溶出电位和溶出时间。

（4）吸附溶出伏安法

吸附溶出伏安法是利用自然扩散等途径，将被测目标吸附富集于电极表面，然后利用电压扫描的方法将目标物从电极上溶解，通过分析 $I-U$ 曲线实现电化学检测的方法。与阳极或阴极溶出伏安法不同的是，吸附溶出伏安法的富集过程中仅采用物理吸附作为富集手段，目标物自身没有参与氧化还原反应，也即没有发生电子得失现象。相反，在阴极溶出和阳极溶出的过程中，吸附溶出伏安法利用了电解法进行目标物富集，存在明显的电子转移过程。

4.2.1.3　脉冲伏安法

脉冲伏安法（pulse voltammetry）旨在消除充电电流，提升法拉第电流的主体影响，从而提升检测灵敏度。依照电压激励施加方式和电解电流信号记录方式的不同，脉冲伏安法被分为差分脉冲伏安法、常规脉冲伏安法、阶梯伏安法和方波伏安法等。在电化学领域，脉冲伏安法不仅在反应机理的研究中应用广泛，而且因其具有较高的灵敏度，在分析领域特别是在痕量检测领域也出现了许多脉冲伏安法的应用案例。

方波伏安法（square wave voltammetry，SWV）的施加电压是由方波信号与阶梯信号两部分构成的。因为阶梯信号的初始电位足够大，所以此电势下不会发生电化学反应。在两次激励结束前采集并记录电流信号，分别记

作 i_1 和 i_2，得到输出电流信号为 $\Delta i = i_1 - i_2$。相比于差分脉冲伏安法，SWV 的检测灵敏度略高，检测限低至 10^{-8} mol/L。相比于其他脉冲伏安法，SWV 的扫描速率更快，分析效率更高。同时，由于较快的扫描速率，溶解氧不会从溶液中扩散到电极表面，从而在电极表面不会发生反应，避免了除氧操作，进而简化了实验装置。

4.2.1.4 计时电流法

计时电流法（chronoamperometry）是一种电位受到控制的分析方法，常用于电化学研究，即电子转移动力学研究。计时电流法是施加阶跃脉冲信号，同时记录电位跃迁下的电流-时间（i-t）变化曲线的测试方法。

基于控制条件，i-t 曲线展现了电极界面周围的电解液浓度的变化情况，电流大小与溶液浓度梯度成正比。极限电流由电势的阶跃变化而产生，平面电极的极限扩散电流借助 Cottrell 方程式表示为

$$I = \frac{nFAD^{1/2}c}{\pi^{1/2}t^{1/2}} = Kt^{-1/2} \tag{4-1}$$

式中：I 是电流，A；n 是电子数；F 是法拉第常数，$F = 96485$ C/mol；A 是电极的面积，cm^2；C 是可还原分析物的被始浓度，mol/cm^2；D 是物种的扩散系数，cm^2/s；t 是时间，s；K 是常数。

扩散系数 D、电极面积 A 均由 i_t-$t^{-1/2}$ 关系曲线求得。

4.2.2 电化学阻抗谱检测

电化学阻抗谱（electrochemical impedance spectroscopy，EIS）检测是一种暂态电化学测试方法，小幅度扰动信号（限制在 10 mV 以下）的使用，可以在一定条件下忽略极化。同时，电极受到电荷传递过程的控制，可采用等效电路的方法进行研究。EIS 检测的基本原理是在基准电势（一般选择开路电势）的基础上，对电极施以一定频率的小振幅正弦波电势信号，检测电极系统阻抗值随正弦波的变化情况，以进一步研究电极过程动力学信息和电极界面结构信息。

EIS 方法施加到工作电极上的电势波形如图 4-7a 所示，典型的电化学阻抗曲线如图 4-7b 所示。在施加极化信号时，正弦波电势的振幅在 10 mV 以下，相当于对工作电极不断进行交替的阴阳极极化，且过电势小于 10 mV。在这种极化条件下，电势传递过程可等效成一个电阻（R_{ct}），而且在这个较小范围内，双层微分电容（C_d）也接近恒定。因此，整体电势过程可用等效

电路进行模拟，通过电工学方法来研究体系的电阻、电容等参数，进行反应机理的研究。

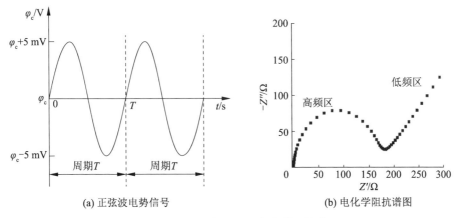

(a) 正弦波电势信号　　　　(b) 电化学阻抗谱图

图 4-7　正弦波电势信号和电化学阻抗谱图

阻抗谱需要在一个非常宽的频率范围内进行测量（最宽可达 $10^6 \sim 10^{-5}$ Hz，常用 $10^5 \sim 10^{-3}$ Hz），从高频到低频选择不同的频率进行阻抗测量，据此绘制该频率范围内的阻抗谱图，如阻抗复平面图、导纳复平面图、阻抗 Bode 图等。电化学阻抗技术作为一种重要的电化学测试方法，不仅在电化学研究与测试领域得到了应用，而且在材料、环境、电子、生物等领域得到了广泛应用和发展。

4.3　农产品品质与质量安全的电化学检测技术

4.3.1　农产品中营养物质的电化学检测

通常，人们会依据食品的物理性质与化学组成来判断其功能、性质和营养价值。食品分析是食物营养评价与食品加工过程中质量保证体系的重要组成部分，它始终贯穿于食物资源开发、食品加工与销售的全过程。作为食品分析的主要内容之一，营养成分分析主要是指对食品中的宏量元素（蛋白质、脂类、碳水化合物）、微量元素（维生素、矿物质）和其他膳食成分（膳食纤维、水及植物源食物中的非营养素类物质）进行分析，并将其作为评价食品品质和营养价值的主要指标。

4.3.1.1　维生素

维生素是维持机体正常生命活动所必需的一类小分子有机化合物。维生素的种类很多，现已证实的有 30 余种，其中 20 种被认为是保持人体健康和促进生长发育所必需的。维生素主要通过作为辅酶的成分调节代谢过程，人体对它的需求量极少，但它的作用非常大。近年来，电化学检测方法在维生素检测方面得到广泛研究。一般而言，维生素的电化学检测主要利用电催化维生素的氧化还原反应实现对其的直接检测，也有少量研究引入特异性抗体，从而提高传感器对维生素的分析特异性。

Shahamirifard 等利用羟基磷灰石-ZnO-Pd NPs 修饰碳糊电极（HAP-ZnO-Pd NPs/CPE），构建了一种可用于同时测定熊果胶（AT）和维生素 C（VC）的电化学传感器。实验结果表明，HAP-ZnO-Pd NPs/CPE 对 AT 和 VC 的氧化反应均表现出良好的催化活性，二者在修饰电极表面的氧化峰电位差为 230 mV。在最佳实验条件下，该传感器对 AT 检测的线性范围为 0.12~56 μmol/L，检测限为 85.7 nmol/L，对 VC 检测的线性范围为 0.12~55.36 μmol/L，检测限为 19.4 nmol/L，对 AT 和 VC 的检测灵敏度分别为 0.98 μA/（μmol/L）和 0.94 μA/（μmol/L）。该传感器已成功应用于果汁中 VC 的单独测定以及润肤膏中 AT 和 VC 的同时测定。

Khaleghi 等在碳糊基体中合成了氧化镍-多壁碳纳米管（NiO/MWCNTs）和 1-丁基-3-甲基咪唑四氟硼酸盐（[Bmim]BF$_4$），并以此为基础构建了可用于 VC 检测的电化学传感器。VC 在上述碳糊电极（NiO/MWCNTs/[Bmim]BF$_4$/CPE）表面的氧化峰电位为 0.440 V，相比于单纯碳糊电极，其氧化峰电位负移 200 mV，而氧化峰电流提高了 3.7 倍，表明该电极具有优异的催化活性。VC 和维生素 B$_9$ 在上述电极表面的氧化峰电位分别为 0.44 V 和 0.85 V，利用该传感器可以实现二者的同时检测。在最佳实验条件下，该传感器对 VC 检测的线性范围为 0.1~1000 μmol/L，检测限为 0.06 μmol/L，可用于食品和药品中 VC 的测定。

为实现 VC 简单、快速的电化学检测，Bettazzi 等以丝网印刷碳电极为基底，通过修饰具有优异催化活性的金纳米颗粒负载还原氧化石墨烯复合材料，构建了一种可用于牛奶配方及婴幼儿食品中的 VC 定量分析的电化学传感器。如图 4-8 所示，该传感器制备工艺简单、成本低，适用于水果和蔬菜等天然食品中 VC，以及作为营养食品添加剂、稳定剂和抗氧化剂使用的食品中 VC 的测定。

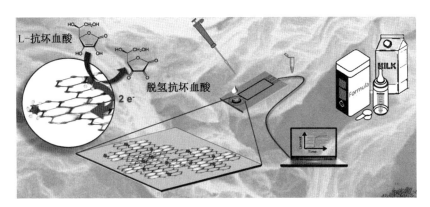

图 4-8　基于金纳米颗粒负载还原氧化石墨烯复合材料的丝网印刷碳电极对 VC 的检测机理

　　Parvin 等利用纳米铁磁性三嗪树枝状聚合物（FMNPs@ TD）在金电极（Au）上电聚合吡咯（Py），构建了一种可实现维生素 B_{12}（VB_{12}）高灵敏、高选择性检测的电化学传感器。所构建的金/聚吡咯/铁磁纳米粒子/三嗪树枝状聚合物电极对 VB_{12} 的还原反应具有优异的电催化活性。该传感器在测定 VB_{12} 方面表现出优异的性能，具有线性范围宽（2.50 nmol/L~0.5 mol/L）、重复性高（RSD 为 2.3%）、干扰率低和稳定性好的特点。因此，可将其应用于食品中 VB_{12} 的高效分析。

　　为了提高对维生素的检测特异性，Sarkar 等构建了一种基于碳点（CDs）修饰壳聚糖（CH）的电化学免疫传感平台，用于奶昔中维生素 D2（VD_2）的检测。他们采用微波热解法合成 CDs，并将其与 CH 复合，制备 CD-CH 复合材料，进一步在 ITO（氧化铟锡）玻璃基板上制备 CD-CH 复合薄膜（CD-CH/ITO）。通过将 VD_2 抗体（Ab-VD_2）和牛血清白蛋白（BSA）逐层固定在 CD-CH/ITO 表面，制备 BSA/Ab-VD_2/CD-CH/ITO 生物电极。利用差分脉冲伏安法作为信号采集技术，该传感器对 Ab-VD_2 检测的线性范围为 10~50 ng/mL，检测限低至 1.35 ng/mL。

　　电化学阻抗谱（EIS）技术具有无标记、对生物分子活性破坏小、灵敏度高等特点。Anusha 等构建了一种基于金纳米粒子功能化 GCN-β-CD 纳米复合材料的无标记免疫电化学传感器，用于 25-羟维生素 D_3［25（OH）D_3］生物标志物的检测。如图 4-9 所示，他们通过碳二亚胺化学方法将 Ab-25（OH）D_3 抗体共价固定在 GCN-B-CD@ Au/GCE 上，并以其作为传感器探针。该免疫传感器对 25（OH）D_3 具有良好的分析性能，线性范围为 0.1~

500 ng/mL，检测限低至 0.01 ng/mL。

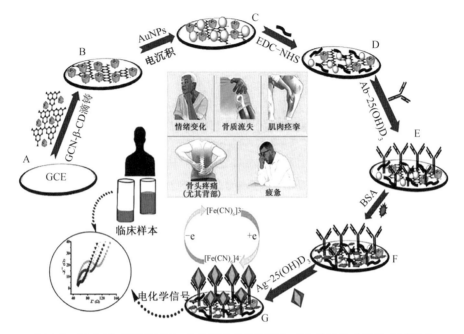

图 4-9　用于 25-羟维生素 D_3 生物标志物检测的免疫电化学传感器构建原理图

4.3.1.2　矿物质元素

食品中所含的元素达 50 余种，除 C、H、O、N 外的其他元素称为矿物质元素。从人体需要出发，矿物质元素可分为常量元素（钾、钠、钙、镁、磷、氯、硫）和微量元素（铁、铜、锌、锰、锡、碘、氟、硒）两大类。微量元素在机体组织中的作用浓度很低，一般用百万分之一或十亿分之一甚至更低来表述，故需求摄入量也很少。微量元素在人体中的浓度和功能要严格把控，当其含量小于人体所需量时，人体组织将受到破坏，机体功能减退，变为亚健康状态；若含量超过控制范围，轻则表现出程度不一的毒性反应，重则导致死亡。

Mondal 等构建了一种由碳纳米管固定纤维素纱线组成的微型同轴电缆型电化学传感器，在宽动态范围（0.1~500 mg/L）内可实现对 Zn^{2+} 的高灵敏检测。如图 4-10 所示，该传感器由两根碳纳米管螺纹电缆组成，一根电缆上涂有聚合物离子受体（对氨基苯基卟啉）作为工作电极，另一根电缆是原始碳纳米管作为参比电极。该传感器对阳离子（Na^+、K^+、Mg^{2+}、

Cd^{2+}、Ca^{2+}、Fe^{2+}和Cu^{2+}）和阴离子（Cl^-、NO_3^-、PO_4^{3-}和CH_3COO^-）的干扰（选择性系数为$10^{-5} \sim 10^{-3}$）极其宽容，可实时检测人类汗液样本和农业土壤样本中的Zn^{2+}。这种超过5000倍浓度范围的Zn^{2+}超灵敏检测对医学诊断和土壤养分评估都是至关重要的。

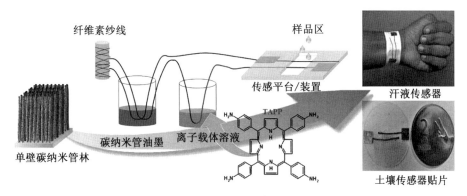

图 4-10　基于单壁碳纳米管阵列的Zn^{2+}电化学传感器构建示意图

磷主要以溶解态的形式存在，磷含量是衡量天然水体富营养化水平的关键指标之一。Kolliopoulos 等详细介绍了基于比色法用丝网印刷石墨大电极测定水样中溶解磷的电化学传感器。该电化学传感器使用循环伏安法测定 $0.5 \sim 20$ μg/L 范围内的正磷酸盐，检测限对应于 0.3 μg/L 的正磷酸盐。通过离子色谱法和 ICP-OES 分别定量污染水样中的正磷酸盐和总溶解磷，验证了所提出的电化学方法的有效性。与其他比色法相比，该电化学方法具有更低的检测限和更短的检测时间。此外，这种电化学传感器允许在不使用抗坏血酸和采用酒石酸锑钾作为还原剂（如在比色法中使用）的情况下测定溶解的磷。该方案在 PhosQuant 电化学装置的开发中得到了证明，并提供了一种使用丝网印刷电极且对溶解磷进行快速电化学检测的便携式装置。

Fan 等用 AuNPs/pG 对玻璃碳电极进行改性，制备了一种简便、灵敏的电化学传感平台，用于检测肉中的 Ca^{2+} 浓度，如图 4-11 所示。该传感器使用石墨烯作为基底材料，经过氧等离子体处理后的石墨烯缺陷密度降低、导电性增强。有趣的是，经过等离子体处理 10 s 后，只有少数金纳米颗粒被捕获在石墨烯中。在最佳实验条件下，Ca^{2+} 浓度的检测限为 3.9×10^{-8} mol/L，在 $5 \times 10^{-8} \sim 3 \times 10^{-4}$ mol/L 范围内呈线性关系。最后，他们将所提电化学方法

应用于猪肉样品中 Ca^{2+} 的检测，并通过平行检测验证了其稳定性和重现性。因此，所提出的方法显示了其有效检测肉中 Ca^{2+} 的潜力，并显著减少了操作和预处理样品的时间。

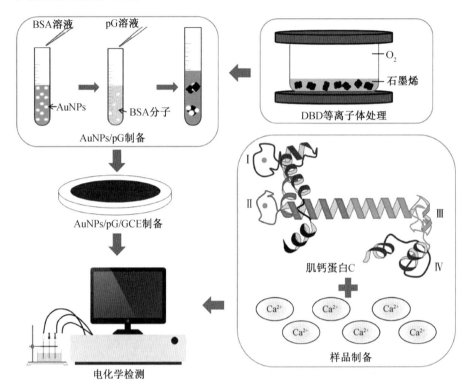

图 4-11 基于 AuNPs/pG 修饰电极的 Ca^{2+} 检测原理图

由于可穿戴传感技术在实时监测健康状况方面具有广阔的应用前景，因此受到了极大的关注。传感部分一般制成具有特殊性能的薄膜结构，在不同的结合位点组装不同的传感材料作为功能单元，以确保其高柔韧性。但薄膜传感器在使用过程中极易破裂，因为它不能适应柔软或不规则的体表，而且对可穿戴的应用而言，它不透气也不舒适。如图 4-12 所示，Wang 等提出了一种利用传感纤维单元制备电化学织物的新策略。这类单元可有效地检测葡萄糖、Na^+、K^+、Ca^{2+} 的浓度和 pH 等生理信号。在反复变形（如弯曲和扭曲）的情况下，电化学织物仍具有高度的结构完整性以及灵活的检测性能，并具备对人体健康状况的高度有效的实时监测能力。

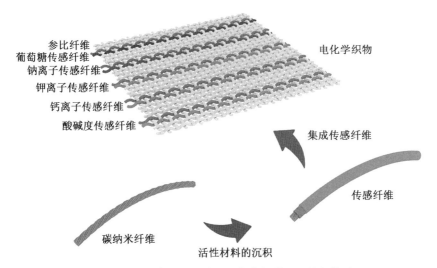

图 4-12　利用传感纤维单元制备电化学织物的新策略

4.3.1.3　糖类

糖属于生物能源和生物结构成分，可分为单糖及其衍生物、寡糖、多糖等类别。糖作为自然界中分布广泛的物质之一，在不同食物中的结构形式和含量有明显差异，其中葡萄糖和果糖等单糖主要富含于水果和蔬菜中。对食品而言，准确测量其中的葡萄糖和果糖含量不仅可作为评价营养价值的标准，而且可作为食品质量合格与否的判定依据。下面将简单介绍电化学传感器在糖类检测中的应用。

McCormick 等在丝网印刷碳电极上组装纳米多孔铂结构，构建了用于食品中还原糖检测的非酶电化学传感器。该传感器将构建的电极作为流动注射分析歧管中的传感元件，可用于马铃薯中还原糖的快速检测，其突出优势是无须制备样品。试验结果表明，该传感器对还原糖检测具有长期稳定性和高选择性，且响应时间短（小于 5 s）。与市售酶分析试剂盒相比，该传感器具有相当的检测精度。

葡萄糖氧化酶（GOx）对葡萄糖有良好的催化活性和选择性，因此常用于葡萄糖电化学生物传感器的开发，实现对后者的高选择性检测。Mani 等利用电化学还原氧化石墨烯-多壁碳纳米管杂化材料（ERGO-MWCNTs）作为基底，实现了 GOx 在其表面的直接电子传递。与 MWCNTs 相比，GOx 在 ERGO-MWCNTs 表面的峰电流提高了 2.1 倍，而峰间电位差仅为 26 mV，表明 GOx 与电极之间进行了快速电子传递。在介质存在下，通过氧消耗的还原检测，ERGO-MWCNTs 膜对葡萄糖表现出良好的电催化活性。其构建的电化学生物传感器对葡萄糖检测的线性范围为 0.01~6.5 mmol/L，检测限低至 4.7 μmol/L，且稳定性和选择性良好。传感器基底的性质是影响其表面 GOx 活性的重要因素，对提高电化学检测葡萄糖的性能至关重要。基于此，Unnikrishnan 等研发了一种直接将 GOx 固定在还原氧化石墨烯（RGO）上的电化学方法，该方法在不使用任何交联剂或修饰剂的情况下，可一步完成 GOx 的固定。他们采用溶液相法制备剥离氧化石墨烯（GO），进而通过电化学还原法制备 RGO-GOx 复合结构。测试结果表明，该复合结构具有良好的稳定性、重现性和选择性，对葡萄糖具有良好的催化活性。葡萄糖检测的线性范围为 0.1~27 mmol/L，灵敏度为 1.85 μA/（mmol/L）。Razmi 等引入固定化酶底物-石墨烯量子点（GQD）作为基底修饰在碳陶瓷电极（CCE）表面，进一步将葡萄糖氧化酶（GOx）固定在 GQD 界面，构建了对葡萄糖具有高亲和力的生物传感器。由于 GQD 具有大的比表面积、优良的生物相容性、CCE 的多孔性以及丰富的亲水边缘和疏水平面，因此复合后材料 GQD/GCE 增强了电极表面的酶吸附作用，使传感器具有优良的性能。对于葡萄糖检测，该传感器的线性范围为 5~1270 μmol/L，检测限为 1.73 mol/L。

Chia 等利用 MXene 作为传感器敏感材料，用于开发第二代葡萄糖电化学生物传感器。如图 4-13 所示，研究人员利用氢氟酸剥离的 MXene 作为基底，在其表面组装葡萄糖氧化酶（GOx）形成生物敏感界面，当葡萄糖存在时，GOx 催化其氧化，并产生电信号。对于葡萄糖的选择性和电催化活性，该生物传感器表现优异，线性范围为 50~27750 μmol/L，检测限为 23.0 μmol/L。研究结果证明了原始 MXene 在生物传感器领域的可能应用，并为未来高选择性、高灵敏度的电化学生物传感器在生物医学和食品采样方面的应用奠定了基础。

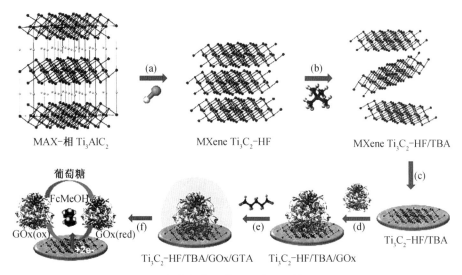

图 4-13　葡萄糖电化学生物传感器检测机理图

4.3.2　农产品中重金属元素的电化学检测

农产品质量安全与其产地环境直接相关。近年来，伴随着中国工业的迅猛发展和农业生产中农药化肥的超量施用，农产品产地环境和农产品重金属污染日趋严重，已经成为中国农业可持续发展所面临的一个严重制约因素。开发适合农业生产现实需要的重金属检测关键技术，对农业生产区环境治理、农产品生产链全程监控及确保农产品质量安全等具有重要作用，对农产品产地环境管理、农产品供应链全程管理及确保农产品质量安全等具有十分重要的意义。电化学检测技术以其仪器成本低、检测速度快和操作简易的优点，在环境监测、环境样本分析及食品药品监测等诸多领域得到了广泛应用。

4.3.2.1　Hg^{2+} 的分析

Hg^{2+} 是一种典型的有毒重金属离子，对生态系统和人类构成了巨大的威胁。即使水中只有微量的 Hg^{2+}，也会引起各种疾病，如低热、呼吸衰竭、神经损伤等。由于人类处于食物链的顶端，Hg^{2+} 会通过食物链的传递在人体内积累，从而导致各种严重的疾病。因此，快速、准确地检测 Hg^{2+} 具有重要意义。其中，电化学适配体传感方法特异性高、响应速度快，已广泛用于 Hg^{2+} 分析。Wang 等开发了一种基于 $T-Hg^{2+}-T$ 的电化学适配体传感器，双链 DNA 在外切酶Ⅲ（Exo Ⅲ）的催化下被 $T-Hg^{2+}-T$ 裂解，并在 Hg^{2+} 结合靶点时发生。[Ru(NH₃)₆]³⁺可以静电吸附在带负电荷的 DNA 骨架上，实现信号的转换。通过微分脉冲伏安法（DPV）采集检测信号，实现对河流水样中 Hg^{2+} 的分析。

如图 4-14 所示，Wang 等将金纳米粒子（AuNPs）修饰在 HS-rGO 表面，并将形成的 Au@HS-rGO 薄膜作为基底。之后，将底物链（Apt1）通过 Au—S 键组装在 Au@HS-rGO 表面。合成的 AuPd@UiO-67 具有类过氧化氢酶性质，可作为纳米酶催化 H_2O_2 产生电信号，将该纳米酶标记到信号链（Apt2）作为信号探针。当 Hg^{2+} 存在时，Apt2-AuPd@UiO-67 可通过 T-Hg^{2+}-T 与 Apt1 形成双链。随着 Hg^{2+} 浓度增加，传感器表面 Apt2-AuPd@UiO-67 增加，采集的 H_2O_2 电信号逐渐增大，且在 0.2~200 mg/L 浓度范围内呈现良好线性。

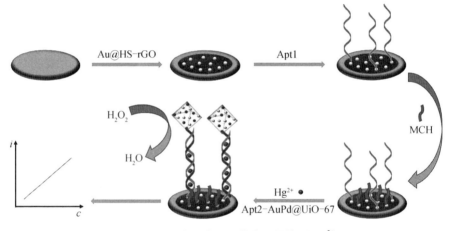

图 4-14 利用电化学适配体传感器检测 Hg²⁺

为了进一步提高电化学适配体传感器的检测灵敏度，Yu 等通过引入杂交链式反应（HCR）放大检测信号，以金纳米粒子组装的蒲公英状 CuO（DCuO）微球作为支撑材料，为硫代探针（P1）组合产生更多的活性位点。Hg^{2+} 的存在会诱导 P1 通过形成 T-Hg^{2+}-T 复合物与其他寡核苷酸（P2）杂交。P2 的部分序列作为启动序列，通过电极表面的 HCR 过程，使两条发夹 DNA 链（H1 和 H2）共同形成延伸的双链 DNA。该方法结合 HCR 的扩增和 TB 固有的氧化还原活性，利用 DCuO/Au 复合材料，实现了在 $2×10^{-7}~2×10^{-2}$ mg/L 浓度范围内对水环境中的 Hg^{2+} 进行精准分析。

4.3.2.2 Pb²⁺的分析

铅（Pb）作为一种危害极大的重金属污染物，会给环境及人体带来严重影响。各种形态的铅均会损伤人体中枢神经，破坏人的肾脏、肝脏、生殖系统等。根据研究，血液中铅离子（Pb²⁺）的最大可接受浓度为 100 μg/L。

Wang 等基于不同形式的金修饰石墨烯纳米复合材料，引入巯基标记的底物链（Apt1）和催化链（Apt2），设计了一种电化学适配体传感器，用于灵敏检测 Pb²⁺。在图 4-15 中，用金修饰多孔还原氧化石墨烯（Au@p-rGO）作为 Apt1 载体，金修饰氧化石墨烯（AuNPs@GO）作为信号探针，通过碱基互补配对原理将 Apt2 固定在 AuNPs@GO 表面。当 Pb²⁺存在时，依赖 Pb²⁺ 的 DNAzyme（Apt2）发挥作用。随着 Pb²⁺ 浓度增加，电流信号逐渐减小，并在 0.001~0.2 μg/L 范围内呈现良好线性关系。

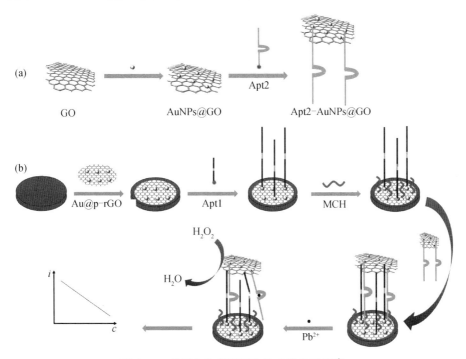

图 4-15　利用电化学适配体传感器检测 Pb²⁺

为了提高传感器的检测灵敏度，研究人员通过引入滚动循环扩增（RCA）技术或支链杂交反应（bHCR）策略，实现了对响应信号的放大，提高了电化学适配体传感器对 Pb²⁺ 的分析性能。Ji 等引入 MoS₂-AuPt 纳米材料和血红素/G-四链体 DNAzyme 作为电催化信号，开发了一种 Pb^{2+} 电化学 DNAzyme 传感器，实现了水环境中 Pb^{2+} 的超灵敏检测。该传感器对 Pb^{2+} 检测的线性范围为 $0.0001 \sim 1000$ mg/L，检测限为 0.38 μg/L。该电化学传感器具有超高的灵敏度和特异性，为水环境中 Pb^{2+} 的检测提供了潜在的应用前景。

4.3.2.3 砷的分析

砷（As）是一种有毒的类金属，普遍存在于大气、岩石、水和土壤等中，主要以无机与有机两种形式存在，其无机形式包括三价亚砷酸盐（As^{3+}）和五价砷酸盐（As^{5+}）。长时间接触无机砷，可能会损伤胃肠道、呼吸道、皮肤、肝脏和神经系统，诱发肺癌、皮肤癌等多种癌症。砷中毒通常属于慢性中毒，即使小剂量的砷对身体也有极大的伤害，因此需要发展高效、快捷的砷检测方法以预防砷污染。近年来，电化学传感器得到了广泛的关注。其中，基于循环伏安法（CV）的 As^{3+} 检测方法已被研究并有广泛应用。例如，利用化学沉淀法合成 SnO_2 纳米针（粒径为 $60 \sim 80$ nm），并将其通过基萘酚涂在铅笔芯表面，获得氧化锡（SnO_2）纳米针修饰铅笔工作电极。将上述电极用于 As^{3+} 检测，其线性范围为 $50 \sim 500$ μg/L。

为了实现对 As^{3+} 的快速分析，Wen 等引入多配体功能化的银纳米粒子（AgNPs），因其具有等离子体特性和电化学活性，将其作为多模态传感器检测 As^{3+} 的多功能探针。如图 4-16 所示，该方法不仅可以实现肉眼比色法和分光光度法检测 As^{3+}，还可以通过电化学方法实现对 As^{3+} 的高灵敏分析。该方法具有操作方便、分析时间短、可现场分析、灵敏度高、成本低等特点。As^{3+} 响应多模态传感器在各种环境水和果汁样品检测中表现出优异的性能。此外，基于等离子体金属纳米粒子的多模态传感方法可以改善传感器对有毒目标的分析性能，这将非常有利于传感器在环境和食品监测方面的实际应用。

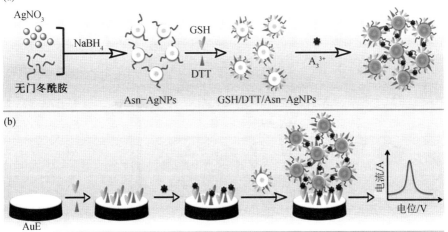

图 4-16　电化学适配体传感器检测 As³⁺

4.3.2.4　镉的分析

镉（Cd）是一种有毒重金属元素，其流动性强，土壤中的 Cd 可经植物吸收后进入食物链，最终在人体富集，空气中的 Cd 可经呼吸道侵入人体，产生不可逆的毒害作用。Cd 具有致癌性，已被国际癌症研究机构列为致癌物。Cd 污染不仅会危害人体健康，还会阻碍我国农业的可持续发展。因此，实现对 Cd 污染问题的有效治理意义重大。

Mitra 等基于三维还原氧化石墨烯电极，利用 DPV 方法检测细菌细胞和水稻组织中 Cd 的生物积累。利用 X 射线荧光和 X 射线衍射对选定的抗 Cd 植物根际促生菌（PGPR）菌株-密歇根克雷伯氏菌（MCC3089）进行了研究。该菌株基于植物促生长（PGP）特性进行表征，在高 Cd 浓度和低 Cd 浓度下均表现出 Cd 的生物积累，其中低 Cd 浓度对环境影响更大。该菌株的 Cd 固存能力减少了水稻幼苗对 Cd 的吸收，从而减轻了农田镉污染的毒性（图 4-17）。为了实现对 Cd 的特异性分析，他们提出了电化学 DNA 传感方法，引入了乙基绿（EG）和多壁碳纳米管（MWCNTs）检测 Cd²⁺。Cd²⁺存在前后，还原峰值电流的差异与 Cd²⁺ 浓度成正比。该方法对 Cd²⁺ 的线性检测范围为 0.2~1.1 μg/L。为进一步提高检测性能，Xu 等通过 Au—S 键将适配体固定在电极表面，构建了用于 Cd²⁺ 检测的电化学适配体传感器，并实现了对果蔬中 Cd²⁺ 的检测。由于适配体与金属离子的特异性结合，亚甲基蓝标记的适配体电化学信号逐渐降低。该电化学传感器对 Cd^{2+} 检测的线性范围为 0.01124~112.4 μg/L。

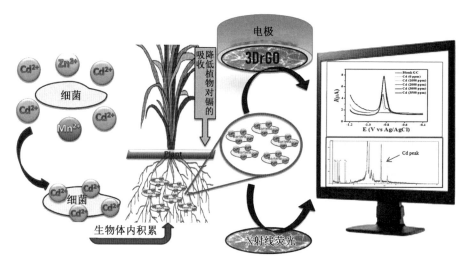

图 4-17　电化学适配体传感器检测 Cd

4.3.2.5　铬的分析

铬（Cr）的毒性与其存在价态相关，Cr^{6+} 毒性较强，属中性毒性物质，Cr^{3+} 属低毒物质。Cr^{6+} 具有强烈的致突变作用，并被证实是致癌物，极易被人体吸收，能经消化道、呼吸道、皮肤和黏膜等途径侵入体内。中国营养学会推荐每日 Cr 的安全摄入量为 0.05~0.2 mg。《中华人民共和国食品安全法》规定了各种食品中 Cr 含量的明确标准，如粮食中 Cr 的含量要低于 1 mg/kg 等。因此，实现对 Cr 的分析对环境安全与人类健康具有重要意义。Jaihindh 等开发了一种用绿色深共晶溶剂线制备的分级纳米结构的钒酸铋（$BiVO_4$），作为光催化降解和电化学检测剧毒 Cr^{6+} 的双功能催化剂。$BiVO_4$ 具有良好的光催化活性，在 160 min 内可将 Cr^{6+} 还原为 Cr^{3+}，还原率约为 95%；$BiVO_4$ 催化剂还具有良好的可重复使用性和光催化还原 Cr^{6+} 的稳定性。此外，$BiVO_4$ 修饰的丝网印刷碳电极（$BiVO_4$/SPCE）对 Cr^{6+} 的电化学检测也表现出良好的电化学性能，对 Cr^{6+} 检测的线性范围为 0.52~13754 μg/L，检测限为 0.182 μg/L。

为了进一步提高传感器的便携性，Zhao 等开发了一种新型的基于银-金纳米颗粒修饰电极的电化学阵列传感器，用于同时检测 Cr^{6+} 与 Cr^{3+}。他们首先利用电化学沉积法制备银金双金属纳米颗粒对 SPCE 工作电极进行修饰，检测 Cr^{6+}；将银金双金属纳米粒子氧化形成稳定的银金双金属氧化物纳米粒子，对另外的 SPCE 工作电极进行修饰用于 Cr^{3+} 的检测。然后将两种电极集成为电化学传感器阵列，同时对 Cr^{6+} 与 Cr^{3+} 进行检测。该传感器对 Cr^{6+} 检测的线性范围为 0.05~5 mg/L，检测限为 0.1 μg/L；对 Cr^{3+} 检测的线性范围为 0.05~1 mg/L，检测限为 0.1 μg/L。最后，他们应用该电化学传感器阵列成功检测了自来水、人工唾液和人工汗液样品中的 Cr^{6+} 与 Cr^{3+}，并对含铬废水处理过程中的 Cr^{6+} 与 Cr^{3+} 进行了监测。结合手持式双通道电化学装置，传感器可轻松实现各种样品中 Cr^{6+}、Cr^{3+} 的同时测定（图 4-18）。

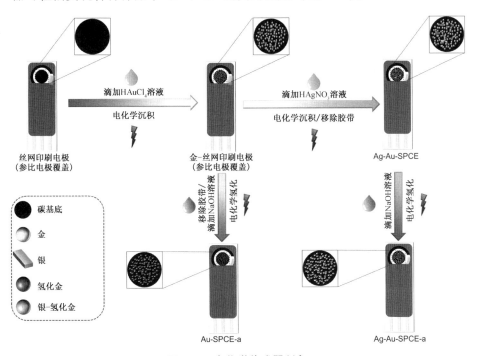

图 4-18 电化学传感器制备

4.3.2.6 其他重金属的分析

锌离子（Zn^{2+}）是参与免疫功能的重要离子之一，摄取过多 Zn^{2+} 可出现头痛、干咳和胸部紧束感。过多的 Zn^{2+} 可抑制 Fe^{2+} 被利用，故机体摄取过多 Zn^{2+} 可使造血机制紊乱，从而使机体出现顽固性缺铁性贫血；铜离子（Cu^{2+}）可通过食物链的富集作用进入人体，当摄入过量的 Cu^{2+} 时，会产生胆汁排泄障碍，造成 Cu^{2+} 在人体组织和器官中蓄积，引起肝脏损害，表现出慢性活动性肝炎症状。Hui 等以碳化钛（Ti_3C_2Tx）和多壁碳纳米管（MWCNTs）纳米复合材料为基体，采用分层组装（LBL）修饰金电极，成功制备了用于 Cu^{2+} 与 Zn^{2+} 检测的柔性电化学传感器（图 4-19）。在最佳实验条件下，所制备的传感器表现出良好的检测性能，Cu^{2+} 和 Zn^{2+} 的检测限分别为 0.1 μg/L 和 1.5 μg/L。此外，在生物液体（即尿液和汗液）中也成功检测出 Cu^{2+} 和 Zn^{2+}，其浓度范围很广（尿液中 Cu^{2+}：10～500 μg/L；尿液中 Zn^{2+}：200～600 μg/L；汗液中 Cu^{2+}：300～1500 μg/L；汗液中 Zn^{2+}：500～1500 μg/L）。该柔性传感器还具有超重复性和稳定性等优点。

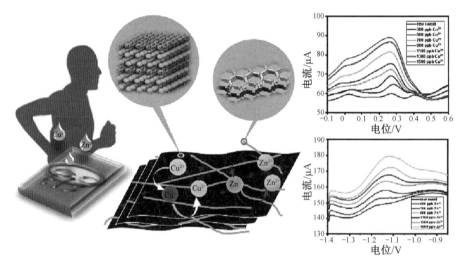

图 4-19　电化学适配体传感器检测 Cu^{2+} 与 Zn^{2+}

4.3.3　农产品中农药残留的电化学检测

近年来，人们的食品安全意识日益提高，对农药残留也越来越敏感。农药残留检测是对复合药剂中微量杀虫剂的检测，因此对微量技术的操作精准度和痕量检测策略的分析灵敏度要求较高。电化学传感器具有操作快速简便、灵敏度高、体积小、易实现便携化等优点。近年来，电化学传感器在有机分析领域日益显示出更大的潜力和优势，在农药分析领域也得到了越来越广泛的应用。

4.3.3.1　有机磷农药

有机磷农药（OPs）是一类含有有机磷的有机化合物，对植物病虫害具有较强的药效，广泛用于农业生产中。有机磷农药能有效抑制昆虫神经组织中的乙酰胆碱酯酶（AChE）和血清胆碱酯酶（ChE）的活性，轻则导致昆虫急性中毒，严重时致死。有机磷杀虫剂对害虫的杀灭效果很好，在提高农业生产率方面发挥着重要作用。由于OPs毒性高和生物蓄积效应，使得它们在环境中的残留可对人类健康造成长期损害。在众多技术中，以乙酰胆碱酯酶为基础的电化学传感器，因其具有响应迅速、操作简便、分析历时短、成本低、可现场检测等优点，近年来受到越来越多的关注。

　　有机磷农药电化学检测分为直接电化学传感器检测以及基于乙酰胆碱酯酶（AChE）的电化学生物传感器检测。如图4-20所示，Wu等制备三维石墨烯-金纳米粒子/ 4-氨基苯乙酮肟（3DGH-AuNPs/APO）复合材料，并进一步构建了可用于OPs检测的非酶电化学传感器。研究人员以二乙基氰基膦酸盐（DCNP，OP神经毒剂的模拟物）作为模型分子，使用上述传感器对OPs进行检测分析。结果表明，该传感器对OPs检测的线性范围为$1\times10^{-11}\sim7\times10^{-8}$ mol/L，检测限为3.45×10^{-12} mol/L。Zhang等利用肟功能化金纳米粒子和氮掺杂石墨烯复合材料（NG/AuNPs），开发了一种用于非电活性有机磷农药检测的直接电化学传感器，其线性范围为$1\times10^{-12}\sim4\times10^{-8}$ mol/L，检测限低至8.7×10^{-13} mol/L。

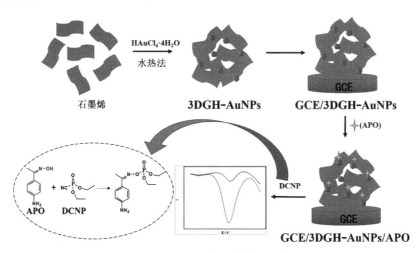

图4-20　用于OPs检测的电化学传感器

　　针对直接电化学检测OPs存在选择性不足的问题，Moraes等制备了酞菁铜/多壁碳纳米管（GCE/MWCNTs/CuPc）膜修饰玻碳电极，利用草甘膦和铜离子之间的强相互作用形成稳定的络合物，提高传感器对草甘膦的分析选择性。该电化学传感器对草甘膦检测的线性范围为 0.83~9.90 μmol/L，检测限为 12.20 nmol/L。分子印迹聚合物（MIP）可以根据形状、大小和官能团对目标分子进行特异性识别。Do 等以草甘膦为模板分子，对氨基噻吩功能化的金纳米颗粒进行了电聚合，经模板提取后，通过形成类似于草甘膦的空腔结构对草甘膦进行特异性捕捉。利用线性扫描伏安法对传感器进行草甘膦的分析测试，其线性范围为 5.91 nmol/L~5.91 μmol/L，检测限为 4.73 nmol/L。Zheng 等利用循环伏安法对草甘膦和吡咯进行电聚合，制备草甘膦分子印迹聚吡咯修饰金电极（图 4-21），构建了基于此电极的传感器。该传感器对草甘膦检测的线性范围为 0.03~4.73 μmol/L，检测限为 1.60 nmol/L。

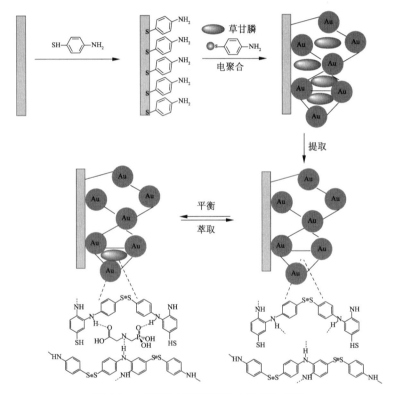

图 4-21　用于草甘膦检测的电化学传感器

AChE 生物传感器对 OPs 的检测机理为：AChE 作为乙酰硫胆碱（ATCl）水解反应的催化剂，酶促反应产物为硫代胆碱，通过硫代胆碱所产生的非可逆的电化学氧化峰进行 OPs 测定。OPs 对 ATCl 的活性有抑制作用，进而降低硫代胆碱的氧化。硫代胆碱的氧化峰电流与 OPs 的浓度成反比，通过监测抑制前后硫代胆碱的氧化峰电流，可以测定 OPs 浓度。Wei 等将蜂窝状分层多孔碳、金纳米粒子（AuNPs）和离子液体（ILs）作为固定基质结合，利用其协同效应增强对 AChE 的吸附性能，保持酶活性，因此反应灵敏度得到提升。利用 AChE 灵敏电化学传感器对敌敌畏中的 OPs 进行浓度分析，其线性范围为 $4.5 \times 10^{-13} \sim 4.5 \times 10^{-9}$ mol/L，检测限低至 2.99×10^{-13} mol/L。

如图 4-22 所示，Chen 等基于多壁碳纳米管（MWCNTs）、氧化锡（SnO_2）纳米粒子和壳聚糖（CHIT）纳米复合材料，研制了一种灵敏的电流型乙酰胆碱酯酶（AChE）生物传感器。他们将 AChE 和萘酚（Nafion）固定在纳米复合膜上，制备用于农药残留检测的 AChE 生物传感器。与单独的 MWCNTs-CHIT、SnO_2-CHIT 和裸金电极相比，上述纳米复合材料在 $[Fe(CN)_6]^{3-/4-}$ 氧化还原偶联的存在下表现出最明显的电化学信号。若在 0.2% 的 CHIT 溶液中加入 MWCNTs 和 SnO_2，可以促进电子转移，增强电化学响应，改善电极表面的微观结构。在优化的检测条件下，乙酰胆碱酯酶生物传感器对毒死蜱检测的线性范围为 $0.05 \sim 1.0 \times 10^5$ μg/L，检测限为 0.05 μg/L。该生物传感器以白菜、生菜、韭菜、小白菜为模型样品，回收率可达 98.7%～105.2%。

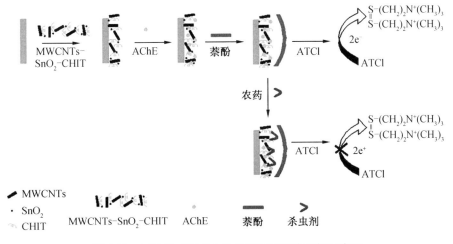

图 4-22　乙酰胆碱酯酶生物传感器检测毒死蜱示意图

Zhai 等设计制备壳聚糖-普鲁士蓝-多壁碳纳米管-空心金纳米球（CHIT-PB-MWCNTs-HGNs）结构，该结构于金电极上通过一步电沉积技术获得；通过组装乙酰胆碱酯酶（AChE）和萘酚分子构建 AChE 生物传感器。在 CHIT-PB 杂化膜中加入多壁碳纳米管（MWCNTs）和 HGNs 促进了电子转移反应，增强了电化学响应，改善了电极表面的微结构。基于农药可降低乙酰胆碱酯酶活性，以马拉硫磷、毒死蜱、久效磷和吡虫胺为模型化合物，该生物传感器表现出分析范围广、检测限低、重现性好、稳定性高等优势。此外，AChE/CHIT-PB-MWCNTs-HGNs/Au 生物传感器也可用于蔬菜样品（卷心菜、生菜、韭菜和小白菜）的直接分析，其回收率为94.2%~105.9%。

4.3.3.2 氨基甲酸酯类农药

氨基甲酸酯类农药常用作杀虫剂。常见的氨基甲酸酯类农药包括克百威（呋喃丹，CBF）、涕灭威、西维因、叶蝉散等。除克百威等毒性较高的少数品种外，大多数杀虫剂属于中等毒性或低毒性。氨基甲酸酯类农药虽然不是毒性很强的化合物，但是其具有致癌性。

Miyazaki 等开发了一种直接电化学传感器，用于快速和低成本地检测 CBF。其检测方法为：首先将聚二烯丙基二甲基铵（PDDA）和氧化石墨烯（GO）逐层修饰到 ITO 电极，电化学还原形成 ITO/(PDDA/ERGO)$_5$，然后将磁铁矿纳米粒子（MNP）和聚（苯乙烯磺酸盐）（PSS）多层膜组装，得到 ITO/(PDDA/ERGO)$_5$/(MNP/PSS)$_5$ 复合结构，将其应用于自来水和土壤中 CBF 的微分脉冲伏安法（DPV）电化学检测。为了提高传感器的简便性和灵敏度，Mariyappan 等以硫化钆/还原氧化石墨烯（Gd$_2$S$_3$/RGO）复合材料为基底，设计了一种直接电化学传感器。所构建的 Gd$_2$S$_3$/RGO 传感器对 CBF 检测具有良好的灵敏度和选择性，其线性检测范围为 0.001~1381 μmol/L，检测限低至 0.0128 μmol/L。该传感器已成功用于河水和马铃薯中的 CBF 检测。

由于农药成分具有多样性，多目标物的同时检测已成为近几年的研究热点。Akkarachanchainon 等通过电化学还原胶束氧化石墨烯的方法制备改性电极，提高石墨烯的亲水性，并将该体系成功用于多种农产品中 CBF 和多菌灵（CBZ）残留的灵敏同时检测。同时，由于农药成分复杂且结构相似，为了提高传感器的检测选择性，Wu 等将酶联免疫吸附法（ELISA）引入电化学检测，建立了一种基于酶诱导 Cu^{2+}/Cu$^+$ 转化的氨基甲酸乙酯电化学免疫分析方法（图 4-23）。该方法将电化学和 ELISA 的优点结合，具有特异性强、灵敏度高、背景干扰低等优点。

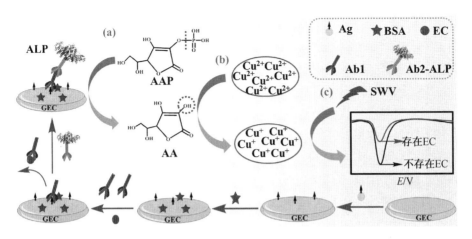

图 4-23　基于酶诱导 Cu^{2+}/Cu^+ 转化的氨基甲酸乙酯电化学免疫分析方法

针对目前某些氨基甲酸酯类农药无特异性抗体的问题，Tian 等以自组装和电聚合为基础，制备以纳米分子印迹为识别单元的电化学传感器，用于 CBF 检测。该传感器中，克百威为模板分子，4-羟基噻吩（4-HTP）为功能单体，还原氧化石墨烯（RGO）和金纳米粒子（AuNPs）为基底，通过电聚合法制备 CBF 分子印迹聚合物膜。研究人员采用循环伏安法（CV）和 SWV 研究了该传感器的印迹效应和选择性能，并将其用于水果、蔬菜和谷物中 CBF 的快速检测。该传感器可横跨 4 个数量级（$1.0 \times 10^{-9} \sim 1.0 \times 10^{-5}$ mol/L）进行浓度分析，检测限为 3.3×10^{-10} mol/L。

4.3.3.3　苯并咪唑类农药

苯并咪唑及其衍生物是一种具有抗菌、抗寄生虫等广谱生物活性的物质，在农药领域占据重要地位。其中，低毒性的苯并咪唑类化合物对霉菌的生长有一定的抑制作用，主要包括 CBZ、托布津、麦穗宁等。CBZ 作为一种苯并咪唑类杀菌剂，因其可以长期存在于土壤中，降解速率缓慢而被广泛应用于农业中，用于防治各种果蔬病原菌。

目前，用于快速、精准地检测 CBZ 的电化学传感器已有较多报道。Guo 等建立了一种基于环糊精-石墨烯杂化纳米片（CD-GNs）的电化学传感平台，用于利用 DPV 法测定 CBZ。该纳米材料结合了石墨烯和环糊精的优点，极大地提高了对 CBZ 检测的灵敏度。Santana 等利用石墨烯电导率优异、电催化活性高以及比表面积大等优点，在石墨烯薄片上原位生长无机纳米晶体制备还原石墨烯/ZnCdTe 半导体纳米晶体复合材料,以促进电极和溶液之间的电子转移,从而提高电化学响应。还原石墨烯/ZnCdTe 基电化学传感器用于 CBZ 检测,线性范围为 $9.98 \times 10^{-8} \sim 1.18 \times 10^{5}$ mol/L,检测限为 9.16×10^{-8} mol/L,并成功用于橙汁样品中 CBZ 的测定。近年来,三维双连续纳米多孔金属在电化学传感器领域备受关注,尤其是纳米孔铜(NP-Cu),因其催化活性高、导电和导热性能好等而被广泛应用。Tian 等将 NP-Cu 作为电化学检测 CBZ 的增敏材料,构建了一种用于 CBZ 灵敏检测的电化学传感器,并成功应用于生菜中 CBZ 的电化学检测。

以上方法均采用直接电化学氧化还原,传感器构建简单,但在检测选择性方面需进一步提高。基于此,Elshafey 等引入仿生受体——分子印迹聚合物(MIPs)作为特异性识别元件,将 MIPs 与电分析技术相结合,研发了一种基于氧化钴/电化学还原氧化石墨烯(CoOx/ERGO)的 CBZ 电化学传感器,使传感器对 CBZ 的分析选择性得到显著提高。如图 4-24 所示,以乙二醇二甲基丙烯酸酯(EGDMA)预聚合混合物为交联单体、CBZ 为模板单体、甲基丙烯酸(MAA)为功能单体制备多菌灵印迹聚合物。MAA 功能单体通过 CBZ 的氨基与 MAA 的羧基相互作用形成模板。

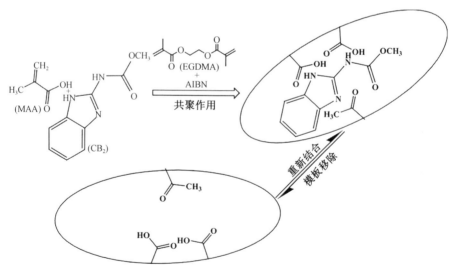

图 4-24 多菌灵印迹聚合物的形成

4.3.4 农产品中真菌毒素的电化学检测

真菌毒素是真菌在潮湿环境中产生的小分子次级代谢产物。它们在作物生长、收获、运输和储存过程中容易产生，且在加工过程中难以去除。目前已鉴定出400多种真菌毒素，常见的真菌毒素包括黄曲霉毒素（AFs）、伏马菌素（FB）、赭曲霉毒素（OTA）、呕吐毒素（DON）、玉米赤霉烯酮（ZEN）等，其中黄曲霉毒素具有毒性强、污染范围广、危害程度高等特点。据统计，全世界每年约有25%的食品受到真菌毒素污染，造成的经济损失高达数百亿美元。受气候和储藏等因素的影响，我国是世界上受真菌毒素污染较为严重的国家之一。根据国家粮食局的统计，我国每年约有3100万吨粮食受到真菌毒素污染，占粮食总产量的6.2%。真菌毒素可通过污染谷物（如玉米、小麦、大麦、花生、燕麦、大米）或通过动物性食品（如饲料）间接污染人类食品，因其具有较强的致癌、致畸和致突变作用，可抑制动物体内蛋白质的合成，破坏细胞结构，故会对人畜健康造成严重危害。近年来，真菌毒素已成为农产品安全检测的热点。电化学分析方法具有仪器简单、灵敏度高、准确性好的优点，被广泛应用于各种真菌毒素的分析检测。

4.3.4.1 黄曲霉毒素（AFs）的分析

AFs属于剧毒物质，具有致突变性、致癌性，其中尤其以AFB_1危害最大、毒性最强。黄曲霉毒素常常存在于花生、玉米等农产品中，降低农产品品质，造成经济损失；短时间内摄入大剂量AFB_1可引起急性肝损伤，表现为肝细胞坏死和肝出血，伴随发热和呕吐等症状，严重者可致死，而长期小剂量摄入可能导致慢性肝脏损伤，增加患肝癌的风险。同时，由于AFB_1具有良好的耐热性和耐酸碱性，简单的热处理等方式无法实现有效去除，因此需对农作物中AFB_1的污染进行有效监测。

免疫分析法因具有高选择性和高灵敏度而广泛应用于AFs的检测。Lu等开发了一种利用DNA四面体探针（DTP）和辣根过氧化物酶（HRP）触发谷物（水稻、小麦、高粱、大麦和玉米）的聚苯胺（PANI）沉积的免疫传感法。他们将DNA四面体纳米结构组装在金电极上，并在顶部设计羧基与AFB_1单克隆抗体偶联形成DTP。将待检测样本与已知浓度的HRP标记的AFB_1混合，后者与DTP竞争结合，此时HRP在金电极上组装聚苯胺在DTP上的聚合。基于此，利用PANI作为电化学信号分子测定谷物中的AFB_1是可行的。

然而，高专一性抗体依赖复杂的筛选过程，且标记难度高、成本高，而具有高特异识别性能的适配体被广泛用于AFB_1电化学传感器的构建。Li等设计了一种基于导电掺杂硼金刚石（BDD）的电化学适配体传感器，并通过电化学阻抗谱（EIS）的相对阻抗位移实现了对 AFB$_1$ 的分析。为了提高传感器的精准度，You 等开发了一种比率电化学适配体传感器，采用亚甲基蓝（MB）和二茂铁（Fc）作为无标记探针，产生响应信号（I_{MB}）和参考信号（I_{Fc}）；以 I_{MB}/I_{Fc} 作为衡量 AFB$_1$ 浓度的指示信号，实现对玉米、小麦、花生和水稻中 AFB$_1$ 的精准分析。基于端粒酶和 EXO Ⅲ 的两轮信号放大策略，Wei 等发展了高灵敏度电化学适配体传感器，实现了对玉米中 AFB$_1$ 的检测，检测限低至 $0.6×10^{-4}$ pg/mL。

为了实现 AFB$_1$ 的便携式检测，Wang 等开发了一种双通道 AFB$_1$ 多功能传感器。引入类似过氧化物酶活性和促进银沉积的金纳米颗粒（AuNPs）作为比色和电化学技术的通用标签，制备适配体修饰的 Fe$_3$O$_4$@ Au 磁珠（MBs-Apt）和 cDNA 修饰的 AuNPs（cDNA-AuNPs）分别作为捕获探针和信号探针。AFB$_1$ 与 Apt 具有较高的亲和性，可以将 cDNA-AuNPs 从 MBs-Apt 中分离出来。在 $5~200$ ng/mL 和 $0.05~100$ ng/mL 区间，双通道信号与 AFB$_1$ 浓度的对数成正比。这种双通道检测方法不仅可以显著提高检测精度和多样性，而且可以降低食品检测的假阴性率和假阳性率。

AFM$_1$ 作为 AFB$_1$ 的羟基化代谢物，主要存在于乳制品中。为了实现对 AFM$_1$ 的检测，Li 等设计了一种新型无毒电化学免疫传感器，利用新型抗独特型纳米体功能丝网印刷碳电极（SPCEs），通过计时安培法（$I-t$）定量测定 AFM$_1$。Anti-独特型纳米小体（AIdnb）被用来替代化学合成的高毒性抗原，通过共价偶联将 AIdnb 作为捕获试剂固定在 SPCE 表面，通过电化学阻抗谱、傅立叶变换红外光谱、透射电子显微镜和原子力显微镜对功能化的 SPCE 进行表征。优化实验参数后，所组装的免疫传感器对 AFM$_1$ 检测的线性范围为 $0.25~5.0$ ng/mL，检测限为 0.09 ng/mL。该免疫传感器对牛奶中的 AFM$_1$ 具有良好的选择性。为了扩大传感器的检测范围，降低检测成本，Shekari 等开发了一种无标记 AFM$_1$ 电化学传感器。将铂纳米粒子（PtNPs）组装在由铁基金属有机框架 MIL-101（Fe）修饰的玻碳电极（GCE）表面，并进一步引入适配体形成敏感界面。随着 AFM$_1$ 浓度增大，传感器的电子传递电阻逐渐增大，其对 AFM$_1$ 检测的线性范围为 $0.01~80.0$ ng/mL，检测限为 0.002 ng/mL。该传感器已成功地应用于奶粉和巴氏杀菌奶样品中 AFM$_1$ 的检测（图 4-25）。

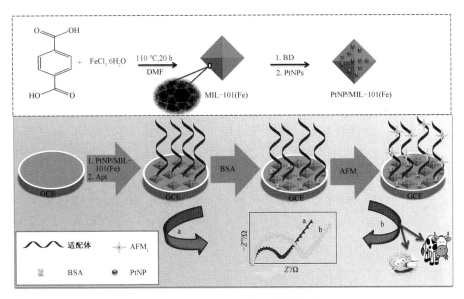

图 4-25   比率电化学适配体传感器检测 AFM₁

4.3.4.2 赭曲霉毒素（OTA）的分析

谷物、饲料、葡萄酒、干果等作物容易受到 OTA 的污染，以玉米为例，其危害程度仅次于 AFs。OTA 是目前已知的半衰期最长的真菌毒素，它能够以食物的形式进入人和动物体内并长期累积，严重威胁人和动物的生命健康。OTA 已被国际癌症研究机构列为潜在的致癌物质（ⅡB 致癌物）。因此，开发电化学方法检测农作物中的 OTA 具有重要意义。

Kong 等开发了一种可实现 OTA 超灵敏检测的电化学免疫传感器。利用金电极表面组装形成的 2-巯基乙酸单层作为基底，构筑 Au/TGA/BSA-OTA/anti-OTA 单克隆抗体复合探针，从而利用间接竞争原理实现对 OTA 的高灵敏、高特异性电化学分析。该免疫传感器对 OTA 检测的线性范围是 0.1~1.0 ng/mL。

为了提高电化学法对 OTA 的检测精准度，You 等引入比率策略，利用亚甲基蓝（MB）与 DNA 结合的双信号放大策略，开发了一种比率型 OTA 电化学传感器。如图 4-26 所示，采用二茂铁标记互补 DNA（Fc-cDNA），使适配体与辅助 DNA（hDNA）之间形成双链 DNA 结构，使得 Fc 和电极界面分离，降低 Fc 氧化电流（I_{Fc}）；同时，一定数量的 MB 被双链 DNA 吸附，因此 MB 的氧化电流（I_{MB}）较大。加入 OTA 时，适配体识别 OTA 并从电极表面释放，从而导致 hDNA 脱落和发夹 cDNA 形成，释放 MB 并减小 Fc 与电极表面的距离，得到较大的 I_{Fc} 和较小的 I_{MB}。根据这一理论，通过记录 I_{Fc} 和 I_{MB} 可以实现对 OTA 的精确定量；通过引入 hDNA，利用 OTA 识别后与 MB 结合的双信号放大策略实现信号放大。该传感器对 OTA 检测的线性范围为 10 pg/mL~10 ng/mL，检测限为 3.3 pg/mL。

近年来，滚动圆放大信号增强（RCA）等新型信号放大策略也逐渐被引入 OTA 电化学传感器的构建，以提高检测灵敏度。RCA 引物包括两个部分，其中一部分 DNA 结构与 OTA 直接相连，另一部分和捕获探针互补。譬如，OTA 存在时，能够替代与 RCA 杂交的引物，从而抑制 RCA 反应，并降低电化学传感器的响应信号。该传感器对 OTA 的检测限可低至 0.065 pg/mL。

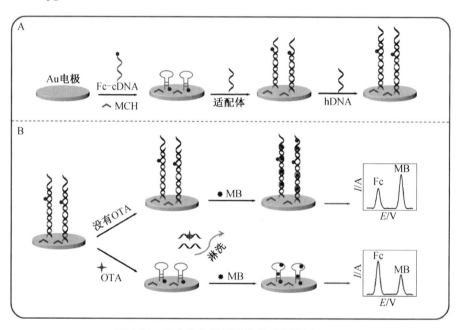

图 4-26　比率电化学适配体传感器检测 OTA

4.3.4.3　伏马菌素（FB）的分析

FB 常存在于粮食与饲料中，已发现的 FB 有 11 种，分为 A、B、C、P 四类，其中以 FB_1 毒性最强且最为常见。FB 会对谷类作物造成污染，从而污染谷类作物的果实；FB 也会在粮食的生产、储存、加工过程中对其进行污染。有关研究显示，玉米在脱壳储存期间，由于自身酸性降低更容易促进 FB 的产生。FB 污染程度还受到种植地区、粮食品种和气候等多种因素的影响。因此，实现谷物中 FB_1 的检测对农产品保护具有重要意义。

Piletsky 等构筑了一种利用分子印迹聚合物纳米粒子（nanoMIPs）识别 FB_1 的高灵敏度电化学传感器。该传感器的构筑分两步进行，首先通过电聚合将导电聚吡咯（锌卟啉）复合材料薄膜沉积在铂电极表面；然后将通过自由基聚合法制备的 nanoMIPs 共价连接到薄膜表面。结果表明，在 0.7 pg/mL ~ 7.0 ng/mL FB_1 浓度范围内，上述传感器的灵敏度分别为 0.442（$R^2 = 0.98$）和 0.281（$R^2 = 0.96$），检测限分别为 0.02 pg/mL 和 0.5 pg/mL。将该传感器应用于玉米样品的加标回收检测，其回收率为 96% ~ 102%。

为了提高电化学传感器对 FB_1 的检测选择性，You 等构建了一种基于 DNA 四面体（TDN）的电化学适配体传感器。如图 4-27 所示，他们设计合成了边长为 5.67 nm 的 TDN 作为 FB_1 适配体锚定的基底，通过调整 TDN 的组装密度实现了传感界面的可控稳定组装；电极上的 TDN 作为核酸适配体的锚点，亚甲基蓝（MB）作为信号发生器。在样品溶液中加入辅助性适配体，耗尽 FB_1，减少游离 FB_1 的数量，从而扩大传感器的检测范围。同时，带负电荷的 TDN 可以有效地抑制样品溶液中游离适配体的吸收，有助于传感器具有更高的灵敏度和更大的检测范围。该传感器对 FB_1 检测的线性范围为 0.500 fg/mL ~ 1.00 ng/mL，检测限为 0.306 fg/mL。

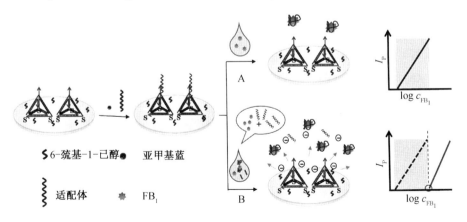

图 4-27　比率电化学适配体传感器检测 FB_1

4.3.4.4　呕吐毒素（DON）的分析

DON 是一种能够抑制蛋白合成的生物活性物质，主要污染小麦、大麦、燕麦和玉米等谷物，具有神经毒性、胚胎毒性、致畸性和免疫抑制作用。当人体摄入 DON 剂量达到 $10 \sim 1000$ ng/mL 时会导致多种中毒症状，包括肠道、骨髓、淋巴结坏死等。DON 污染的食品和饲料被人和动物食用后，人和动物会出现急性或长期的不良症状，如呕吐、绝食、腹泻等。因此，迫切需要对食品中的 DON 进行有效检测。

Li 等提出了一种基于羧基功能化碳纳米管（COOH-MWCNTs）的 C 聚（L-精氨酸）（P-Arg-MIP）的高灵敏度、高选择性电化学抗体传感器，以模拟抗体对 DON 的电化学识别和检测。P-Arg-MIP/COOH-MWCNTs 在小麦面粉样品中表现出相对较高的电导率、较高的有效表面积、较好的抗体样分子识别和亲和力，传感器在 $0.03 \sim 20$ mg/mL 范围内对样品中的 DON 有良好的线性响应，检测限为 20 mg/mL。

Gunasekaran 等构建了一种可快速、灵敏且能同时检测 FB_1 和 DON 的电化学免疫传感方法。该方法利用丝网印刷电极（SPEC）作为工作电极，依次将 AuNPs 和聚吡咯（PPy）-电化学还原氧化石墨烯（ErGO）纳米复合膜修饰在 SPEC 电极表面，从而有效地固定抗毒素抗体、提高电导率和生物相容性。在最优实验条件下，DON 的检测限为 8.6 ng/mL，线性范围为 $0.05 \sim 1$ μg/mL；FB_1 的检测限为 4.2 ng/mL，线性范围为 $0.2 \sim 4.5$ μg/mL。该免疫传感器能在多种毒素共存环境中特异性检测玉米中的目标毒素。

为了提高电化学传感器的灵敏度，以 PtPd 纳米粒子复合聚乙烯亚胺功能化还原型氧化石墨烯（PtPd NPs/PEI-rGO）为基底材料，以外切酶Ⅲ（Exo Ⅲ）辅助三重扩增集成的电化学平台检测 DON（图 4-28）。PtPd NPs/PEI-rGO 作为基底材料，可有效增加电极的表面积，提高电极导电性。DON 和适配体的特异性结合可触发溶液中 Exo Ⅲ 辅助的循环扩增，并产生触发器（Tr）（循环Ⅰ）。然后，W-DNA 在 Exo Ⅲ 的协助下持续运行，电流信号下降（循环Ⅲ）。在空白溶液中，DNA 没有被驱动，电信号强度较高。在最佳实验条件下，DON 的检测限为 6.9×10^{-9} mg/mL，线性范围为 $1 \times 10^{-8} \sim 1 \times 10^{-4}$ mg/mL。

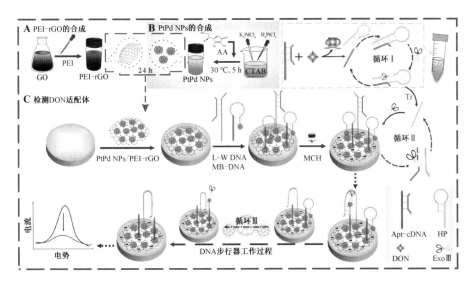

图 4-28　比率电化学适配体传感器检测 DON

4.3.4.5　玉米赤霉烯酮（ZEN）的分析

ZEN 是一种由镰刀菌属产生的真菌毒素，主要污染谷物及其制品，可发生于农作物的生长、收获、贮存、加工等环节。在高湿度的环境中，镰刀菌更容易生长和繁殖，因此雨水充足、湿度较高的地区，ZEN 污染较为严重。ZEN 是一种具有生殖毒性的低毒慢性雌激素，主要作用于生殖系统，可引起生殖激素系统紊乱，严重影响动物的繁殖机能。另外，ZEN 还会抑制 DNA 合成和导致染色体异常，相比而言，婴儿与儿童更易受到 ZEN 的伤害。目前，已开发了多种电化学方法对 ZEN 进行检测。

Wei 等建立了一种由碱性磷酸酶（ALP）触发的双信号免疫电化学方法，用于检测玉米粉中的 ZEN。该方法将样品中固定的 ZEN-BSA 和游离的 ZEN 竞争结合到 anti-ZEN 单克隆抗体（MCAB）上；然后将 ALP 标记的山羊 anti-小鼠 IgG（ALP-IgG）与 MCAB 结合，其中 ALP 能催化抗坏血酸 2-磷酸合成 L-抗坏血酸（AA）。铁氰化钾（$K_3[Fe(CN)_6]$）被 AA 还原成亚铁氰化钾（$K_4[Fe(CN)_6]$），促进普鲁士蓝纳米颗粒（PBNPs）的形成。因此，溶液的颜色会发生变化。同时，PBNPs 在 700 nm 处有最大吸收峰，可通过紫外可见光谱进行测试。$K_3[Fe(CN)_6]$ 作为电子传递介质，随着 PBNPs 的形成而逐渐消耗。因此，通过电化学方法也可实现对 ZEN 的检测。在最佳实验条件下，ZEN 浓度的对数与吸光度在 0.2~0.8 ng/mL 范围内

（$R^2 = 0.987$）和 DPV 电流在 0.125~0.5 ng/mL 范围内（$R^2 = 0.993$）均呈良好的线性关系。比色法和电化学法的检测限分别为 0.04 ng/mL 和 0.08 ng/mL。玉米样品中 ZEN 的回收率为 80%~120%，相对标准偏差小于 10%。研究结果表明，双信号免疫分析法对玉米样品中 ZEN 的检测具有较高的灵敏度。

为了提高传感器的精准度，Suo 等开发了一种比率电化学适配体传感器，用于快速、准确地检测 ZEN。该方法通过引入 Au@Pt/Fe-N-C 纳米复合材料诱导信号放大策略，以提高适配体传感器的灵敏度。如图 4-29 所示，由于复合材料比单组分材料具有更大的表面积和更高的导电性，因此将 DNA1 修饰在 AuE 上，可使信号探针 Ag^+ 与 DNA1 形成 C-Ag^+-C 结构，产生强 I_{Ag^+}；而 MB-Au@Pt/Fe-N-C-dsDNA（含适配体和 DNA2）无法修饰到 AuE 上，因此无法获得 I_{MB}。当 ZEN 存在时，其与适配体竞争性结合，MB-Au@Pt/Fe-N-C-DNA2 可通过 DNA1 和 DNA2 的杂交修饰在 AuE 表面上，从而产生 $I_{MB-Au@Pt}$，而由于信号探针 Ag 离子无法与 DNA1 结合，因此强度会降低。在 1×10^{-5} ~ 10 ng/mL 浓度范围内，I_{MB}/I_{Ag^+} 与 lg c_{ZEN} 呈良好的线性关系，检测限为 5 fg/mL。该传感器对玉米粉样品中 ZEN 的成功测定表明该电化学传感器具有良好的准确性、可靠性和潜在的应用前景。

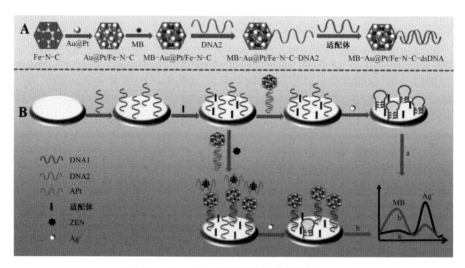

图 4-29　比率电化学适配体传感器检测 ZEN

4.3.4.6 其他真菌毒素的分析

（1）T-2 毒素与 HT-2 毒素的分析

T-2 毒素与 HT-2 毒素是最早在自然界中被发现的单端孢类毒素，隶属于真菌毒素，具有很强的毒性，能够扰乱神经系统的正常运转，阻断 DNA 和 RNA 的合成，严重者能够致死。HT-2 的毒性与 T-2 的毒性几乎一样。T-2 毒素是一种备受关注的真菌毒素，是农产品及人类食品和动物饲料中不可避免的污染物。因此，开发一种方便、灵敏的 T-2、HT-2 毒素检测方法具有重要意义。

Yuan 等建立了一种基于纳米金/羧基功能化单壁碳纳米管/壳聚糖（AuNPs/MWCNTs/CS）复合材料的电化学免疫传感器。该电化学免疫传感器的检测机制是利用游离 T-2 毒素和 T-2-BSA 之间的间接竞争结合一定量 T-2 抗体，并将其偶联在共价功能化碳纳米管表面，而碱性磷酸酶标记的抗小鼠二抗可与一抗反应在电极表面结合，此时碱性磷酸酶催化底物 α-萘磷酸水解产生电化学信号。与传统方法相比，该免疫传感器灵敏度高、操作简单。在最佳实验条件下，该传感器可在 0.01～100 μg/L 范围内实现对 T-2 毒素的定量检测，检测限为 0.13 μg/L。将该免疫传感器应用于饲料和猪肉中 T-2 毒素的检测，其检测结果与液相色谱-串联质谱（LC-MS/MS）检测结果具有良好的相关性（图 4-30）。

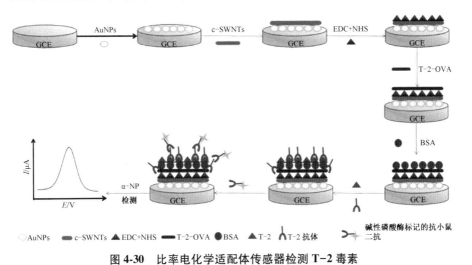

图 4-30　比率电化学适配体传感器检测 T-2 毒素

利用具有银离子（Ag⁺）依赖性的 DNAzyme 和金纳米粒子/氧化石墨烯@

二氧化锰（AuNPs/GO@ MnO$_2$）纳米复合材料，He 等构建了一种可超灵敏检测 T-2 毒素的电化学传感器。在 Ag$^+$ 的介导作用下，T-2 适配体的二级结构因受到 C- Ag$^+$- C-碱基对的协同作用而发生变化。在 T-2 毒素的作用下，DNA 二级结构再次发生变化，Ag$^+$ 被释放。DNAzyme 可以通过 Ag$^+$ 多次结合并切割 MB 修饰的底物 DNA（S-DNA），导致 MB 的电信号降低。在最优条件下，T-2 毒素浓度在 2 fg/mL~20 ng/mL 范围内，传感器的电信号强度与毒素浓度的对数呈良好的线性关系，检测限为 0.107 fg/mL。该方法已成功应用于啤酒中 T-2 毒素的检测，表明该方法在食品安全与质量控制方面有巨大潜力。

（2）扩展青霉毒素（PAT）

PAT 是一种免疫抑制剂，常见于霉变的苹果和其他水果中，具有致癌、致畸、致突变和其他毒性。

Suo 等发展了一种基于双酶驱动目标回收（dual-EATR）策略的 PAT 电化学适配体传感器。银钯纳米粒子（AgPdNPs）的分支结构能有效负载硫堇（THI）。AuNPs/Fe 金属有机框架（FeMOF）-PEI-GO 具有有效的催化活性，可放大 THI 的氧化还原信号。PAT 的存在可以触发外切酶Ⅲ和 Mg^{2+} 依赖的 DNAzyme 辅助的双靶循环。dual-EATR 策略逐渐积累检测信号，实现对 PAT 的超灵敏检测。在最佳实验条件下，该传感器的检测限为 0.217 fg/mL，对 PAT 检测的线性范围为 5×10^{-7}~5 ng/mL。该传感器的检测结果与色谱法一致。此外，该传感器具有良好的选择性、重复性和长期稳定性。在实际样品分析中，该传感器具有良好的准确度，与加标浓度相比，传感器检测结果的相对误差小于 13%。以 95% 的置信水平证明，加标样品测试产生的信号响应与真实值没有显著差异（$p>0.6$）。该传感器应用于苹果汁样品的可行性已得到验证，是检测痕量 PAT 的理想选择。

He 等以金铂核壳纳米棒/铁基金属-有机框架/聚乙烯亚胺-还原氧化石墨烯复合材料（Pt@ AuNRs/Fe-MOFs/PEI-rGO）为电极修饰材料，以锆基金属-有机框架标记的寡核苷酸负载亚甲基蓝（MB@ Zr-MOFs-cDNA）为信号探针，制备了高灵敏度的荧光探针 PAT 电化学检测传感器。在 DNA 行走机中，PAT 将适配体从 DNA 行走链（wDNA）中带走，而 wDNA 可以在 Nb. BbvCI 下反复解离 MB@ Zr-MOFs-cDNA 以放大信号。经 Pt@ AuNRs/Fe-

MOFs/PEI-rGO 修饰的金电极在 60 次扫描中表现出较高的稳定性（未发生明显变化）。除此以外，该复合材料还具有催化性能（与裸金电极相比提高了250%）和高导电率（计算的表观电子转移速率常数为 1.64 s^{-1}）。基于此，He 等制备的适配体传感器可实现 $5.0×10^{-5}$ ~ $5.0×10^{-1}$ ng/mL 浓度范围内的 PAT 精准检测，检测限为 $4.14×10^{-5}$ ng/mL。这种模式可以提供一种实现信号放大的有效途径，也为提高分析物检测的灵敏度开辟了一条新的途径。

参考文献

［1］胡会利，李宁. 电化学测量［M］. 北京：国防工业出版社，2007.

［2］藤岛昭，相泽益男，井上徹. 电化学测定方法［M］. 陈震，姚建年，译. 北京：北京大学出版社，1994.

［3］吴荫顺，曹备. 阴极保护和阳极保护：原理、技术及工程应用［M］. 北京：中国石化出版社，2007.

［4］韦亚一，栗雅娟，董立松. 计算光刻与版图优化［M］. 北京：电子工业出版社，2021.

［5］薛济来，邱竹贤. 铝电解用惰性电极的研究［J］. 有色金属工程，1988(4)：55-59,49.

［6］罗鸣，石士考，张雪英. 物理化学实验［M］. 北京：化学工业出版社，2012.

［7］钟海军，邓少平. 恒电位仪研究现状及基于恒电位仪的电化学检测系统的应用［J］. 分析仪器，2009(2)：1-5.

［8］舒余德，杨喜云. 现代电化学研究方法［M］. 长沙：中南大学出版社，2015.

［9］努丽燕娜，王保峰. 实验电化学［M］. 北京：化学工业出版社，2007.

［10］贾铮，戴长松，陈玲. 电化学测量方法［M］. 北京：化学工业出版社，2006.

［11］董绍俊，张东波. 环糊精包络物的循环伏安法研究［J］. 化学学报，1988(4)：335-339.

［12］司文会. 现代仪器分析［M］. 北京：中国农业出版社，2005.

［13］中国百科大辞典编委会. 中国百科大辞典［M］. 北京：华夏出版社，1990.

［14］黄文胜，杨春海，张升辉. 双硫腙修饰玻碳电极阳极溶出伏安法测定痕量镉和铅［J］. 分析化学，2002，30(11)：1367-1370.

［15］张瑞，田秋霖，涂志文，等. 恒电流计时电位溶出法测定环境水样中痕量银［J］. 理化检验-化学分册，2001，37(5)：200-201.

［16］姜宪尘，杜晓燕. 吸附溶出伏安法在环境检测和药物分析中的应用与进展［J］. 化学传感器，2007，27(4)：16-20.

［17］卢小泉，薛中华，刘秀辉. 电化学分析仪器［M］. 北京：化学工业出版社，2010.

［18］薛娟琴，唐长斌. 电化学基础与测试技术［M］. 西安：陕西科学技术出版社，2007.

［19］卢小泉，王雪梅，郭惠霞. 生物电化学［M］. 北京：化学工业出版社，2016.

［20］梁逵，陈艾，冯哲圣，等. 碳纳米管电极超大容量离子电容器交流阻抗特性［J］. 物理化学学报，2002，18(4)：381-384.

［21］Shahamirifard S A, Ghaedi M. A new electrochemical sensor for simultaneous determination of arbutin and vitamin C based on hydroxyapatite-ZnO-Pd nanoparticles modified carbon paste electrode［J］. Biosensors and Bioelectronics, 2019, 141: 111474.

［22］Khaleghi F, Arab Z, Gupta V K, et al. Fabrication of novel electrochemical sensor for determination of vitamin C in the presence of vitamin B_9 in food and pharmaceutical samples［J］. Journal of Molecular Liquids, 2016, 221: 666-672.

［23］Bettazzi F, Ingrosso C, Sfragano P S, et al. Gold nanoparticles modified graphene platforms for highly sensitive electrochemical detection of vitamin C in infant food and formulae［J］. Food Chemistry, 2021, 344: 128692.

［24］Parvin M H, Azizi E, Arjomandi J, et al. Highly sensitive and selective electrochemical sensor for detection of vitamin B_{12} using an Au/PPy/FMNPs @TD-modified electrode［J］. Sensors and Actuators B: Chemical, 2018, 261:

335-344.

[25] Sarkar T, Bohidar H B, Solanki P R. Carbon dots-modified chitosan based electrochemical biosensing platform for detection of vitamin D[J]. International Journal of Biological Macromolecules, 2018, 109: 687-697.

[26] Anusha T, Bhavani K S, Shanmukha Kumar J V, et al. Fabrication of electrochemical immunosensor based on GCN-β-CD/Au nanocomposite for the monitoring of vitamin D deficiency[J]. Bioelectrochemistry, 2021,143:107935.

[27] Mondal S, Subramaniam C. Point-of-care, cable-type electrochemical Zn^{2+} sensor with ultrahigh sensitivity and wide detection range for soil and sweat analysis[J]. ACS Sustainable Chemistry & Engineering, 2019, 7(17): 14569-14579.

[28] Kolliopoulos A V, Kampouris D K, Banks C E. Rapid and portable electrochemical quantification of phosphorus[J]. Analytical Chemistry, 2015, 87 (8): 4269-4274.

[29] Fan X Q, Xing L J, Ge P W, et al. Electrochemical sensor using gold nanoparticles and plasma pretreated graphene based on the complexes of calcium and Troponin C to detect Ca^{2+} in meat[J]. Food Chemistry, 2020, 307: 125645.

[30] Wang L, Wang L Y, Zhang Y, et al. Weaving sensing fibers into electrochemical fabric for real-time health monitoring[J]. Advanced Functional Materials, 2018, 28(42): 1804456.

[31] McCormick W, Muldoon C, McCrudden D. Electrochemical flow injection analysis for the rapid determination of reducing sugars in potatoes[J]. Food Chemistry, 2021, 340: 127919.

[32] Mani V, Devadas B, Chen S M. Direct electrochemistry of glucose oxidase at electrochemically reduced graphene oxide-multiwalled carbon nanotubes hybrid material modified electrode for glucose biosensor[J]. Biosensors and Bioelectronics, 2013, 41: 309-315.

[33] Unnikrishnan B, Palanisamy S, Chen S M. A simple electrochemical approach to fabricate a glucose biosensor based on graphene-glucose oxidase biocomposite[J]. Biosensors and Bioelectronics, 2013, 39(1): 70-75.

[34] Razmi H, Mohammad-Rezaei R. Graphene quantum dots as a new sub-

strate for immobilization and direct electrochemistry of glucose oxidase: Application to sensitive glucose determination[J]. Biosensors and Bioelectronics, 2013, 41: 498-504.

[35] Chia H L, Mayorga-Martinez C C, Antonatos N, et al. MXene titanium carbide-based biosensor: Strong dependence of exfoliation method on performance [J]. Analytical Chemistry, 2020, 92(3): 2452-2459.

[36] Wu L, Wang Y S, Zhou S H, et al. Enzyme-induced Cu^{2+}/Cu^+ conversion as the electrochemical signal for sensitive detection of ethyl carbamate[J]. Analytica Chimica Acta, 2021, 1151:338256.

[37] Zhang Y, Fa H B, He B, et al. Electrochemical biomimetic sensor based on oxime group-functionalized gold nanoparticles and nitrogen-doped graphene composites for highly selective and sensitive dimethoate determination[J]. Journal of Solid State Electrochemistry, 2017, 21(7): 2117-2128.

[38] Moraes F, Mascaro L, Machado S, ct al. Direct electrochemical determination of glyphosate at copper phthalocyanine/multiwalled carbon nanotube film electrodes[J]. Electroanalysis, 2010, 22(14): 1586-1591.

[39] Do M H, Florea A, Farre C, et al. Molecularly imprinted polymer-based electrochemical sensor for the sensitive detection of glyphosate herbicide [J]. International Journal of Environmental Analytical Chemistry, 2015, 95 (15): 1489-1501.

[40] Zheng W L, Teng J, Cheng L, et al. Hetero-enzyme-based two-round signal amplification strategy for trace detection of aflatoxin B_1 using an electrochemical aptasensor[J]. Biosensors and Bioelectronics, 2016, 80: 574-581.

[41] Wei M, Zeng G Y, Lu Q Y. Determination of organophosphate pesticides using an acetylcholinesterase-based biosensor based on a boron-doped diamond electrode modified with gold nanoparticles and carbon spheres[J]. Microchimica Acta, 2014, 181(1): 121-127.

[42] Chen D F, Sun X, Guo Y M, et al. Acetylcholinesterase biosensor based on multi-walled carbon nanotubes$-SnO_2-$chitosan nanocomposite[J]. Bioprocess and Biosystems Engineering, 2015, 38(2): 315-321.

[43] Zhai C, Sun X, Zhao W P, et al. Acetylcholinesterase biosensor based

on chitosan/prussian blue/multiwall carbon nanotubes/hollow gold nanospheres nanocomposite film by one-stepelectrodeposition[J]. Biosensors and Bioelectronics, 2013, 42: 124-130.

[44] Miyazaki C M, Adriano A M, Rubira R J G, et al. Combining electrochemically reduced graphene oxide and Layer-by-Layer films of magnetite nanoparticles for carbofuran detection[J]. Journal of Environmental Chemical Engineering, 2020, 8(5): 104294.

[45] Mariyappan V, Keerthi M, Chen S M. Highly selective electrochemical sensor based on gadolinium sulfide rod-embedded RGO for the sensing of carbofuran[J]. Journal of Agricultural and Food Chemistry, 2021, 69(9): 2679-2688.

[46] Akkarachanchainon N, Rattanawaleedirojn P, Chailapakul O, et al. Hydrophilic graphene surface prepared by electrochemically reduced micellar graphene oxide as a platform for electrochemical sensor[J]. Talanta, 2017, 165: 692-701.

[47] Wu C, Liu X Y, Li Y F, et al. Lipase-nanoporous gold biocomposite modified electrode for reliable detection of triglycerides[J]. Biosensors and Bioelectronics, 2014, 53: 26-30.

[48] Tian J, Qin L, Li D D, et al. Carbofuran-imprinted sensor based on a modified electrode and prepared via combined multiple technologies: Preparation process, performance evaluation, and application[J]. Electrochimica Acta, 2022, 404: 139600.

[49] Guo Y J, Guo S J, Li J, et al. Cyclodextrin-graphene hybrid nanosheets as enhanced sensing platform for ultrasensitive determination of carbendazim[J]. Talanta, 2011, 84(1): 60-64.

[50] Santana P, Lima J, Santana T, et al. Semiconductor nanocrystals-reduced graphene composites for the electrochemical detection of carbendazim[J]. Journal of the Brazilian Chemical Society, 2019: 1302-1308.

[51] Tian C H, Zhang S F, Wang H B, et al. Three-dimensional nanoporous copper and reduced graphene oxide composites as enhanced sensing platform for electrochemical detection of carbendazim [J]. Journal of Electroanalytical Chemistry, 2019, 847: 113243.

［52］Elshafey R, Abo-Sobehy G F, Radi A E. Imprinted polypyrrole recognition film @ cobalt oxide/electrochemically reduced graphene oxide nanocomposite for carbendazim sensing［J］. Journal of Applied Electrochemistry, 2022, 52 (1): 45-53.

［53］Wang X A, Xu C F, Wang Y X, et al. Electrochemical DNA sensor based on T-Hg-T pairs and exonuclease Ⅲ for sensitive detection of Hg^{2+}［J］. Sensors and Actuators B: Chemical, 2021, 343: 130151.

［54］Wang Y G, Wang Y Y, Wang F Z, et al. Electrochemical aptasensor based on gold modified thiol graphene as sensing platform and gold-palladium modified zirconium metal-organic frameworks nanozyme as signal enhancer for ultrasensitive detection of mercury ions［J］. Journal of Colloid and Interface Science, 2022, 606: 510-517.

［55］Yu Y J, Yu C, Gao R F, et al. Dandelion-like CuO microspheres decorated with Au nanoparticle modified biosensor for Hg^{2+} detection using a $T-Hg^{2+}-T$ triggered hybridization chain reaction amplification strategy［J］. Biosensors and Bioelectronics, 2019, 131: 207-213.

［56］Wang Y G, Zhao G H, Zhang Q A, et al. Electrochemical aptasensor based on gold modified graphene nanocomposite with different morphologies for ultrasensitive detection of Pb^{2+}［J］. Sensors and Actuators B: Chemical, 2019, 288: 325-331.

［57］Ji R Y, Niu W C, Chen S A, et al. Target-inspired Pb^{2+}-dependent DNAzyme for ultrasensitive electrochemical sensor based on MoS_2-AuPt nanocomposites and hemin/G-quadruplex DNAzyme as signal amplifier［J］. Biosensors and Bioelectronics, 2019, 144: 111560.

［58］Bhanjana G, Mehta N, Chaudhary G R, et al. Novel electrochemical sensing of arsenic ions using a simple graphite pencil electrode modified with tin oxide nanoneedles［J］. Journal of Molecular Liquids, 2018, 264: 198-204.

［59］Wen S H, Liang R P, Zhang L, et al. Multimodal assay of arsenite contamination in environmental samples with improved sensitivity through stimuli-response of multiligands modified silver nanoparticles［J］. ACS Sustainable Chemistry & Engineering, 2018, 6(5): 6223-6232.

［60］ Mitra S, Purkait T, Pramanik K, et al. Three-dimensional graphene for electrochemical detection of Cadmium in Klebsiella michiganensis to study the influence of Cadmium uptake in rice plant［J］. Materials Science and Engineering: C, 2019, 103: 109802.

［61］ Jaihindh D P, Thirumalraj B, Chen S M, et al. Facile synthesis of hierarchically nanostructured bismuth vanadate: An efficient photocatalyst for degradation and detection of hexavalent chromium［J］. Journal of Hazardous Materials, 2019, 367: 647-657.

［62］ Zhao K, Ge L Y, Wong T I, et al. Gold-silver nanoparticles modified electrochemical sensor array for simultaneous determination of chromium(Ⅲ) and chromium(Ⅵ) in wastewater samples［J］. Chemosphere, 2021, 281: 130880.

［63］ Hui X E, Sharifuzzaman M, Sharma S, et al. High-performance flexible electrochemical heavy metal sensor based on layer-by-layer assembly of $Ti_3C_2T_x$/MWCNTs nanocomposites for noninvasive detection of copper and zinc ions in human biofluids［J］. ACS Applied Materials & Interfaces, 2020, 12(43): 48928-48937.

［64］ Xiong X H, Yuan W, Li Y F, et al. Sensitive electrochemical detection of aflatoxin B_1 using DNA tetrahedron-nanostructure as substrate of antibody ordered assembly and template of aniline polymerization［J］. Food Chemistry, 2020, 331: 127368.

［65］ Feng Z Y, Gao N, Liu J S, et al. Boron-doped diamond electrochemical aptasensors for trace aflatoxin B_1 detection［J］. Analytica Chimica Acta, 2020, 1122: 70-75.

［66］ Zheng W L, Teng J, Cheng L, et al. Hetero-enzyme-based two-round signal amplification strategy for trace detection of aflatoxin B_1 using an electrochemical aptasensor［J］. Biosensors and Bioelectronics, 2016, 80: 574-581.

［67］ Qian J, Ren C C, Wang C Q, et al. Gold nanoparticles mediated designing of versatile aptasensor for colorimetric/electrochemical dual-channel detection of aflatoxin B_1［J］. Biosensors and Bioelectronics, 2020, 166: 112443.

［68］ Tang X Q, Catanante G, Huang X R, et al. Screen-printed electrochemical immunosensor based on a novel nanobody for analyzing aflatoxin M_1 in milk[J]. Food Chemistry, 2022, 383: 132598.

[69] Jahangiri-Dehaghani F, Zare H R, Shekari Z. Measurement of aflatoxin M_1 in powder and pasteurized milk samples by using a label-free electrochemical aptasensor based on platinum nanoparticles loaded on Fe-based metal-organic frameworks[J]. Food Chemistry, 2020, 310: 125820.

[70] Sun C N, Liao X F, Huang P X, et al. A self-assembled electrochemical immunosensor for ultra-sensitive detection of ochratoxin A in medicinal and edible malt[J]. Food Chemistry, 2020, 315: 126289.

[71] Zhu C X, Liu D, Li Y Y, et al. Ratiometric electrochemical aptasensor for ultrasensitive detection of Ochratoxin A based on a dual signal amplification strategy: Engineering the binding of methylene blue to DNA[J]. Biosensors and Bioelectronics, 2020, 150: 111814.

[72] Huang L, Wu J J, Zheng L, et al. Rolling chain amplification based signal-enhanced electrochemical aptasensor for ultrasensitive detection of ochratoxin A[J]. Analytical Chemistry, 2013, 85(22): 10842-10849.

[73] Munawar H, Garcia-Cruz A, Majewska M, et al. Electrochemical determination of fumonisin B_1 using a chemosensor with a recognition unit comprising molecularly imprinted polymer nanoparticles[J]. Sensors and Actuators B: Chemical, 2020, 321: 128552.

[74] Dong N, Liu D, Meng S Y, et al. Tetrahedral DNA nanostructure-enabled electrochemical aptasensor for ultrasensitive detection of fumonisin B_1 with extended dynamic range [J]. Sensors and Actuators B: Chemical, 2022, 354: 130984.

[75] Li W Q, Diao K S, Qiu D Y, et al. A highly-sensitive and selective antibody-like sensor based on molecularly imprinted poly(L-arginine) on COOH-MWCNTs for electrochemical recognition and detection of deoxynivalenol[J]. Food Chemistry, 2021, 350: 129229.

[76] Lu L, Seenivasan R, Wang Y C, et al. An electrochemical immunosensor for rapid and sensitive detection of mycotoxins fumonisin B_1 and deoxynivalenol[J]. Electrochimica Acta, 2016, 213: 89-97.

［77］Wang K, He B S, Xie L L, et al. Exonuclease Ⅲ-assisted triple-amplified electrochemical aptasensor based on PtPd NPs/PEI－rGO for deoxyni-valenol detection［J］. Sensors and Actuators B：Chemical，2021，349：130767.

［78］Shang C L, Li Y S, Zhang Q, et al. Alkaline phosphatase-triggered dual-signal immunoassay for colorimetric and electrochemical detection of zearalenone in cornmeal［J］. Sensors and Actuators B：Chemical ，2022，358：131525.

［79］Suo Z G, Niu X Y, Ruike L, et al. A methylene blue and Ag$^+$ ratiomet-ric electrochemical aptasensor based on Au@Pt/Fe－N－C signal amplification strategy for zearalenone detection［J］. Sensors and Actuators B：Chemical，2022，362：131825.

［80］Wang Y X, Zhang L Y, Peng D P, et al. Construction of electrochem-ical immunosensor based on gold-nanoparticles/carbon nanotubes/chitosan for sen-sitive determination of T－2 toxin in feed and swine meat［J］. International Journal of Molecular Sciences，2018，19（12）：3895.

［81］Wang L, Jin H L, Wei M, et al. A DNAzyme-assisted triple-amplified electrochemical aptasensor for ultra-sensitive detection of T－2 toxin［J］. Sensors and Actuators B：Chemical，2021，328：129063.

［82］Lu X, He B S, Lang L, et al. An electrochemical aptasensor based on dual-enzymes-driven target recycling strategy for patulin detection in apple juice ［J］. Food Control，2022，137：108907.

［83］He B S, Dong X Z. Nb. BbvCI powered DNA walking machine-based Zr－MOFs－labeled electrochemical aptasensor using Pt@AuNRs/Fe－MOFs/PEI－rGO as electrode modification material for patulin detection［J］. Chemical Engi-neering Journal，2021，405：126642.

5
电化学发光检测技术

5.1 电化学发光简介

5.1.1 电化学发光概述

5.1.1.1 电化学发光的概念

电化学发光（electrochemiluminescence，ECL），也称电致化学发光，是一种将电能转化为辐射能的方法。其产生机理是，ECL 试剂在一定的电压能量作用下发生氧化还原反应，在电极表面产生新自由基，这些自由基之间或自由基与体系其他组分之间发生电子转移，生成激发态物质，当激发态物质弛豫返回到基态时，伴随光的发射。

1927 年，Dufford 首次发现格林试剂在醚溶剂中电解时可产生发光现象。1929 年，Harvey 在碱性条件下电解鲁米诺水溶液时，在阳极和阴极均观察到发光现象。从此，关于 ECL 的研究拉开了序幕。然而，受限于科学技术水平和实验条件，在接下来的三十多年中，关于 ECL 的研究报道较少。直至 20 世纪六七十年代，随着电子技术的迅猛发展，尤其是高灵敏度的光电检测器和电化学技术的出现，为 ECL 研究的开展提供了有力的支撑，ECL 也因此得以不断发展。1963 年，Kuwana 等首次对鲁米诺在铂电极上的 ECL 机制进行了详细的研究，使人们对 ECL 机制有了进一步认识。与此同时，稠环芳烃的 ECL 现象陆续被发现，稠环芳烃主要包括芘类化合物、红莹烯（rubrene，RUB）、蒽及其衍生物等。

20 世纪 80 年代以来，ECL 的研究领域逐渐拓宽，ECL 分析技术也趋于成熟，逐渐应用于实际目标物检测。此阶段，$Ru(bpy)_3^{2+}$ 的研究与应用取得了新进展，其主要应用于草酸、丙酮酸、氨基酸、胺类化合物等的含量测定。与此同时，研究手段不断丰富，如将 ECL 与流动注射分析、高效液相色谱、毛细管电泳等技术联用，能提高电化学分析信号的稳定性和重现性，极大地拓宽了ECL的应用范围。20世纪90年代以来，电化学仪器装置的不断升级以及光电信号传导材料和电极材料的迅猛发展，进一步拓宽了ECL的分析应用范围。

进入21世纪后，随着纳米技术与纳米材料的发展，新型可标记高发光效率的ECL金属配合物不断被合成，极大地丰富了电化学发光体的种类，各种气/液相化学发光新体系陆续被开发出来，使得ECL机理的相关研究更加深入，进一步扩大了ECL的应用范围。目前，ECL方法已被广泛应用于生物、医学、免疫、环境、食品、核酸杂交和工业分析等领域，对科学的进步和发展起着巨大的推动作用。

5.1.1.2　电化学发光的特点

ECL是电化学和化学发光相结合的产物。因此，ECL不仅具有光致发光和化学发光的特点，还兼具电化学的特点。它主要有以下六个特点：

① 灵敏度高，线性范围宽。ECL反应主要是在电极表面附近的扩散层中发生的。在电压激发下，电极表面及其附近的扩散层中发光体的浓度较高，进而产生较多的激发态发光体，使得ECL表现出较高的灵敏度，从而可实现对低浓度目标物的灵敏检测；同时，它的线性范围较宽，可跨越多个数量级。

② 可控性好。ECL反应是在电化学的激发下在电极表面附近发生的化学反应。因此，调节施加在电极表面的电化学信号可以调控ECL反应的引发过程和速度等。此外，改变电化学信号的强度、波形、电极尺寸、电极材料及其在溶液中的位置等也能够实现对ECL反应的有效控制。

③ 多信息采集。在ECL反应中，可以同时获得对应的电化学信息和发光体系光学信息。采集的信息对研究电极表面特性、电极界面材料特点，解析中间体和产物的性质，测定电极反应速率常数、电子转移数及扩散系数等十分有利。

④ 节约试剂。在一般的化学发光反应中使用的不稳定氧化还原试剂，在ECL中可以在电极表面通过电化学反应原位产生。一些常见的ECL试剂，如吡啶钌，在反应过程中可以在电极表面循环再生、重复使用，从而减少ECL试剂的消耗。因此，将ECL试剂通过多种固定化技术修饰到电极表面，可开发试剂消耗量少的固态ECL传感器。该传感器不但可以增加ECL强度、提高检测灵敏度，而且可以减少ECL试剂的使用量、简化实验体系，为发

展新型可循环利用的"绿色"传感平台提供可能。

⑤ 仪器简单，分析速度快。ECL 反应本质上是在电极表面由周围的氧化还原反应引起的发光现象，因此该过程既不需要外加激发光源，也不需要额外的装置消除由激发光源所产生的散射光，从而简化了实验装置。

⑥ 检测范围广，联用能力强。ECL 分析法具有灵敏度高、背景信号低、仪器设备简单、可控性好等特点，被广泛应用于生物、环境、食品、医学、免疫和核酸杂交及工业分析等领域。ECL 易与流动注射分析（FIA）、高效液相色谱法（HPLC）和毛细管电泳（CE）等分离技术联用，可以实现对复杂样品中待测组分的灵敏度、特异性分析。当 FIA、HPLC 和 CE 等分离技术与化学发光法相结合，进行化学发光检测时，需要在分离、载流过程中加入发光试剂。此方法不但需要昂贵的仪器设备，而且在检测过程中会不可避免地造成样品稀释、峰宽增大等现象。相反，ECL 法可以通过现场实时产生的 ECL 试剂克服以上缺点。ECL 试剂可预先放在样品溶液中，检测时被电化学信号激发，在电极表面活化，这种现场活化的方法可用于产生活性发光体，以检测更广泛的有毒有害物质。

5.1.1.3 电化学发光的原理

ECL 反应本质上是一种由电化学方法控制的发光现象。首先，ECL 试剂通过电化学反应生成具有氧化还原活性的中间体，这些中间体之间或者中间体与溶液中其他共存物质之间发生高能电子转移反应，生成激发态物质，激发态物质跃迁返回到基态的过程中，以光辐射的形式释放能量，从而产生发光现象。图 5-1 是典型的 ECL 反应过程示意图：当在电极表面施加一定的电压时，阴极发生还原反应生成 $A^-\cdot$ 或者阳极发生氧化反应生成 $D^+\cdot$；然后，$A^-\cdot$ 和 $D^+\cdot$ 经过电子转移过程生成激发态的 A^* 和 D；最后，A^* 和 D 从激发态跃迁回基态时，以光子的形式释放能量。

虽然不同的 ECL 体系均在基于激发态分子回到基态的过程中释放出光子产生光信号，但是发光机理不尽相同。常见的 ECL 机理可以分为以下三种类型：湮灭型 ECL、共反应剂 ECL 和阴极 ECL。

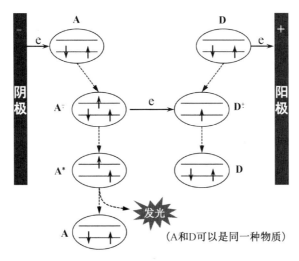

（A和D可以是同一种物质）

图 5-1　ECL 反应过程示意图

（1）湮灭型 ECL

湮灭型 ECL 是发展较早的 ECL 体系，主要原理如下：当向电极施加双阶跃正负脉冲电位时，发光分子在电极表面分别生成氧化态自由基离子和还原态自由基离子；然后，两种自由基离子之间通过化学反应转移电子，生成激发态物质；最后，该物质从激发态跃迁至基态，释放出发光信号。具体的发光过程可表示如下：

$$R_1 - e \longrightarrow R_1^+ \cdot \qquad \text{（电化学氧化）} \qquad ①$$

$$R_2 + e \longrightarrow R_2^- \cdot \qquad \text{（电化学还原）} \qquad ②$$

$$R_1^+ \cdot + R_2^- \cdot \longrightarrow {}^1R_1^* + R_2 \qquad \text{（电子转移生成单重激发态物质）} \qquad ③$$

$$R_1^* \longrightarrow R_1 + h\nu \qquad \text{（光的发射）} \qquad ④$$

$$\text{或 } R_1^+ \cdot + R_1^- \cdot \longrightarrow {}^3R_1^* + R_1 \qquad \text{（电子转移生成三重激发态物质）} \qquad ⑤$$

$$^3R_1^* \cdot + {}^3R_1^- \cdot \longrightarrow {}^1R_1^* + R_1 \qquad \text{（三重态湮灭形成激发单态物质）} \qquad ⑥$$

$$R_1^* \longrightarrow A + h\nu \qquad \text{（光的发射）} \qquad ⑦$$

其中，R_1 和 R_2 代表发光基团，它们可以是同一种物质，也可以是不同的物质。典型的 ECL 试剂包括芳香烃发光物质、9，10-二苯基蒽（DPA）和红荧烯等。湮灭型 ECL 发生的基本条件是，这些在电化学过程中产生的阴极自由基或阳离子自由基必须具备足够长的寿命，使得它们能够在电极表面扩散、相遇，从而发生电荷转移并生成激发态物质。步骤①~④是经典的能量充足体系的湮灭型 ECL，这是因为步骤③中的湮灭反应的焓变大于产生最低激发单重态所需的能量，称为 S-route。步骤①②⑤⑥⑦是典型的能量缺乏体系湮灭型 ECL，这是因为步骤⑤的湮灭反应的焓变小于产生最低激发单重态所需的能量，所以电子转移生成的激发三重态具有较低的能量。然后，通过三重态-三重态的湮灭反应生成能量较高的单重激发态，由于单重激发态的能量较高，因此可在跃迁回基态的过程中产生光信号。此外，湮灭型 ECL 中也有涉及激发络合物（$R_1R_2^*$）和激基缔合物（R_2^*）生成的体系。湮灭型 ECL 反应需要 2~3 eV 的能量。

由于发光体的阴极和阳极反应过程在时空上存在一定的距离，因此湮灭型 ECL 反应过程中产生的电生物质需要在溶液中具有较好的长期稳定性。此外，溶液中的溶解氧和水分子对这些电生物质的稳定性也有很大的影响。因此，湮灭型 ECL 通常需要在特定的非水环境中进行，并且需要相对严苛的厌氧和无水环境。苛刻的反应条件会限制湮灭型 ECL 的实际应用，尤其是依赖水溶液的生物分析领域。

（2）共反应剂 ECL

与湮灭型 ECL 相比，共反应剂 ECL 需要在反应体系中引入共反应剂。这些共反应剂本身不具备发光能力，但是它们可以在电化学氧化或还原条件下生成具有强氧化性或强还原性的活性中间体，这些活性中间体可以与发光分子或发光分子的中间体相互作用，促进激发态发光分子的产生，从而增强 ECL 信号。在共反应剂 ECL 中，仅仅施加一个方向的电势阶跃或扫描就可以产生 ECL，免去了电极表面及其周围氧化性、还原性活性中间体的扩散过程，同时较低的电势使得 ECL 可以在水相中高效地进行。相比湮灭型 ECL，共反应剂 ECL 在强度和稳定性方面都获得了显著的提升，并且共反应剂 ECL 的反应条件较为温和，这为其在成像、生物分析等领域的大范围应用奠定了基础。根据反应类型不同，共反应剂 ECL 又可以分为氧化-还原型和还原-氧化型。

以研究和应用较为广泛的三联吡啶钌 $[Ru(bpy)_3^{2+}]$ 及其共反应剂为例，采用三联吡啶钌/三丙胺 $[Ru(bpy)_3^{2+}/TPrA]$ 体系作为氧化-还原型 ECL 体系的代表，对共反应剂 ECL 机理进行具体说明：$Ru(bpy)_3^{2+}$ 在阳极失去电子，生成具有氧化性的 $Ru(bpy)_3^{3+}$；然后，TPrA 失去电子生成 $TPrA^+\cdot$，继而失去一个质子转化为 TPrA·自由基，该自由基具有较强的还原性，与 Ru(bpy)$_3^{3+}$ 相互作用生成激发态的 Ru(bpy)$_3^{2+*}$；最后，Ru(bpy)$_3^{2+*}$ 从激发态跃迁回基态，释放出 ECL 信号。

$$Ru(bpy)_3^{2+}-e \longrightarrow Ru(bpy)_3^{3+} \qquad （电化学氧化）$$

$$TPrA-e \longrightarrow TPrA+· \longrightarrow TPrA·+H^+ \qquad （电化学还原）$$

$$TPrA·+Ru(bpy)_3^{3+} \longrightarrow Ru(bpy)_3^{2+*}+product（产物） （电子转移变成激发态）$$

$$Ru(bpy)_3^{2+*} \longrightarrow Ru(bpy)_3^{2+}+h\nu \qquad （光的发射）$$

以三联吡啶钌/过硫酸根离子 [Ru(bpy)$_3^{2+}$/S$_4$O$_8^{2-}$] 体系为例，对还原-氧化型 ECL 机理进行说明：Ru(bpy)$_3^{2+}$ 及 S$_4$O$_8^{2-}$ 在电极表面分别被还原成 Ru(bpy)$_3^+$ 及具有强氧化性的 SO$_4^-$·；然后，SO$_4^-$· 与 Ru(bpy)$_3^+$ 反应生成激发态的 Ru(bpy)$_3^{2+*}$；最后，Ru(bpy)$_3^{2+*}$ 从激发态跃迁回基态，释放出 ECL 信号。

$$Ru(bpy)_3^{2+}+e \longrightarrow Ru(bpy)_3^+ \qquad （电化学还原）$$

$$S_4O_8^{2-}+e \longrightarrow SO_4^-·+SO_4^{2-} \qquad （电化学氧化）$$

$$Ru(bpy)_3^++SO_4^-· \longrightarrow Ru(bpy)_3^{2+*}+SO_4^{2-} \qquad （电子转移变成激发态）$$

$$Ru(bpy)_3^{2+*} \longrightarrow Ru(bpy)_3^{2+}+h\nu \qquad （光的发射）$$

（3）阴极 ECL

阴极 ECL 是 ECL 领域的一种特殊的发光现象。当向氧化物覆盖的半导体或金属电极（铝、镁、钽、镓、铟等）施加较高的电压时，可以产生具有极强还原能力的热电子。热电子会与溶液中的过氧化氢、氧气或过硫酸根等具有氧化性质的组分发生反应，产生具有较强氧化性的自由基。这些自由基可以与发光分子相互反应，产生激发态物质，当这些物质从激发态回到基态时，会产生发光信号。

5.1.2 电化学发光装置

5.1.2.1 电化学发光装置的组成

传统 ECL 装置主要包括电化学激发系统和光学检测系统。尽管不同型号的仪器的检测技术不同，但都是基于体系的 ECL 强度与待测组分浓度之间的线性关系进行检测，并且 ECL 信号随反应进行的速率变化增强或减弱，进而实现目标物的定量分析。记录仪用于记录氧化还原峰位置，可以采用峰值高度进行定量分析，也可以采用峰值面积进行定量分析。现有 ECL 检测仪多为闪烁式发光（持续1~2 s），进样与记录时差短，分析速度快。

ECL装置一般由电解池模块、电化学模块、发光检测模块和记录模块四个部分组成。早期的电解池模块设计都比较复杂，大都需要与双排管或干燥器结合使用，尽管也有一些针对不同温度、不同磁场等因素专门设计的电解池，但所用电解液大多为有机溶液且对电解质的纯度要求较高。目前已发展的电解池组成一般比较简单，且大多采用单电解池。电解池的设计分为双电极体系和三电极体系，目前双电极体系应用较少，主要采用三电极体系。三电极体系包括工作电极、参比电极和对电极。其中，工作电极是ECL装置中最基本、最多样化、最具可控性的器件。根据制作电极的材料的不同，工作电极可分为金属电极、碳电极和半导体电极等。这些工作电极的电位扫描范围比较宽，表面不容易被污染，因此背景信号较低且较为稳定，更有利于ECL反应的发生。

电化学模块可以采用市场上已经商业化的电化学工作站，也可以采用ECL仪器配套的电化学组件。前者可应用的电化学技术比较多，产生的电化学信号也多种多样；后者产生的电信号种类有限，通常在其产生电势扫描/阶跃信号的过程中可同时采集电流信号。在ECL中，常用的电化学方法包括循环伏安法、线性扫描伏安法和恒电位/计时电流法，这三种方法可以满足一般ECL仪器的应用需求。

发光检测模块是ECL装置中比较重要的部件，其光谱响应范围、灵敏度、响应时间等各项性能参数主要取决于检测器的类型或型号。ECL检测一般可分为绝对量子效率测量和相对强度测量。绝对量子效率测量又分为直接光量测量和已矫正的光探测器测量。绝对量子效率测量装置一般比较复杂，且操作步骤烦琐，产生的系统误差也较大，早期在ECL机理研究及体系构建阶段的使用较多，但不适用于ECL的广泛应用。因此，现有ECL检测大部分为相对强度测量，主要使用的光学检测器包括光电二极管（PD）、光电倍增管（PMT）和电荷耦合元件（CCD）等。其中，PD具有体积小、响应速度快、重量轻等优势；PMT具有灵敏度高的优势，一般在常温下即可测量微弱的光辐射；CCD能够实现图像的获取，具有较强的可拓性，但其信噪比通常取决于温度，因而需要采用有效冷却CCD元件的方式（比如液氮冷却）获得较高的信噪比。通常，只利用光检测器获得的信息是发光强度，不包括光谱信息。为了获得ECL的光谱信息，需要在检测装置中增加光栅单色仪。光栅单色仪和光探测器部件可以自行制造，也有研究人员利用商业化的光谱仪测量 ECL 光谱。

一般来说，ECL 数据的呈现通常可分为以下几种：第一种是电流或 ECL 信号随时间变化（图 5-2a），在湮灭型 ECL 中这种呈现可以用来判断发光体的自由基的稳定性，而在共反应剂 ECL 检测体系中可以表征其稳定性并提高数据的可靠性。第二种是电流及 ECL 信号随电势变化（图 5-2b），一般这种呈现可以提供电化学体系中各种 ECL 反应的信息及机理。第三种是稳态 ECL 光谱的呈现以及丁志峰教授课题组近期发展的瞬态 ECL 光谱（图 5-2c），其将循环伏安法中电势扫描过程中的 ECL 光谱信息随时间展开，一般这种呈现可以揭示电化学发光体的激发态信息，特别是对多激发态物质的研究较为有效，比如研究金纳米簇在不同电位下的不同激发态信息。

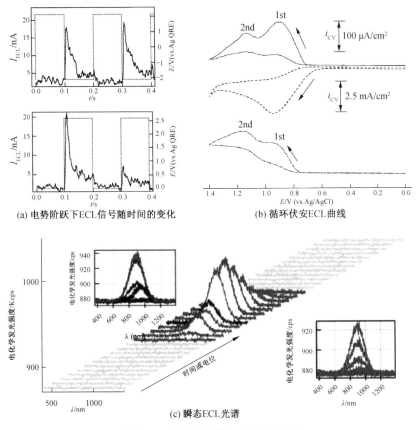

(a) 电势阶跃下ECL信号随时间的变化　　(b) 循环伏安ECL曲线

(c) 瞬态ECL光谱

图 5-2　ECL 数据的三种呈现形式

5.1.2.2　电化学发光装置的应用现状

目前，人们对某些类型的 ECL 仪器的开发产生了极大兴趣，但现在只有少数几种仪器可以商用。1994 年，IGEN 国际公司推出第一台商用 ECL 仪器，该技术后来被罗氏诊断公司收购。后来，罗氏诊断公司推出了新一代 ECL 仪器，其中包括罗氏 Elecsys 2010、模块化分析 E-170 系统、cobas 6000 分析仪系列和 cobas E 411 分析仪。此外，Meso Scale Discovery（MSD）公司和默克集团（Merck & Co., Inc.）旗下的 BioReliance 公司等都已经面向消费者市场开发出整套的仪器及诊断试剂盒。目前，国内机构如西安瑞迈分析仪器有限责任公司和长春鼎诚科技有限公司，主要针对科研市场开发了一系列配套仪器产品。其中，西安瑞迈分析仪器有限责任公司推出了 MPI-A 型毛细管电泳 ECL 检测仪、MPI-E 型 ECL 检测仪、MPI-EⅡ型全光谱 ECL 检测仪和 MPI-M 型微流控芯片 ECL 检测仪等多款仪器，这些仪器已广泛应用于实验室科学研究。

随着大量新兴技术的涌现，以及设备的便携性与经济性需求的不断提高，自组装便携式 ECL 引来了大批研究人员的关注，他们取得了一系列创新成果，为 ECL 技术的应用开辟了更广阔的发展道路。在便携式 ECL 中，主要以普通电池、太阳能电池、超级电容、无线充电技术等代替传统的电源，利用 CCD、互补金属氧化物半导体（CMOS）器件、智能手机、硅和有机光电二极管等作为信号采集系统。

5.1.3　电化学发光分析法的检测原理

ECL 分析法是利用目标物对 ECL 信号的影响，根据目标物浓度与 ECL 信号强度之间的相关线性方程，实现对目标物的分析与检测。ECL 分析法的检测原理主要包括发光体的抑制和增强、共反应剂的加速或消耗、空间位阻和共振能量转移（RET）。

5.1.3.1　发光体的抑制和增强

利用分析物对发光体的 ECL 信号的抑制或增强作用，构建 ECL 传感平台，用于检测离子和小分子。发光体与分析物或发光体与作用探针之间的能量转移或电子传递过程，使得分析物对发光体的 ECL 信号产生抑制或增强作用，根据 ECL 信号的变化与目标物浓度的关系，实现对分析物的定量分析。

McCall 等揭示了苯醌和酚类化合物（如苯酚、儿茶酚和对苯二酚）等对 Ru(bpy)$_3^{2+}$/TPA 体系的 ECL 信号的抑制作用，这是因为能量或电子从激发态 Ru(bpy)$_3^{2+}$ 转移到相应的苯醌和酚类化合物的氧化产物。Cao 等报道了电子从激发态 Ru(bpy)$_3^{2+}$ 转移到 Fc$^+$，从而使 Ru(bpy)$_3^{2+}$ 的信号猝灭。此外，一些碳纳米材料，包括氧化石墨烯（GO）或原始多壁碳纳米管（MWCNTs），作为黑体类似物，当它们与发光体 Ru(bpy)$_3^{2+}$ 彼此靠近时，能量从激发态 Ru(bpy)$_3^{2+}$ 转移到 GO 或 MWCNTs 表面上的含氧官能团，从而抑制 Ru(bpy)$_3^{2+}$ 的电化学发光反应。

5.1.3.2 共反应剂的加速或消耗

利用酶催化反应与 ECL 强度之间的关系建立起来的一类 ECL 生物传感器，其灵敏度高、特异性强，因而具有较大的市场潜力。通常，在基于特定酶的 ECL 传感器中，酶促反应会直接或者间接消耗或产生参与 ECL 反应的共反应剂。而共反应剂的消耗或产生在一定程度上影响着 ECL 信号的强度。这种基于酶的 ECL 传感器主要适用于使用 H$_2$O$_2$ 作为共反应剂的传感平台。同时，该类型的 ECL 体系也可以应用于更多的氧化酶底物检测系统，如次黄嘌呤、胆碱和乙酰胆碱等。此外，这些酶在反应过程中与分析物相结合，通过抑制或增强策略实现对 ECL 信号的放大。例如，酪氨酸的电氧化产物可以使激发的巯基丙酸（MPA）封端的碲化镉量子点（CdTe QDs）猝灭。为了提高灵敏度，酪氨酸酶用于催化溶解氧对酪氨酸的氧化，产生猝灭剂邻醌，导致酪氨酸的检测限低于皮摩尔级别。用于检测儿茶酚衍生物的方法也是通过使用低成本的双齿螯合物（DMSA）稳定的 CdTe QDs 的阴极 ECL 所研发的。

5.1.3.3 空间位阻

基于生物分子导电性差的绝缘效应，它们在电极界面的组装过程中会导致空间位阻的变化。这种位阻效应不仅阻碍了共反应剂的传质过程，也阻碍了发光体、共反应剂和电极之间的电子传递过程，从而导致 ECL 信号降低，这种构建过程使"信号开关"型 ECL 传感器得到了广泛应用。Du 等基于三维硼氮双掺杂石墨烯水凝胶（3D BN-GHs）优异的信号放大作用，通过直接放大目标物与其适配体结合产生的位阻效应，构筑了一种灵敏度高、选择性好的 ECL 生物传感平台。具体而言，当微囊藻毒素 LR 在传感界面上特异性结合其适配体分子后，ECL 信号显著降低。这可能是由于传感界面的微囊藻毒素 LR 与适配体分子特异性结合形成的复合物增大了空间位阻，阻碍了共反应剂 TPrA 与传感界面发光分子 Ru(bpy)$_3^{2+}$ 间的电子转移过程，从而降低了 ECL 信号。基于这种猝灭机制，他们成功实现了对实际样品中微囊藻毒素 LR 的定量检测。

5.1.3.4 共振能量转移

共振能量转移（RET）是发生在匹配的供受体之间的一种非辐射能量转移，是一种有效的信号传导机制。RET 的概念最早是由荧光 RET（FRET）发展而来的，即作为供体的某种荧光物质的发射光谱与作为受体的物质的吸收光谱存在部分重叠，当这两种物质间的距离小于 10 nm 时，能观察到供体分子将全部或者部分激发态能量以非辐射的形式转移给受体分子，从而使受体分子发光增强。近年来，化学发光共振能量转移（CRET）、生物发光共振能量转移（BRET）及 ECL 共振能量转移（ECL-RET）等信号放大策略得到迅速发展，并被广泛采用。与 FRET、CRET 和 BRET 相比，ECL-RET 具有灵敏度高、可控性好及背景信号低等优点，在生物传感领域受到广泛关注。

与 FRET 类似，ECL-RET 是指供体分子被电化学激发，进而产生 RET 的现象。它的先决条件包括两个方面：一方面，能量供体的 ECL 发射光谱和能量受体的紫外-可见吸收光谱之间有良好的光谱重叠；另一方面，供体和受体之间的距离要小于 10 nm。Shan 等发现 CdS：Mn 和 AuNPs 之间在短距离内存在 RET，在长距离内存在表面等离激元共振。基于此，利用目标物 DNA 引发的发光体 CdS：Mn 和作用探针 AuNPs 之间的距离差异，可以获得不同 ECL 强度的响应，从而实现对 DNA 的检测。由于 RET 可以消除非选择性激发光和散射光的背景干扰，因此成为 ECL 生物传感器中信号放大策略的有效途径之一。Wu 等基于供体 Ru(bpy)$_3^{2+}$ 和受体 CdS QDs 构建了一个 ECL-RET 体系，用于 CMMC-7721 细胞的灵敏检测；Zhou 等设计了 CdS：Eu/AuNRs ECL-RET 供受体 ECL 传感平台（图 5-3），实现了对 DNA 的灵敏、特异性检测。

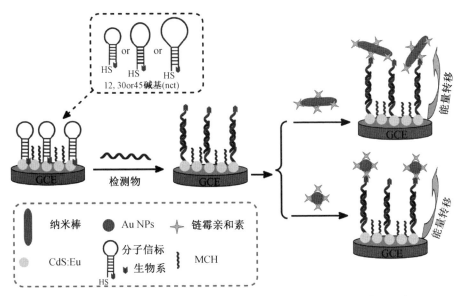

图 5-3 基于 CdS：Eu/AuNRs 的共振能量转移的 DNA ECL 传感平台

5.2 电化学发光体系

自鲁米诺和格林试剂的 ECL 现象被报道以来，科研人员对金属配合物、多环芳香烃化合物、半导体量子点、金属纳米簇等发光体的 ECL 性质和机理进行了深入研究。根据发光体种类的不同，ECL 体系可以分为以下三类：无机化合物发光体系、有机化合物发光体系和纳米材料发光体系。

5.2.1 无机化合物发光体系

无机化合物发光体系的电化学发光体主要是金属配合物，常见配体有邻菲罗啉（phen）和联吡啶（bpy）。科研人员已对钌（Ru）、铱（Ir）、铬（Cr）、锇（Os）、铜（Cu）、镉（Cd）、铂（Pt）、金（Au）、银（Ag）、铝（Al）、钼（Mo）等多种金属配合物的 ECL 现象进行了研究，目前，钌配合物和铱配合物在农产品品质检测方面的应用较为广泛。

5.2.1.1 钌配合物

三联吡啶钌 $[Ru(bpy)_3^{2+}]$ 是钌配合物中最具代表性的 ECL 发光体，其ECL 现象在 1972 年被 Bard 课题组报道，其具有发光效率高、稳定性好、可重复激发、可进行可逆单电子转移反应等优点。$Ru(bpy)_3^{2+}$ 的 ECL 机理主要分为以下四种。

（1）氧化还原–循环电化学发光

通过在电极表面施加双阶正负脉冲电压，使 $Ru(bpy)_3^{2+}$ 发生氧化和还原反应，分别生成 $Ru(bpy)_3^{3+}$ 和 $Ru(bpy)_3^{+}$；然后，两者通过湮灭反应，生成激发态的 $Ru(bpy)_3^{2+*}$；最后，$Ru(bpy)_3^{2+*}$ 从激发态回到基态时，发射出波长为 610 nm 的橘红色光。

$$Ru(bpy)_3^{2+} - e \longrightarrow Ru(bpy)_3^{3+}$$

$$Ru(bpy)_3^{2+} + e \longrightarrow Ru(bpy)_3^{+}$$

$$Ru(bpy)_3^{3+} + Ru(bpy)_3^{+} \longrightarrow Ru(bpy)_3^{2+*}$$

$$Ru(bpy)_3^{2+*} \longrightarrow Ru(bpy)_3^{2+} + h\nu$$

（2）氧化–还原型电化学发光

氧化–还原型 ECL 的代表性体系是 $Ru(bpy)_3^{2+}$/草酸（$C_2O_4^{2-}$）体系和 $Ru(bpy)_3^{2+}$/三丙胺（TPA）体系。在此以 $Ru(bpy)_3^{2+}$/TPA 体系为例，对其 ECL 机理进行阐述：通过对电极施加合适的氧化电位，使 $Ru(bpy)_3^{2+}$ 和 TPA 均发生氧化反应，分别生成 $Ru(bpy)_3^{3+}$ 及 TPA^{+}；然后，TPA^{+} 脱质子生成强还原性中间产物 $TPA\cdot$，$TPA\cdot$ 与 $Ru(bpy)_3^{3+}$ 反应，生成激发态的 $Ru(bpy)_3^{2+*}$；最后，$Ru(bpy)_3^{2+*}$ 从激发态回到基态时产生发光信号。

$$Ru(bpy)_3^{2+} - e \longrightarrow Ru(bpy)_3^{3+}$$

$$TPA - e \longrightarrow TPA^{+}\cdot$$

$$TPA^{+}\cdot \longrightarrow TPA\cdot + H^{+}$$

$$TPA\cdot + Ru(bpy)_3^{3+} \longrightarrow Ru(bpy)_3^{2+*} + product（产物）$$

$$Ru(bpy)_3^{2+*} \longrightarrow Ru(bpy)_3^{2+} + h\nu$$

虽然 TPA 作为阳极共反应剂可以增强 $Ru(bpy)_3^{2+}$ 的 ECL 信号，但其有毒且易挥发，因此科研工作者致力于开发低毒、稳定性好且生物相容性好的新型阳极共反应剂替代 TPA。目前，碳基量子点（碳量子点、石墨烯量子点、氮化碳量子点、氮化硼量子点等）、聚合物（聚乙烯亚胺、多聚-L-赖氨酸）等作为 $Ru(bpy)_3^{2+}$ 的阳极共反应剂，也被广泛研究和应用。

（3）还原–氧化型电化学发光

还原–氧化型 ECL 的代表性体系是 $Ru(bpy)_3^{2+}$/过硫酸根（$S_2O_8^{2-}$）体系。当向电极表面施加合适的还原电压时，$Ru(bpy)_3^{2+}$ 被还原成 $Ru(bpy)_3^{+}$；

同时，$S_2O_8^{2-}$ 被还原成具有强氧化性的 $SO_4^-\cdot$；然后，$SO_4^-\cdot$ 与 $Ru(bpy)_3^+$ 反应，生成激发态的 $Ru(bpy)_3^{2+*}$；最后，$Ru(bpy)_3^{2+*}$ 从激发态回到基态时释放出 ECL 信号。

$$Ru(bpy)_3^{2+}+e \longrightarrow Ru(bpy)_3^+$$

$$Ru(bpy)_3^++S_2O_8^{2-} \longrightarrow Ru(bpy)_3^{2+}+SO_4^-\cdot+SO_4^{2-}$$

$$Ru(bpy)_3^++SO_4^-\cdot \longrightarrow Ru(bpy)_3^{2+*}+SO_4^{2-}$$

$$Ru(bpy)_3^{2+*} \longrightarrow Ru(bpy)_3^{2+}+h\nu$$

除 $S_2O_8^{2-}$ 外，科研工作者也在积极寻找其他阴极共反应剂来构建 $Ru(bpy)_3^{2+}$ 的还原-氧化型 ECL 体系。Kumar 等发现谷胱甘肽作为阴极共反应剂可以使 $Ru(bpy)_3^{2+}$ 在碱性（pH=9）磷酸盐缓冲溶液中产生高度稳定的 ECL 信号。其中，$Ru(bpy)_3^{2+}$/还原性谷胱甘肽（GSH）体系的 ECL 行为完全依赖电解液中痕量溶解氧的原位电还原产生的羟基自由基，而 $Ru(bpy)_3^{2+}$/氧化型谷胱甘肽（GSSG）体系的 ECL 行为与溶解氧无关。结果表明，GSH 和 GSSG 是 $Ru(bpy)_3^{2+}$ 最环保的阴极共反应剂之一。

（4）阴极电化学发光

当使用半导体电极为工作电极时，它在一定条件下会产生具有强还原性的热电子；然后，热电子与电氧化生成的 $Ru(bpy)_3^{3+}$ 发生反应，生成激发态的 $Ru(bpy)_3^{2+*}$；最后，$Ru(bpy)_3^{2+*}$ 从激发态回到基态时释放出 ECL 信号。

$$Ru(bpy)_3^{2+}-e \longrightarrow Ru(bpy)_3^{3+}$$

$$Ru(bpy)_3^{3+}+e(热电子) \longrightarrow Ru(bpy)_3^{2+*}$$

$$Ru(bpy)_3^{2+*} \longrightarrow Ru(bpy)_3^{2+}+h\nu$$

5.2.1.2 铱配合物

2002 年，Richter 等首次发现了三（2-苯基吡啶）合铱 [$Ir(ppy)_3$] 的绿色（波长为 517 nm）ECL 现象。在此以 $Ir(ppy)_3$/TPA 体系为例，对其机理进行阐述：当在电极表面施加合适的氧化电压时，$Ir(ppy)_3$ 和 TPA 分别被氧化成 $Ir(ppy)_3^+$ 和 $TPA^+\cdot$；然后，$TPA^+\cdot$ 脱质子生成强还原性中间产物 $TPA\cdot$，$TPA\cdot$ 与 $Ir(ppy)_3^+$ 反应生成激发态的 $Ir(ppy)_3^*$；最后，$Ir(ppy)_3^*$ 从激发态回到基态时伴随光的产生。

$$Ir(ppy)_3-e \longrightarrow Ir(ppy)_3^+$$

$$TPA-e \longrightarrow TPA^+ \cdot$$

$$TPA^+ \cdot \longrightarrow TPA \cdot +H^+$$

$$TPA \cdot +Ir(ppy)_3^+ \longrightarrow Ir(ppy)_3^* +products （产物）$$

$$Ir(ppy)_3^* \longrightarrow Ir(ppy)_3 +h\nu$$

近年来，铱配合物如［Ir(ppy)$_2$(dtb-bpy)］$^+$（dtb-bpy 即二叔丁基联吡啶）和 Ir(ppy)$_3$ 已成为 Ru(bpy)$_3^{2+}$ 的最强竞争者，它们具有更强的还原能力和更长的激发态寿命，从而具有更高的 ECL 效率。但由于其在水溶液中的溶解性较差，ECL 信号易被介质中的氧猝灭，使其在生化分析领域的应用受到了限制。因此，开发水溶性好、稳定性好的铱配合物具有十分重要的意义。

5.2.2　有机化合物发光体系

与无机发光材料相比，有机发光材料具有合成方法多样、性能丰富、结构灵活等优点。经典的有机化合物发光材料主要包括多环芳香烃类化合物、酰肼类化合物、吖啶类化合物、过氧化草酸酯及其衍生物。

5.2.2.1　多环芳香烃类化合物

多环芳香烃类化合物是有机物 ECL 体系中研究较多的一类发光材料，多属于湮灭型 ECL 物质，其代表性发光体是红荧烯（RUB）和 9, 10-二苯基蒽（DPA）。在此以 DPA 为例，对其 ECL 机理进行阐述：在电极表面施加正负电位，DPA 发生氧化还原反应分别生成阴阳、离子自由基 DPA$^+ \cdot$ 和 DPA$^- \cdot$；然后，DPA$^+ \cdot$ 和 DPA$^- \cdot$ 反应，生成激发态的 ^{1}DPA*；最后，^{1}DPA* 从激发态回到基态时释放出波长为 512 nm 的光信号。

$$DPA-e \longrightarrow DPA^+ \cdot$$

$$DPA+e \longrightarrow DPA^- \cdot$$

$$DPA^+ \cdot +DPA^- \cdot \longrightarrow {}^1DPA^* +DPA$$

$$^1DPA^* \longrightarrow DPA+h\nu$$

由于多环芳香烃类物质在水中的扩散系数较小，其 ECL 反应一般需要在非水介质（如二甲基甲酰胺、乙腈、四氢呋喃等溶剂）中进行。因此，科研工作者多通过控制反应溶剂的体积比或引入保护剂等方法提高多环芳香烃类化合物的水稳定性和 ECL 强度，进而将其应用于生物分析领域。

5.2.2.2 酰肼类化合物

目前作为 ECL 发光体的酰肼类化合物有很多，其中最具有代表性的化合物是 3-氨基苯二酰肼（鲁米诺）。鲁米诺的 ECL 体系是最早研究的 ECL 体系之一，其优点为激发电位低、试剂稳定、发光效率高、可在水相中进行反应等。鲁米诺的反应机理包括以下三种。

（1）鲁米诺与过氧化氢的电化学发光机理

鲁米诺在碱性（pH = 10~13）介质中易失去质子形成阴离子（图 5-4），然后发生电化学氧化反应，当过氧化氢存在时，会生成激发态的 3-氨基邻苯二甲酸盐，其从激发态回到基态的过程中会产生光信号（波长为 425 nm）。

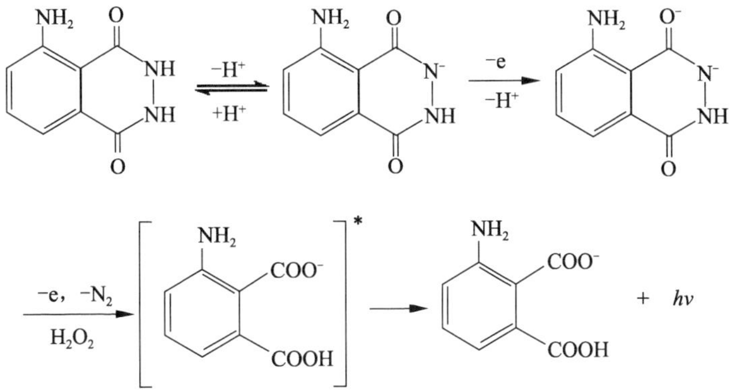

图 5-4　鲁米诺与过氧化氢的 ECL 反应机理

通常，鲁米诺与过氧化氢的 ECL 反应发生得比较缓慢，需要催化剂的引入，如多价金属离子、辣根过氧化物酶等。

（2）鲁米诺与溶解氧的电化学发光机理

鲁米诺电化学氧化产物还原溶解氧，生成超氧阴离子自由基 $O_2^- \cdot$，然后 $O_2^- \cdot$ 与鲁米诺的电化学氧化产物反应，生成激发态的 3-氨基邻苯二甲酸盐（图 5-5）。

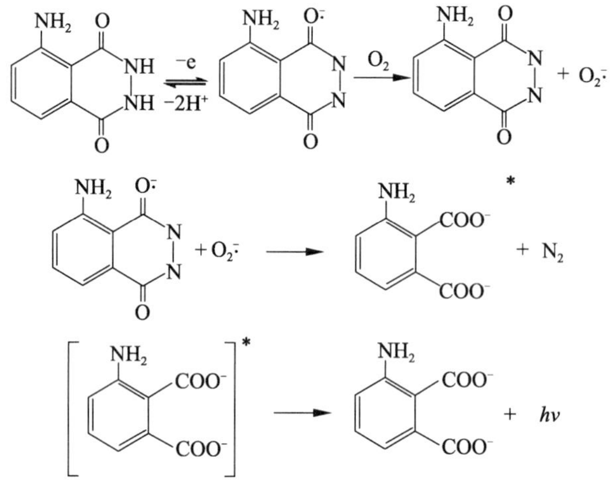

图 5-5 鲁米诺与溶解氧的 ECL 反应机理

（3）鲁米诺在半导体电极上的电化学发光机理

与 $Ru(bpy)_3^{2+}$ 类似，鲁米诺在半导体电极表面也具有良好的 ECL 行为。不同的是，半导体电极产生的热电子主要和溶解氧或其他共反应剂反应，而不是与鲁米诺反应。溶解氧或其他共反应剂在经热电子的还原后，生成活性中间体；然后，该中间体与鲁米诺发生电化学反应，生成激发态的 3-氨基邻苯二甲酸盐。

其实，鲁米诺发生 ECL 反应的条件是相对宽泛的，其在不同溶剂（水、二甲亚砜等）、不同 pH、不同电极（铂电极、金电极、玻碳电极等）、不同电位扫描窗口和方向以及氧化剂存在与否等条件下均可观察到 ECL 现象。

5.2.2.3 吖啶类化合物

吖啶类化合物中被研究最多的一种 ECL 试剂是 N,N-二甲基二吖啶硝酸盐（光泽精），在过氧化氢的稀碱溶液中可观察到它的 ECL 现象，过程中不需要引入催化剂，其发光机理如图 5-6 所示。在碱性介质中，光泽精被 H_2O_2 氧化，得到过氧化物中间体，此中间体具有四元环，可分解生成激发态的 N-甲基吖啶酮，去激发过程中会伴随着光（波长为 470 nm）的产生。

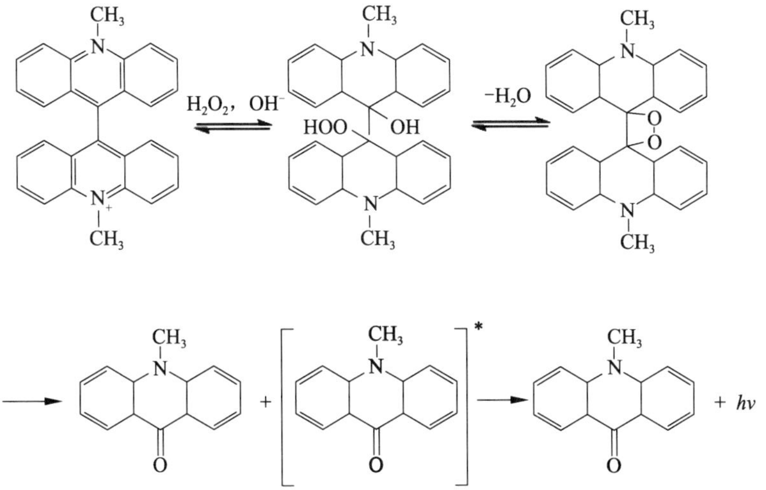

图 5-6 光泽精的 ECL 反应机理

目前，光泽精体系在生化分析领域的应用并不广泛，主要原因如下：① 光泽精的 ECL 反应对溶液酸碱性的要求高于鲁米诺，反应一般在 0.1~1.0 mol/L KOH 或 NaOH 溶液中进行，该碱性溶液和光泽精溶液必须单独加入，否则容易发生较强的 ECL 背景反应，影响分析灵敏度；② 光泽精的 ECL 反应产物的水溶性比较差，易被吸附在电极表面，从而导致电极被污染，进而影响 ECL 反应的重现性和灵敏度；③ 光泽精的应用局限于对超氧阴离子自由基、过氧化氢以及能通过反应产生这些活性分子的物质的检测。

5.2.2.4 过氧化草酸酯及其衍生物

Bard 等在 1987 年报道了双（2,4,6-三氯苯基）草酸酯（TCPO）在苯和乙腈混合溶剂中的 ECL 现象，但该反应具有溶解度差、噪声大、发光强度易受影响因素干扰等不足。一般认为，过氧化草酸酯体系的 ECL 反应机理是，过氧化氢将有芳香基团的草酸酯氧化，产生的高能量中间体 1,2-二氧杂环丁烷二酮具有双氧环，该中间体可以将部分能量传递给受体荧光物质，使荧光物质处于激发态，其返回基态时会伴随着光的产生（图 5-7）。

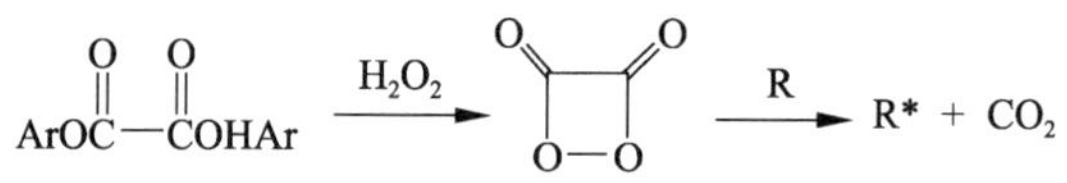

图 5-7 过氧化草酸酯的 ECL 反应机理

影响 TCPO-H_2O_2 ECL 体系发光强度的因素主要包括：① TCPO 和 H_2O_2 的浓度，其常见使用浓度范围分别为 $0.001 \sim 0.01$ mol/L 和 $0.01 \sim 0.5$ mol/L；② 溶剂极性，一般用丙酮作过氧化氢的溶剂，也可以用四氢呋喃代替丙酮；③ 反应液的 pH，TCPO 可在 pH $5 \sim 9$ 的范围内使用，最大 ECL 强度可在 pH 7.5 的条件下获得。目前，TCPO-H_2O_2 ECL 体系主要应用于 H_2O_2 以及可通过光化学反应或酶反应产生 H_2O_2 的物质等的检测，但由于 TCPO 的使用必须加入有机溶剂，且其 ECL 效率不及化学发光效率高，因此较少用于 ECL 分析领域。

5.2.3　纳米材料发光体系

纳米材料具有尺寸效应，其在电学、光学、化学等领域性能优异。2002 年，Bard 等首次报道了硅量子点的 ECL 现象。之后，半导体量子点（semiconductor quantum dots，QDs）、碳纳米材料、金属纳米簇（metal nanoclusters，MeNCs）等纳米材料的 ECL 性能和机理得到了广泛的研究和应用。

5.2.3.1　半导体量子点

半导体量子点是由 Ⅱ-Ⅵ 族或 Ⅲ-Ⅴ 族元素原子组成的纳米粒子，如硒化镉（CdSe）、硫化镉（CdS）、碲化镉（CdTe）、硒化锌（ZnSe）等。QDs ECL 体系由于稳定性好、量子产率高、表面易于修饰等特点，被应用于环境、食品、生物等分析领域，成为 ECL 体系中应用较广泛的体系之一。QDs ECL 机理主要包括湮灭型和共反应剂型两种。

（1）湮灭型

早期研究的 QDs 体系多属于湮灭型 ECL。当在工作电极上施加正负脉冲电压时，QDs 在电极表面分别生成氧化态和还原态的自由基；接着，两种自由基之间发生反应，生成高能量的激发态 QDs^*；最后，激发态的量子点在回到基态的过程中产生发光信号。

$$QDs - e \longrightarrow QDs^+ \cdot$$

$$QDs+e \longrightarrow QDs^- \cdot$$

$$QDs^+ \cdot +QDs^- \cdot \longrightarrow QDs^* +QDs$$

$$QDs^* \longrightarrow QDs+h\nu$$

QDs 湮灭型 ECL 的发生需要较高电压和有机溶剂的参与，导致其在生化分析领域的应用受到了极大的限制。

（2）共反应剂型

与湮灭型 ECL 需要 $QDs^+ \cdot$ 和 $QDs^- \cdot$ 两种自由基的参与不同，共反应剂型 ECL 是利用电解出来的 $QDs^- \cdot$ 或 $QDs^+ \cdot$ 和强氧化性或还原性共反应剂中间体发生电子转移反应生成激发态的 QDs^*。尽管共反应剂的参与使得 ECL 过程变得复杂，但只需要通过一维电位扫描就可以获得 ECL 信号，因此它具有快速的动力学效应、低的背景信号、高的稳定性。目前，QDs 的常见共反应剂有草酸盐（$C_2O_4^{2-}$）、三丙胺（TPA）、亚硫酸盐（SO_3^{2-}）、过氧硫酸盐（$S_2O_8^{2-}$）、过氧化氢（H_2O_2）、二氯甲烷（CH_2Cl_2）等。其中，$C_2O_4^{2-}$、TPA 和 SO_3^{2-} 属于氧化-还原型共反应剂，而 $S_2O_8^{2-}$、H_2O_2 和 CH_2Cl_2 则属于还原-氧化型共反应剂。在此以 QDs-TPA 体系为例，对其 ECL 机理进行阐述：当对电极施加氧化电位时，QDs 和 TPA 均发生氧化反应，分别生成 QDs^+ 及 $TPA^+ \cdot$；接着，$TPA^+ \cdot$ 脱质子生成强还原性中间产物 $TPA \cdot$；然后，$TPA \cdot$ 与 QDs^+ 反应，产生激发态的 QDs^*；最后，QDs^* 在去激发过程中产生发光信号。

$$QDs-e \longrightarrow QDs^+$$

$$TPA-e \longrightarrow TPA^+ \cdot$$

$$TPA^+ \cdot \longrightarrow TPA \cdot +H^+$$

$$TPA \cdot +QDs^+ \longrightarrow QDs^* +product（产物）$$

$$QDs^* \longrightarrow QDs+h\nu$$

另外，以 QDs-H_2O_2 体系为例，还原-氧化型共反应剂参与体系的 ECL 机理如下：

$$QDs+e \longrightarrow QDs^- \cdot$$

$$O_2+H_2O+2e \longrightarrow OOH^- +OH^-$$

$$2QDs^- \cdot +OOH^- + H_2O \longrightarrow 3OH^- +2QDs^*$$

$$2QDs^- \cdot +H_2O_2 \longrightarrow 2OH^- +2QDs^*$$

$$QDs^* \longrightarrow QDs + h\nu$$

CdS、CdSe、CdTe 这三种量子点以产率高、成本低、紫外光和可见光波段发光效率较高等优势在过去十多年的生化分析研究中受到了广泛关注。然而，镉和碲元素的毒性及环境破坏性也是不容忽视的。因此，研究者们致力于制备低毒甚至无毒的量子点以取代镉基量子点。Yuan 等通过溶剂剥离法制备了一种类似于石墨烯结构的二硫化钼量子点（MoS_2 QDs）。其采用 TEA 作为 MoS_2 QDs 的共反应剂，从而对 MoS_2 QDs 的 ECL 性能进行研究，由于 ECL 过程中无重金属离子参与，所以 MoS_2 QDs 展现出良好的生物相容性，最终应用于脂多糖的分析。

5.2.3.2 *碳纳米材料*

碳是生物体的基本组成元素，具有低毒甚至无毒的特性，因此碳纳米材料一直是化学、物理和材料学等领域的热点研究材料。目前，已有多种碳纳米材料的 ECL 行为被研究并报道，主要包括氧化石墨烯、氧化石墨、氮化碳等二维纳米片和碳点（CDs）、石墨烯量子点（GQDs）等准零维纳米材料。下面以 CDs 为例，对其 ECL 性能和机理进行介绍。与半导体量子点相比，CDs 具有稳定性好、毒性低、生物相容性好、水溶性好、易于修饰等优点，有望代替传统的 ECL 分子，广泛应用于 ECL 领域。与半导体（CdSe、CdS）量子点类似，CDs 多遵循阴极 ECL 机理：当对工作电极施加合适的还原电位时，CDs 在电极表面被还原成 $CDs^- \cdot$；同时，$S_2O_8^{2-}$ 被还原成具有强氧化性的 $SO_4^- \cdot$；接着，$SO_4^- \cdot$ 与 $CDs^- \cdot$ 反应，生成激发态的 CDs^*；最后，CDs^* 回到基态时释放出 ECL 信号。

$$CDs + e \longrightarrow CDs^- \cdot$$

$$S_2O_8^{2-} + e \longrightarrow SO_4^- \cdot + SO_4^{2-}$$

$$CDs^- \cdot + SO_4^- \longrightarrow CDs^* + product（产物）$$

$$CDs^* \longrightarrow CDs + h\nu$$

共反应剂在 CDs ECL 体系中具有十分重要的作用。目前报道中采用的共反应剂仍以 $S_2O_8^{2-}$ 为主，同时有科研工作者发现 SO_3^{2-}、H_2O_2 也可用作 CDs 的共反应剂以增强体系的 ECL 发射。除此之外，Xia 等以 GQDs 为发光体，以 $S_2O_8^{2-}$ 和 SO_3^{2-} 为双共反应剂协同促进 GQDs 的 ECL 响应，首次提出了双共反应剂协同增强 ECL 信号的策略，并对 GQDs 的发光机理进行了深入探究，为 GQDs 等发光物质的 ECL 应用奠定了研究基础。

5.2.3.3 金属纳米簇

金属纳米簇是一类由几个到几百个金属原子组成的新型发光纳米材料，由于其尺寸介于单个金属原子和较大的金属纳米颗粒之间，接近电子的费米波长，连续的态密度被分解成离散的能级，从而表现出不同于纳米颗粒的电学、光学和化学性质。2009 年，Ras 等首次报道了聚甲基丙烯酸包裹的银纳米团簇（PMAA-AgNCs）的 ECL 行为，由此开启了 MeNCs ECL 性能和机理研究的大门。MeNCs 的 ECL 机理同样包括湮灭型和共反应剂型两种。

（1）湮灭型

MeNCs 在电极表面被还原或氧化成两种自由基，然后两种自由基湮灭形成激发态的 MeNCs*；最后，激发态的 MeNCs* 在返回基态的过程中伴随着光的产生。

$$MeNCs-e \longrightarrow MeNCs^+ \cdot$$

$$MeNCs+e \longrightarrow MeNCs^- \cdot$$

$$MeNCs^+ \cdot + MeNCs^- \cdot \longrightarrow MeNCs^* + MeNCs$$

$$MeNCs^* \longrightarrow MeNCs + h\nu$$

自由基 MeNCs$^+ \cdot$ 和 MeNCs$^- \cdot$ 的寿命较短，导致其发光效率较低，因此科研工作者常引入共反应剂来提高 MeNCs 的发光效率。

（2）共反应剂型

目前，MeNCs 的常见共反应剂有 TPA 和 $S_2O_8^{2-}$。其中，MeNCs-TPA 体系遵循氧化-还原机制，而 MeNCs-$S_2O_8^{2-}$ 体系遵循还原-氧化机制。以 MeNCs-TPA 体系为例，其 ECL 机理如下：当向电极施加氧化电位时，MeNCs 和 TPA 都会发生氧化反应，分别生成 MeNCs$^+ \cdot$ 及 TPA$^+ \cdot$；接着，TPA$^+ \cdot$ 脱质子生成强还原性中间产物 TPA$\cdot$；然后，TPA$\cdot$ 与 MeNCs$^+ \cdot$ 反应生成激发态的 MeNCs*；最后，MeNCs* 在返回基态的过程中产生发光信号。

$$MeNCs-e \longrightarrow MeNCs^+ \cdot$$

$$TPA-e \longrightarrow TPA^+ \cdot$$

$$TPA^+ \cdot \longrightarrow TPA \cdot + H^+$$

$$TPA \cdot + MeNCs^+ \cdot \longrightarrow MeNCs^* + product（产物）$$

$$MeNCs^* \longrightarrow MeNCs + h\nu$$

另外，以 $MeNCs-S_2O_8^{2-}$ 体系为例，还原-氧化型共反应剂参与体系的 ECL 机理如下：

$$MeNCs + e \longrightarrow MeNCs^- \cdot$$

$$S_2O_8^{2-} + e \longrightarrow SO_4^- \cdot + SO_4^{2-}$$

$$MeNCs^- \cdot + SO_4^- \cdot \longrightarrow MeNCs^* + product （产物）$$

$$MeNCs^* \longrightarrow MeNCs + h\nu$$

除共反应剂外，溶剂、pH、电极材料等因素也会显著影响 MeNCs 的发光效率。MeNCs 主要由金属核和有机配体壳组成，因此其配体壳的种类、主-客体识别机制等均对其 ECL 的发光效率有至关重要的影响。虽然 MeNCs 以制备简单、尺寸超细、毒性低、光稳定性好等优点成为近年来 ECL 研究的新秀，但它在有机溶液和水介质中均表现出相对较低的发光效率，阻碍了其在 ECL 中的应用。因此，目前科研工作者致力于提高 MeNCs 的 ECL 发光效率。研究人员主要从共反应剂效应、配体效应、掺杂以及聚集诱导电化学发光（AI-ECL）等方面出发，对提高 MeNCs ECL 发光效率的规律及机理进行深入探索。Liu 等将 6-氮杂-2-硫代胸腺嘧啶保护的金纳米簇（ATT-AuNCs）修饰于电极上，干燥的 ATT-AuNCs/TEA 产生了高稳定性的 ECL 信号，其 ECL 量子产率达 78%。在电极上干燥 ATT-AuNCs 的这种方式不仅能通过电催化效应来增强电化学的激发，而且能通过 AI-ECL 抑制 ATT-AuNCs 配体 ATT 的振动和旋转，导致其从激发态回到基态时的非辐射弛豫减少，进一步提高 ATT-AuNCs 的 ECL 发光效率。

除此之外，研究者们也在不断探索新的 ECL 体系，如基于金属有机框架材料（MOFs）、共价有机骨架材料（COFs）、钙钛矿等新型发光材料的 ECL 体系。下面以 MOFs 为例进行简单介绍。

MOFs 是一种通过有机配体和金属离子/团簇以配位连接方式制备的材料，其有机配体和金属离子/团簇呈周期性在空间上排布。Lei 等设计制备了一种高度结晶的 MOFs ECL 材料，其 ECL 发光效率较单个配体明显提高。以 $S_2O_8^{2-}$ 为共反应剂，该 MOFs 材料的 ECL 机理如下：

$$MOFs + e \longrightarrow MOFs^- \cdot$$

$$S_2O_8^{2-} + e \longrightarrow SO_4^- \cdot + SO_4^{2-}$$

$$MOFs^- \cdot + SO_4^- \cdot \longrightarrow MOFs^* + product（产物）$$

$$MOFs^* \longrightarrow MOFs + h\nu$$

5.3 农产品品质与质量安全的电化学发光检测技术

目前，人们根据农产品中的营养成分含量来判断其营养价值和保证农产品加工过程中的质量。因此，农产品品质分析始终贯穿于资源的开发、食品加工生产和销售的全过程。同时，随着人们生活水平的提高，农产品的功能性和安全性也逐渐受到重视，所以对农产品中重金属元素、农药残留、真菌毒素等有毒有害物质的分析精度和检测限度也提出越来越高的要求。接下来，本节主要针对农产品中营养成分和有毒有害物质的 ECL 检测进行概述。

5.3.1 农产品中营养成分的电化学发光检测

农产品营养成分是农产品检测的主要研究内容之一，目前科研工作者主要对农产品中的无机盐（即矿物元素）、糖类、脂类、蛋白质、氨基酸以及维生素等进行分析。而在 ECL 检测领域，该技术主要应用于糖类和维生素的分析研究。

5.3.1.1 糖类

糖类是生物体的能量来源和结构成分，在自然界中分布广泛，其中对葡萄糖的灵敏、准确测定不仅对评价农产品的营养价值具有重要意义，而且可以准确测定糖含量。下面首先介绍最新 ECL 检测方法在糖类检测中的应用。

Ye 等提出了一种基于 i-motif 结构（pH 敏感单元）与 RCA 技术（信号放大）的新型 ECL-pH 传感器，用于间接测定葡萄糖浓度。图 5-8 展示了该传感器的工作原理和具体组成。该 ECL-pH 传感器包括 3 个独立的 DNA 序列：捕获 DNA、引物 DNA 和挂锁 DNA。利用 3 个 DNA 之间的部分杂交可以将其逐次修饰到电极上。与此同时，引物 DNA 的两端杂交后能够引入 RCA 的 DNA 模板，从而引发 RCA 反应，而 RCA 反应过程中产生大量含有碱基的的单链 DNA 产物，其与氯化血红素（hemin）形成 hemin/G 结构后，会催化鲁米诺/过氧化氢溶液的反应，增强 ECL 强度。在不同 pH 下，携带 RCA 产物的 i-motif 结构会产生不同的 ECL 响应。基于此，在 pH 4~7.4 之间，该ECL-pH传感器具有较宽的动态响应范围，在生理pH范围内具有良好的线性响应。另外，由于葡萄糖氧化酶氧化葡萄糖后可以生成葡萄糖酸，引起溶液pH值的变化，因此应用该传感器还可以间接测定葡萄糖的浓度，其检测范围是5~80 μmol/L。

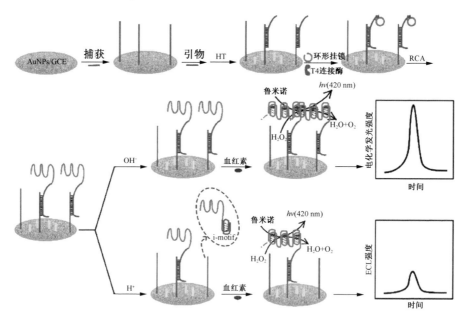

图5-8 基于i-motif结构（pH敏感单元）与RCA技术（信号放大）的新型ECL-pH传感器的检测机理示意图

然而，由于"开-关"或"关-开"ECL体系的信号响应源自一种发光体，根据实验条件（例如共反应剂的浓度和溶液的pH值）可能会出现假阳性或假阴性信号，因此开发比率型ECL传感器成为解决上述问题的途径之一。Jiang等利用石墨相氮化碳负载的Au纳米复合材料（Au-g-C₃N₄）和鲁米诺分别作为阴极和阳极ECL发光体，开发了一种新型的比率型ECL生物传感器，用于葡萄糖的灵敏检测。图5-9所示为将用葡萄糖氧化酶固定的Au-g-C₃N₄纳米复合材料（GOx/Au-g-C₃N₄）修饰在玻碳电极表面，并在鲁米诺存在的情况下构建传感平台。在添加葡萄糖之前，溶解氧可以作为g-C₃N₄纳米片在水溶液中的共反应剂，产生明显的阴极ECL信号。当葡萄糖存在时，溶解氧通过葡萄糖氧化酶和Au纳米粒子催化原位生成H_2O_2，进而转化为活性氧，从而导致鲁米诺产生阳极ECL发射，同时降低g-C₃N₄纳米片的阴极 ECL 发射。利用比率型 ECL 响应与 g-C₃N₄ 纳米片和鲁米诺对溶解氧竞争性消耗的关系构建的比率型 ECL 生物传感器，对葡萄糖的检测呈现出宽的检测范围（0.1~8000 µmol/L）和低的检测限（0.05 µmol/L）。

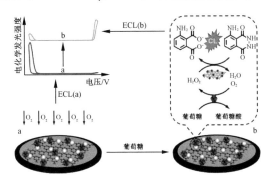

图 5-9　基于酶和金纳米颗粒催化反应引发的共反应物的原位生成和转化的比率型 ECL 策略检测葡萄糖的机理示意图

近年来，组装不同传感机制的双模式系统成为构建传感器的另一种常见手段。迄今为止，研究者已经集成了多种检测方法，包括电化学-比色法、电化学-电化学发光等，这种双模式策略不仅保留了每种模式各自的优势，通常会产生更宽的动态响应范围，而且互补性更强、更具多样化，并与单模式的检测结果进行了比较验证。Li 等开发了一种基于闭合式双极电极（c-BPE）的双模式检测或双目标物检测技术。如图 5-10 所示，研究人员设计并优化了在物理分离的阳极隔室和阴极隔室中的 c-BPE 传感平台。如果阳极部分存在鲁米诺、阴极部分存在普鲁士蓝（PB），则单次刺激可以实现阳极鲁米诺的 ECL 响应及阴极 PB 转化为普鲁士白（PW）的过程。后一种反应有助于增强 ECL 信号，同时为比色检测提供了准备条件，它是利用氧化剂（如 H₂O₂）触发 PW 到 PB 的颜色变化来测定氧化剂的含量，从而实现双信号用于单个目标的双模态检测或在不同极点对不同目标物的检测。他们创建的 c-BPE 传感平台对葡萄糖检测具有较好的选择性、重现性、长期稳定性和准确性。

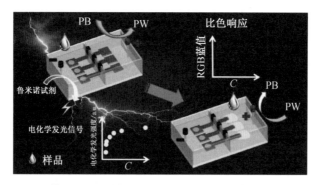

图 5-10　基于 c-BPE 的 ECL 和比色测定双传感平台的示意图

5.3.1.2　维生素

维生素是维持人体健康最重要的微量营养元素之一。其中，维生素 C（又称抗坏血酸，AA）是脑系统中最重要的神经化学物质之一，是一种抗氧化剂、自由基清除剂。目前，利用 ECL 检测技术测定样品中的维生素 C 含量是很常见的方法。

Chen 等构建了一种基于 CdTe/CdS QDs 放大的氮功能化石墨烯量子点（NGQDs）的 ECL 平台。其中，CdTe/CdS QDs 可以促进 NGQDs 自由基的产生。NGQDs 自由基与 O_2^- 相互作用，形成了高产率的 NGQDs*，导致 ECL 信号增强约 21 倍。这种 ECL 增强系统是在均相溶液中进行的，不需要添加共反应剂和修饰电极。受益于显著的 ECL 增强效果，他们构建了一种灵敏的 ECL 传感器用于 AA 的定量分析，其检测范围为 100 nmol/L ~ 100 μmol/L，检测限为 70 nmol/L，且具有良好的稳定性和重现性。最终，该传感器可成功应用于葡萄柚、橙子、甜橙中的 AA 检测，检测结果与标准方法基本一致，具有较好的可靠性和准确性。

若能引入内参比信号构建比率型 ECL 传感器，不仅可以有效提高传感的准确性，而且能够及时反馈电极表面的真实状态，避免潜在的干扰。基于此，Liu 等设计了一种新型内标 ECL 传感器，用于检测 AA（图 5-11）。所制备的双发射发光体（NSGQDs-PEI-鲁米诺-Pt）由鲁米诺（作为辅助发光体和内标）、氮硫双掺杂石墨烯量子点（NSGQDs，作为主要发光体）、铂纳米粒子（PtNPs，作为共反应促进剂）以及聚醚酰亚胺（PEI，作为 NSGQDs 和鲁米诺的连接体）组成。结果表明，鲁米诺（供体）和 NSGQDs（受体）之间的 Förster 共振能量转移（FRET）显著增加了 ECL 强度。该体系中，NSGQDs 的阴极 ECL 强度（ECL-1，-1.8 V vs. Ag/AgCl）随着 AA 的浓度增加而逐渐降低，然而鲁米诺的阳极 ECL 强度（ECL-2，0.3 V vs. Ag/AgCl）基本保持不变。ECL-1 和 ECL-2 之间的比率的对数（$\ln I_{\text{ECL-1/ECL-2}}$）与 AA 的浓度（范围为 10~360 nmol/L）呈良好的线性关系。回归方程为 $\ln I_{\text{ECL-1/ECL-2}} = -0.0059 c_{\text{AA}} + 3.55$（$R^2 = 0.992$），检测限为 3.3 nmol/L。

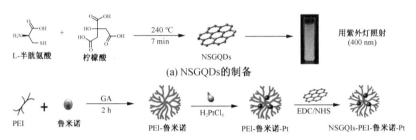

(a) NSGQDs 的制备

(b) NSGQDs-PEI-鲁米诺-Pt 复合材料的制备

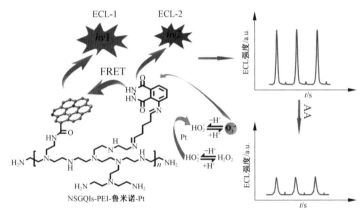

(c) NSGQDs-PEI-鲁米诺-Pt 体系可能的 ECL 机制

图 5-11　新型内标 ECL 传感器检测 AA 的示意图

尽管比率策略的引入可以降低由环境、个人等因素引起的系统误差和随机误差，但由于比率信号的产生通常需要两种发光剂和它们各自的共反应剂四种物质共存，所以可能会导致彼此相互影响，尤其是共反应剂的交互影响。为了解决该问题，科研工作者提出通过物理分离不同的 ECL 发射器（也称为双极 ECL 电极）。这种阴极隔室和阳极隔室的设计能够抑制相互干扰，因为它具有分离的发射器设置以及隔离的反应容器。Hu 等构建了一种基于封闭双极电极（BPE）的新型分子印迹聚合物（MIP）修饰的空间分辨的"开-关"型比率 ECL 传感平台，用于高精度、选择性检测 AA（图 5-

12）。它是在 BPE 的阳极上制备有 AA 的 MIP，阳极电解质中的 $Ru(bpy)_3^{2+}$ 用作阳极发光体，而 $ZnIn_2S_4$ 作为另一个 ECL 发光体则涂覆在阴极上。阳极处 AA 的重新结合促进了 $ZnIn_2S_4$（440 nm）在阴极处的 ECL 响应。同时，阳极 $Ru(bpy)_3^{2+}$ 的反应受阻导致 605 nm 处的 ECL 响应降低。基于比率校正效应和 MIP 的特殊识别，该工作构建了一个"开-关"型 BPE-ECL 传感平台，该传感平台在重复性和选择性方面表现卓越。AA 检测的线性范围为 50 nmol/L~ 3 μmol/L，检测限低至 20 nmol/L（$S/N=3$）。与单极相比，比率响应的测定偏差在可重复性和长期稳定性方面分别降低至原来的 1/15 和 1/5 左右。这项工作为实际应用提供了可靠稳定的传感模式，也为设计简单且低成本的 ECL 传感设备提供了策略。

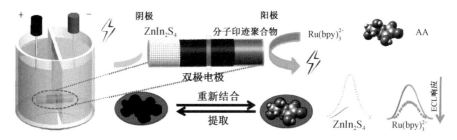

图 5-12　基于分子印迹聚合物修饰双极电极的比率型 BPE-ECL 传感平台检测 AA 的示意图

尽管 ECL 在农产品营养成分检测中已获得较好的分析结果，但农产品中往往有多种目标物共存，因此发展多目标物同时精准检测的方法成为亟须解决的难题之一。

5.3.2　农产品中重金属元素的电化学发光检测

在农产品中，生物毒性显著的重金属元素主要有汞（Hg）、铅（Pb）、镉（Cd）、铬（Cr）、锌（Zn）、类金属砷（As）和钴（Co）等。重金属元素污染对农产品品质和人类健康的危害逐渐被人们所重视，因此，开发灵敏、准确的分析方法及时对农产品中重金属元素进行检测具有重要意义。

5.3.2.1　汞

汞离子（Hg^{2+}）是土壤污染中出现频率最高、毒性最强的重金属离子之一。土壤环境中的 Hg^{2+} 能够抑制农作物的生长发育，引起农作物减产甚至死亡。Hg^{2+} 通过食物链在人体内富集，严重时损害肝脏、肾脏、脑等器官，有致畸、致癌等作用。因此，建立高灵敏度、高选择性的检测方法，

实现农产品中 Hg^{2+} 的快速、灵敏分析，对保护农产品产地环境、保障农产品质量安全、维护人类身体健康具有重要意义。

Hua 等利用 Hg^{2+} 对硫化铕纳米晶体（EuS NCs）/$K_2S_2O_8$ 体系具有选择性猝灭作用构建了一种高灵敏度的新型无标记 ECL 传感器。当 Hg^{2+} 存在时，其与 EuS NCs 表面的 S 螯合形成 S—金属键，进而吸附在传感界面，阻碍电子转移，导致 ECL 信号降低。基于此构建的用于检测 Hg^{2+} 的传感器具有较宽的检测范围（$0.1 \sim 10^5$ pmol/L）和较低的检测限（0.028 pmol/L），且成功应用于鱼、虾、贝壳等海产品中 Hg^{2+} 的检测，具有良好的回收率。该方法为海产品中微量 Hg^{2+} 的检测提供了一种绿色、可行的方案。

为了提高传感器检测 Hg^{2+} 的灵敏度，You 等提出耦合具有特异性识别能力的适配体和发展性能优异的自增强 ECL 复合材料，构建了性能优异的 NH_2-Ru@SiO_2-NGQDs 基自增强 ECL 适配体传感器，并成功应用于 Hg^{2+} 的高灵敏度、高选择性分析。首先，将两端分别修饰氨基（—NH_2）和巯基（—SH）的 Hg^{2+} 适配体（Apt）通过酰胺反应与 NH_2-Ru@SiO_2-NGQDs 结合。然后，以 Apt 为介质将该复合材料通过 Au—S 键固定于 AuNPs 修饰的电极表面。当 Hg^{2+} 存在时，Hg^{2+} 与富含碱基 T 的 Apt 形成 T-Hg^{2+}-T 的"茎-环"结构，促使 Apt 发生弯曲，此时自增强 ECL 发光材料靠近电极表面，ECL 强度增加。该自增强 ECL 适配体传感器对 Hg^{2+} 表现出灵敏的、特异性的检测性能，线性检测范围为 50 nmol/L ~ 1.0 μmol/L，检测限为 30 nmol/L。Cheng 等构建了一种用于选择性检测 Hg^{2+} 的共振能量转移 ECL 适配体传感器。如图 5-13 所示，Fe_3O_4@SiO_2/树状大分子/QDs 表现出优异的 ECL 发射性能（"开启"状态），随着固定在 Fe_3O_4@SiO_2/树状大分子/QDs 的富含碱基 T 的 ssDNA（S_1）和 AuNPs 修饰的适配体（S_2）之间杂交反应的进行，复合材料的 ECL 信号显著降低（"关闭"状态）。当 Hg^{2+} 存在时，Hg^{2+} 与富含碱基 T 的 ssDNA 形成强而稳定的 T-Hg^{2+}-T 结构导致双链 DNA（dsDNA）释放 AuNPs-S_2，同时复合材料的 ECL 信号得到恢复（第二信号开关"开启"状态）。基于此构建的传感器具有灵敏度高、线性响应宽（11 个数量级）、重现性和稳定性良好的特点，它能成功应用于自来水、鲤鱼和咸水鱼样品中的 Hg^{2+} 的定量分析，具有较好的回收率。

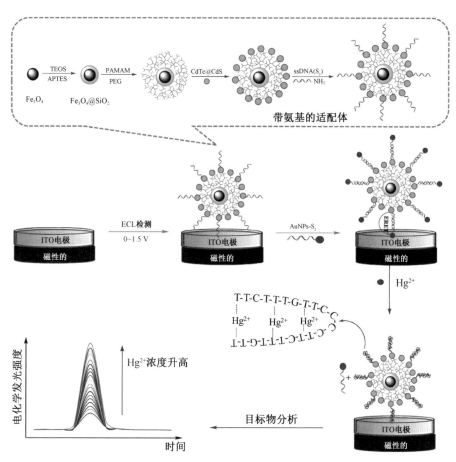

图 5-13 ECL 生物传感器检测 Hg²⁺的示意图

5.3.2.2 铅

铅离子（Pb^{2+}）作为农田环境中主要的重金属有毒污染物质，不仅会使土壤的肥力降低，导致农作物产量下降；而且 Pb^{2+} 会通过植物体内的吸收和积累，影响农产品质量安全，进而对机体的神经、免疫、肾脏和心血管等系统造成巨大的威胁。因此，建立和完善高灵敏度、高特异性的 Pb^{2+} 检测技术，实现农产品中 Pb^{2+} 的快速分析，对保障农产品质量安全、维护动物和人类健康具有重要意义。

Wang 等成功构建了一种用于检测 Pb^{2+} 的高选择性 ECL 适配体传感器。研究人员以 CdSe/ZnS 为发光剂、$K_2S_2O_8$ 为共反应剂，考察了该体系在不同 pH、不同 $K_2S_2O_8$ 浓度、不同 4-ATP 与 GCE 反应的持续时间以及 4-ATP/

GCE 与 QDs 反应的持续时间下的 ECL 行为。在最优条件下，基于 Pb^{2+} 对 CdSe/ZnS QDs 体系的猝灭作用构建的 ECL 传感器可成功应用于皮蛋中 Pb^{2+} 的定量检测，具有较好的回收率（102%~114%）。

为了进一步提高传感器检测的灵敏度，Liu 等提出引入双信号放大策略，基于 Pb^{2+}-G-四链体形成和猝灭型探针脱落的协同双放大作用机制，构建了一种用于超灵敏检测 Pb^{2+} 的"信号开启"型 ECL 生物传感器。将氮掺杂碳量子点（NCQDs）与 Pb^{2+} 的互补 DNA 结合形成 cDNA-NCQDs，并利用 DNA 之间的杂交作用将 cDNA-NCQDs 固定于传感界面以降低 ECL 信号。引入目标物后，Pb^{2+} 和 DNA 的特异性结合会引发传感界面形成 G-四链体，伴随 cDNA-NCQDs 的脱落，Ru(dcbpy)$_3^{2+}$/TPA 体系的 ECL 信号显著恢复。由于 Pb^{2+}-G-四链体的形成加速了 cDNA-NCQDs 的脱落，两者之间的协同效应实现了双重信号放大，检测灵敏度显著提高。该传感器已成功应用于水和土壤中 Pb^{2+} 的高灵敏检测，线性检测范围跨越 7 个数量级。

然而，农产品中往往有多种重金属离子共存，不同离子之间的协同作用可能使毒性增强，进而对人体造成严重危害。因此，Feng 等提出一种基于 MIL-53(Al)@CdTe 用于多步测定 Hg^{2+} 和 Pb^{2+} 的 ECL 适配体传感器。如图 5-14 所示，在识别 Hg^{2+} 后，Hg^{2+} 与适配体 2-AuNPs 形成发夹结构，并从传感界面脱离。而当 Pb^{2+} 存在时，适配体 1-PtNPs 捕获目标离子并形成 G-四链体，此时 PtNPs 与 CdTe QDs 具有足够的距离，因而可以产生 ECL 共振能量转移（ERET）。当适配体分别与 Pb^{2+} 和 Hg^{2+} 相互作用后，由于表面等离子体共振（SPR）和 ERET 增强作用的减弱，ECL 强度降低。因此，基于 ECL 强度差（ΔECL）与重金属离子浓度的线性关系，Hg^{2+} 和 Pb^{2+} 的检测限分别为 4.1×10^{-12} mol/L（路径 1、Hg^{2+}）、3.7×10^{-11} mol/L（路径 2、Pb^{2+}）和 2.4×10^{-11} mol/L（路径 3、Pb^{2+}）。该传感器还成功应用于鱼、虾样品中 Hg^{2+} 和 Pb^{2+} 的检测，具有良好的回收率，且与标准方法所得结果吻合，表明其在实际样品检测中具有可靠性。

尽管该方法可以实现 Hg^{2+} 和 Pb^{2+} 的检测，但二者信号是分步获取的，因此，若能发展一种可同时检测多种重金属离子的电化学检测方法，将为解决复杂基质中的多组分分析提供有力支撑。

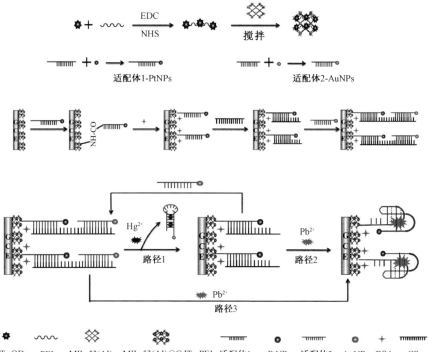

图 5-14　MIL-53（Al）@CdTe-PEI 适配体传感器的制备和 Hg^{2+}和 Pb^{2+}检测的示意图

5.3.2.3　镉

镉离子（Cd^{2+}）不仅在空气、土壤、沉积物和水中广泛分布，也会在人体的肝、肺、肾以及骨骼中蓄积，生物半衰期长达 20~30 年。同时，它还会损伤人体的心血管和免疫系统，并使某些癌症的发病率增加。已经开发的几种用于测定 Cd^{2+}的技术，如电感耦合等离子体质谱法、原子吸收光谱法、电子顺磁共振法和同步辐射 X 射线光谱法，常受到耗时长、仪器不够精密、成本高和样品制备复杂的限制，应用比较局限。因此，开发一种简便、灵敏的 Cd^{2+}检测方法具有重要意义。

目前，大多数 ECL 传感器都属于"信号关闭"类型（ECL 猝灭），即 ECL 强度在 ECL 探针与分析物结合时降低；若 ECL 传感器能实现信号开启，将显著提高传感器的灵敏度。Song 等提出了一种基于硫代乙醇酸包裹 CdTe QDs 的"信号开启"型 ECL 传感器，用于 Cd^{2+}的简单、灵敏检测（图 5-15）。该传感器引入了 S^{2-}来猝灭 CdTe QDs 的 ECL 信号。当 Cd^{2+}存在时，由于

Cd^{2+}与S^{2-}形成Cd–S钝化层,因此信号得到恢复。基于此,研究人员开发了一种"信号开"的ECL方法用于Cd^{2+}检测,检测范围为6.3 nmol/L~3.4 μmol/L,检测限低至2.1 nmol/L。

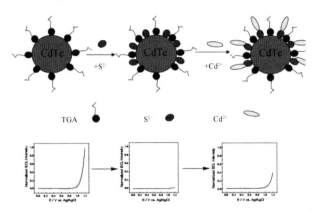

图 5-15 基于 CdTe QDs 的"信号开启"型 ECL 传感器用于检测 Cd^{2+} 的示意图

为了进一步提高传感器的选择性,Xu 等引入具有特异性识别功能的适配体,利用发夹 DNA 链置换扩增(SDA)和磁性 Fe_3O_4-氧化石墨烯纳米片(MGN)为载体,构建了一种免固定化 ECL 生物传感器,用于 Cd^{2+} 的超微量检测。首先,ECL 探针 $Ru(phen)_3^{2+}$ 在溶液中容易扩散,到达电极表面后会产生强的 ECL 信号。这是因为在没有 Cd^{2+} 的情况下,预先设计的发夹 DNA 受到 MGN 的限制。Cd^{2+} 通过与其适配体结合释放 cDNA,导致发夹 DNA 从 MGN 表面脱离。此时,上述过程诱发 SDA 扩增并产生大量的 ds-DNA,进一步将 $Ru(phen)_3^{2+}$ 固定于 dsDNA 凹槽中,导致嵌入的 ECL 探针难以接触电极表面。因此,根据 ECL 信号的衰减来监测 Cd^{2+} 的浓度,可获得较高的灵敏度,检测限为 $1.1×10^{-4}$ μg/L。

Zhang 等组装了一种 DNA 网负载 $Ru(phen)_3^{2+}$ 和 AgNCs 的多功能信号探针,并结合了一种新型铽有机凝胶(TOG),开发了一种双电位 ECL 生物传感器,用于 Cd^{2+} 和 Mg^{2+} 的检测。首先,Cd^{2+} 驱动 DNA 扩增过程产生了大量的 DNA,该过程用于将 $Ru(phen)_3^{2+}$ 的多功能 DNA 网络结构探针与富含碱基 C 连接到铽有机凝胶修饰的电极上,此时产生了 $Ru(phen)_3^{2+}$ 的正电位 ECL 信号,再通过共反应剂竞争与共振能量转移,使 TOG 的负电位 ECL 信号被抑制,实现了 Cd^{2+} 的"开"和"关"双信号检测。此外,Mg^{2+}(第二靶标）特异性地剪切电极上的 DNA 酶底物，释放含有 $Ru(phen)_3^{2+}$ 和 AgNCs 的 DNA 网探针，实现了 Mg^{2+} 的"关"和"开"双重检测。该策略利用双电位 ECL 探针和新的 DNA 网络结构开发了一种新型的多功能生物传感器，为"开""关"双信号的多目标检测提供了一条新的途径。该多功能传感平台可成功应用于水稻中 Cd^{2+} 的检测，具有良好的回收率，且得到了国家标准的验证。

5.3.2.4　铬

铬是一种重要的合金元素，主要用于冶金，如电镀、皮革鞣制、金属冶炼和金属精加工行业。在水系统中，铬主要以两种氧化态存在：三价铬（Cr^{3+}）和六价铬（Cr^{6+}）。Cr^{3+} 是人类必需的微量元素之一，而 Cr^{6+} 却对生物体有很大毒性和致癌作用。Cr^{6+} 具有强氧化性，通过消化道进入人体血液循环后，会破坏肝细胞的结构和功能，因此开发一种有效的 ECL 方法来精确检测痕量 Cr^{6+} 至关重要。

Chi 等利用 Cr^{6+} 可以碰撞猝灭石墨烯量子点/过二硫酸盐（$GQDs/S_2O_8^{2-}$）系统的 ECL 信号，构建了一种 ECL 传感器，用于检测水样中的 Cr^{6+}。在优化了 GQDs 和 $S_2O_8^{2-}$ 浓度、响应时间、溶液 pH 值等重要的实验条件后，所构建的 ECL 传感器具有较宽的检测范围（50 nmol/L~60 mmol/L）、优异的选择性和高灵敏度（检测限为 20 nmol/L，$S/N = 3$）。该传感器已应用于田间河水中 Cr^{6+} 的检测。

Ma 等研制了一种基于非纳米粒子杂化 Pb(Ⅱ)-β-环糊精（Pb-β-CD）金属有机框架的新型 ECL 传感器，用于检测 Cr^{6+}。Pb-β-CD 表现出良好的 ECL 行为和对金离子较好的还原能力。在不使用任何额外还原剂的情况下，金纳米粒子可以在 Pb-β-CD 表面大量形成（Au@Pb-β-CD）。当共反应剂 $S_2O_8^{2-}$ 存在时，金纳米颗粒的形成增强了 Pb-β-CD 的 ECL 信号。当 Cr^{6+} 存在时，Cr^{6+} 可以猝灭 Au@Pb-β-CD/$S_2O_8^{2-}$ 体系的 ECL 信号。基于此，该 ECL 传感器在 0.01~100 μmol/L 范围内具有良好的线性响应，检测限为 3.43 nmol/L（$S/N = 3$）。

5.3.2.5　锌

锌（Zn）是人体中仅次于铁的第二丰富的过渡金属，Zn^{2+} 的正常浓度范围从亚纳米级到 0.3 mmol/L。Zn^{2+} 在各种生物系统中发挥着重要作用，如基因表达、蛋白质-蛋白质相互作用和神经传递。然而，Zn^{2+}也被认为是一种环境污染物，高浓度锌可能会降低土壤微生物活性，从而导致植物毒性作用。因此，开发一种快速且高选择性的有效检测微量Zn^{2+}的方法在生物和环境分析应用中具有相当重要的意义。

Wang 等提出了一种基于"信号开"模式和 ECL 发光剂的新型快速检测Zn^{2+}的策略，即通过电催化还原锌原卟啉 IX 接枝到 Pd 纳米管（ZnPPIX-PdNCs）上生成单线态氧。首先，在水热条件下合成 PdNCs，并利用 3-氨基丙基三乙氧基硅烷（APTES）进行热氧化、聚合和胺化；然后，通过酰胺反应将 PdNCs 与 PPIX 连接，所得到的 PPIX-PdNCs 在螯合过程中会有效地捕获Zn^{2+}。凭借 PdNCs 的金属共振响应，以H_2O_2为共反应剂的杂化纳米复合材料表现出强烈的单色、电位变换和增强的 ECL 信号。在此基础上发展的基于纳米复合材料的"信号开"模型的超灵敏检测Zn^{2+}的方法，检测限低至 0.38 nmol/L（$S/N = 3$），稳定性高。此外，Gao 等利用锌离子对$Ru(phen)_3^{2+}$和邻菲罗啉（phen）ECL 体系信号的增强作用建立了一种 ECL 传感器。之所以选择 phen，是因为它的结构中有两个 N 原子；芳香氮化合物可以作为 ECL 反应中的共反应剂。phen 也是$Ru(phen)_3^{2+}$的主要成分。研究表明，锌离子与 phen 表现出优异的配位性能，这在一定程度上影响了$Ru(phen)_3^{2+}$和 phen 体系的 ECL 结果。在最优条件下，ECL 强度会随着Zn^{2+}浓度的增加而逐渐增加，可获得较宽的检测范围（$1.0 \times 10^{-10} \sim 1.0 \times 10^{-6}$ mol/L）和较低的检测限（1.0×10^{-10} mol/L），并且利用标准加入法对实际样品进行分析，可获得良好的回收率（101%~103%）。

目前的 ECL 传感方法都是基于Zn^{2+}对 ECL 体系信号的增强或减弱作用的原理开发的，然而这些方法可能受其他干扰物质的影响，导致构建的传感器的选择性有待进一步提高。期望科研工作者致力于筛选合适的适配体以特异性识别Zn^{2+}，从而提高传感器检测的选择性。

5.3.2.6　砷

砷（As）是一种剧毒类金属元素，对生态系统和人类健康具有巨大威胁。自然界中的砷主要以三价砷（Cr^{3+}）和五价砷（As^{5+}）两种形式存在。其中，As^{3+}的毒性大，去除难度也大，长期接触会增加患病风险，从皮肤变色和慢性消化不良到各种癌症，如皮肤癌、肺癌、膀胱癌和前列腺癌。目前，全世界有数百万人接触到的砷污染水平高于世界卫生组织（WHO）规定的饮用水阈值（10 μg/L）。由于 WTO 对人体摄入的砷含量有严格限制，因此开发对复杂环境样本中痕量砷的高灵敏检测势在必行。

Liang 等基于 As^{3+} 和 $Ru(bpy)_3^{2+}$ 对 $Au-g-C_3N_4$ NSs 的 ECL 发射的协同猝灭效应，构建了一种基于 $Ru(bpy)_3^{2+}$ 和 $Au-g-C_3N_4$ NSs 的新型双波长比率型 ECL 生物传感器，用于超痕量检测 As^{3+}。首先，Ars-3/$Au-g-C_3N_4$ NSs 修饰的电极显示出较强的 ECL 信号。聚二烯丙基二甲基氯化铵（PDDA）可以与 Ars-3 杂交形成 PDDA/Ars-3 复合物，抑制 $Ru(bpy)_3^{2+}$ 在单链 Ars-3 上的吸附，导致 $Ru(bpy)_3^{2+}$ 的 ECL 信号较弱。加入 As^{3+} 后，As^{3+} 可以被 Ars-3 捕获到电极表面，然后通过电化学反应产生 As(0)，并通过能量转移猝灭 $Au-g-C_3N_4$ NSs 的 ECL 信号。同时，Ars-3 对 As^{3+} 的识别导致 Ars-3 的构象改变，从而降低了 PDDA 的吸附率。因此，$Ru(bpy)_3^{2+}$ 会在 Ars-3/As^{3+} 化合物上积累，产生 $Ru(bpy)_3^{2+}$ 较强的 ECL 信号，同时 RET 作用会进一步猝灭 $Au-g-C_3N_4$ NSs 的 ECL 信号。基于 As^{3+} 和 $Ru(bpy)_3^{2+}$ 的协同猝灭效应，可以实现 As^{3+} 的超痕量分析。

然而，目前利用 ECL 生物传感方法检测 As^{3+} 的报道还比较少，因此发展高性能的 ECL 传感方法是很有必要的。

5.3.2.7 其他重金属

除了上述提到的常见重金属元素，农产品中还有其他重金属元素亦可对动物和人体造成很大的威胁，如钴、钒、铜、锰等。因此，为降低重金属的危害性，科研工作者致力于发展新型 ECL 传感方法，实现农产品中重金属离子的高灵敏度、高选择性分析。

钴离子（Co^{2+}）污染主要来自采矿业、工业废水和化石燃料（煤和石油）的燃烧，其不仅影响农作物的生长和产量，而且对食品安全和人类健康也构成潜在威胁。因此，有必要对环境和农产品中的微量 Co^{2+} 进行有效监测。Li 等基于牛血清白蛋白-金属 Co^{2+}（BSA-Co^{2+}）的配位作用或配位原理及分子印迹聚合物（MIP）构建了一种 ECL 传感器，用于 Co^{2+} 的双重选择/识别。如图 5-16 所示，识别的第一步是 BSA 与 Co^{2+} 的配位反应，第二步为以 BSA-Co^{2+} 为模板分子、氨基酚为功能单体制备 MIP，从而实现 Co^{2+} 的特异性检测。多壁碳纳米管/Cu 纳米粒子/碳量子点纳米复合材料（MWCNTs/

Cu/C-dots）作为 ECL 发光体，同时 BSA-Co^{2+}复合物可猝灭 ECL 信号。因此，BSA-Co^{2+}的洗脱和再吸收可以用来控制 ECL 信号的强弱。基于此建立的检测方法的检测限低至 3.07×10^{-10} mol/L，用于环境水、土壤样本和白菜、西兰花等农产品的分析时，具有良好的回收率（87.5%~111.3%）。

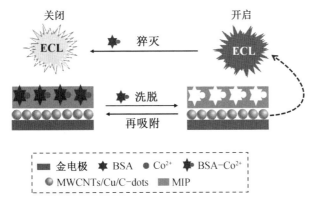

图 5-16 双识别效应的分子印迹 ECL 传感器用于测定 Co^{2+}的示意图

同样地，为了提高传感器检测的准确度，Chen 等建立了一种基于氮掺杂石墨烯量子点（NGQDs）单发光体的双电位比率型 ECL 传感体系用于 Co^{2+}的准确检测。体系中的溶解氧变为 O^{2-}和 HO^{2-}，参与 NGQDs 的阳极和阴极 ECL 信号的生成过程。Co^{2+}通过催化阳极 ECL 反应的中间体能够明显地增强阳极信号强度，同时由于对激发态（NGQDs*）产生的有效消除，Co^{2+}可以猝灭阴极 ECL 强度。因此，可以通过计算两个电位下的 ECL 强度比值来量化目标 Co^{2+}。在此基础上，在没有任何标记和额外共反应剂的情况下制备的双电位比率型传感体系检测 Co^{2+}，具有较宽的检测范围（1.0~70 mmol/L），检测限低至 0.2 mmol/L。

尽管 ECL 检测技术对农产品中单一重金属离子的检测均已获得较好的分析结果，但多种重金属离子共存引起的协同毒性对人体的危害更大。因此，亟须发展多目标物同时精准检测的 ECL 方法。

5.3.3 农产品中农药残留的电化学发光检测

农药是现代农业生产活动中的重要物质。尽管农药的广泛使用可以预防、控制或消灭病虫害，但农药施用不合理使得农药残留问题异常突出。无论是生活环境中的土壤、水、大气，还是可食用的农产品等，均已检出不同程度的农药残留。近年来，ECL 检测技术因其背景信号低、操作简单、灵敏变高等优势在农产品检测领域备受关注。本节按照农药的种类概述 ECL 传感器在农药残留分析检测中的应用。

5.3.3.1　有机磷农药

有机磷农药（OPs）是硫代磷酸酯类化合物或磷酸酯类化合物，已被广泛应用于农业生产中，其具有成本低、药效高、施药简单、药效时间长等优点。然而，OPs 的不合理使用，致使其在土壤、水体和农产品中大量残留，造成了严重的污染。此外，残留在环境中的 OPs 通过食物链的富集作用进入人体后，会抑制乙酰胆碱酯酶（AChE）的信号转导作用，导致呕吐、头晕、肌肉强直性痉挛、呼吸困难等症状。因此，建立灵敏、快速和稳定的电化学分析方法用于检测 OPs 至关重要。

He 等采用纳米沉淀法对聚合物 PFBT 进行羧基功能化以制备聚合物纳米粒子（PNPs）。在不含任何外部物质或溶解氧的情况下，PFBT PNPs 表现出优异的 ECL 性能，且 ECL 信号会被过氧化氢（H_2O_2）有效地猝灭。基于此，研究人员利用 PFBT PNPs 作为发光体，研究了一种可用于检测 OPs 且不含共反应物的 ECL 酶基生物传感器。当不存在 OPs 时，酶促反应产生的 H_2O_2 会使 PFBT PNPs 的 ECL 信号猝灭，导致 ECL 信号处于关闭状态。当存在 OPs 时，由于 OPs 可以抑制乙酰胆碱酯酶的活性，所以 ECL 信号明显增强。该传感器的检测范围为 $1.0\times10^{-12}\sim1.0\times10^{-7}$mol/L，检测限低至 1.5×10^{-13} mol/L。

同样，为了提高单信号检测的准确性，比率策略逐渐受到科研工作者的关注。目前，ECL 比率测定法一般是基于发光体和金属纳米材料之间或两个不同发光体之间的能量转移（ET）发展的，因此能量供体-受体对的匹配对和 ET 的距离依赖性会在一定程度上限制比率测定法的实际应用。Chen 等发展了一种无需 ET 即可用于有机磷农药（OPs）分析的新型双电位比率型 ECL 测定方法（图 5-17），其中分别选择羧基共轭聚合物点（PFO 点）和还原氧化石墨烯-CdTe 量子点（rGO-CdTe QDs）作为阳极和阴极 ECL 发光体，酶促反应中的反应物（溶解的 O_2）和产物（H_2O_2）作为它们的共反应物。当诱导胆碱氧化酶（ChOx）和乙酰胆碱酯酶（AChE）发生酶促反应时，溶液中的溶解的 O_2 被消耗，导致 rGO-CdTe QDs 的阴极 ECL 信号处于"关闭"状态。此时，由于酶促反应产生 H_2O_2，PFO 点的阳极 ECL 信号处于"开启"状态。当引入 OPs 时，OPs 会抑制 AChE 的活性，导致阴极 ECL

信号增强，阳极 ECL 信号减弱。该传感器对 OPs 的线性响应范围为 $5.0 \times 10^{-13} \sim 1.0 \times 10^{-8}$ mol/L，检测限为 1.25×10^{-13} mol/L，且具有准确性高、可靠性高等优点，用于卷心菜、青菜和生菜样品中 OPs 的检测时，回收率分别为 94%～104%、95.7%～102% 和 98%～105%。

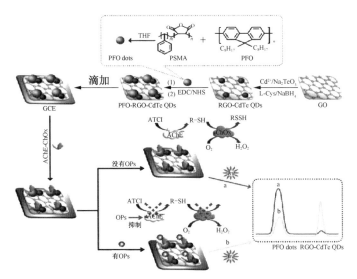

图 5-17 基于 rGO-CdTe QDs 和 PFO 点的双电位比率型 ECL 传感器构建示意图

通常，构建 ECL 比率策略需要合适的双发光体及其共反应物。然而，匹配双发光体的复杂性以及引入外源共反应物所带来的稳定性和重复性问题，将极大地限制比率检测法的应用。He 等通过功能化试剂聚苯乙烯-马来酸酐（PSMA）将［9,9-二（3′-（N,N-二甲氨基）丙基）-2,7-芴］-alt-2,7-（9,9-二辛基芴）（PFN）制备成 PFN 纳米颗粒（PFN NPs）（图 5-18a），其具有两个阳极 ECL 信号，分别位于 +1.25 V（ECL-1）和 +1.95 V（ECL-2）处。其中，ECL-1 的 ECL 量子效率为 119%，因此不需要任何外源共反应剂。如图 5-18b 所示，以乙酰胆碱酯酶-胆碱氧化酶（AChE-ChOx）为模板酶，其产物 H_2O_2 对 PFN NPs 的两个阳极 ECL 信号有相反的影响，即 ECL-1 信号猝灭和 ECL-2 信号增强。当存在 OPs 时，由于 OPs 对 AChE 有抑制作用，产物 H_2O_2 减少，因此 ECL-1 信号增强，ECL-2 信号减弱。进一步，利用两个信号强度的比值变化可以量化 OPs。该传感器对 OPs 的线性响应范围为 $1.0 \times 10^{-12} \sim 5.0 \times 10^{-7}$ mol/L，检测限为 3.3×10^{-13} mol/L，用于白菜、卷心菜、莴苣和苹果中 OPs 的检测时，回收率为 96%～103%。

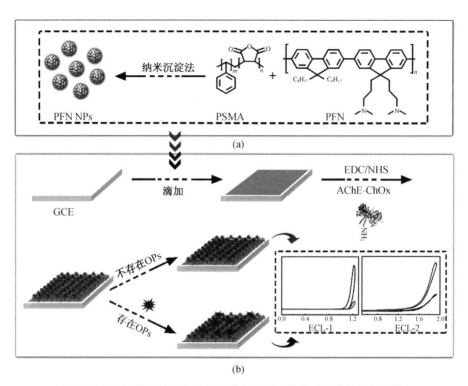

图 5-18　PFN NPs 的制备及可调谐比率型生物传感器的构建示意图

　　然而，不合理的农药使用往往会导致多种农药共存于农产品中，而它们的共存也会在一定程度上增强对人体的危害性。因此，发展能够检测多种农药残留的方法是很有必要的。Huang 等探索了铜芯-金壳双金属纳米粒子（Cu@AuNPs）在 ECL 体系中的应用，并基于多壁碳纳米管-壳聚糖（MWCNTs-CS）和 Cu@AuNPs 设计了一种新型 ECL 适配体传感器，用于对四种有机磷农药（OPs）的检测。MWCNTs 作为发光体三〔（2,2′-联吡啶）钌（Ⅱ）〔Ru（bpy）$_3^{2+}$〕的载体，将其固定在电极表面。金纳米粒子（AuNPs）通过催化三丙胺（TPrA）的氧化，可以明显提高 Ru（bpy）$_3^{2+}$ 的发光强度。具有大比表面积的铜纳米粒子（CuNPs）使得 Cu@AuNPs 上 AuNPs 的负载量增加，因此可以进一步提高 Ru（bpy）$_3^{2+}$ 的 ECL 信号强度。另外，选择广谱适配体作为该传感器的识别探针，可以特异性识别四种有机磷农药，即丙溴磷、水胺硫磷、甲拌磷和氧化乐果。加入 OPs 后，ECL 强度显著降低，根据 ECL 强度可以检测出 OPs 的浓度。在最佳实验条件下，该适配体传感器对丙溴磷、水胺硫磷、甲拌磷和氧化乐果的检测具有较低检测限，分别为 $3×10^{-4}$ ng/mL、$3×10^{-4}$ ng/mL、$3×10^{-3}$ ng/mL 和 $3×10^{-2}$ ng/mL。另外，该适配体传感器具有良好的重现性、稳定性和较高的回收率，但只能实现对四种 OPs 的单独检测，无法实现同时检测。

Liu 等基于鲁米诺和类石墨相氮化碳纳米片（g-C$_3$N$_4$）分别作为阴极和阳极发光体开发了一种双信号 ECL 适配体传感器，成功实现了农产品中的啶虫脒和马拉硫磷的同时检测。如图 5-19 所示，鲁米诺用空心铜钴 MOF（Cu/Co-MOF）作为载体，并用系列表征手段对其进行表征，催化 H$_2$O$_2$ 产生更多的活性氧以增强鲁米诺的 ECL 信号。基于此构建的 ECL 传感器用于同时检测啶虫脒和马拉硫磷的线性范围均为 0.1 pmol/L~0.1 μmol/L，检测限分别为 0.015 pmol/L 和 0.018 pmol/L。此外，该适配体传感器还表现出优异的特异性、重现性和稳定性，用于同时检测苹果和番茄样品中的啶虫脒和马拉硫磷时，回收率为 94%~102%，RSD 小于 4.28%。

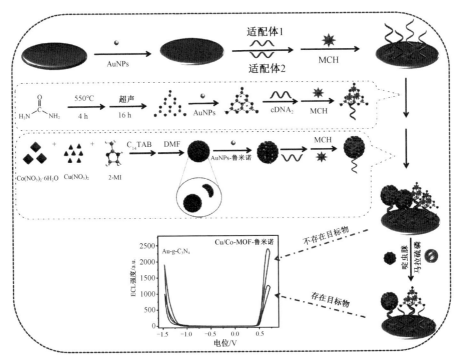

图 5-19 双信号 ECL 适配体传感器同时检测啶虫脒和马拉硫磷的机理示意图

5.3.3.2 菊酯类农药

菊酯类农药是第二大杀虫剂类农药，由于其具有药效迅速、药效时间长、杀虫谱广、抗性低、对光和热稳定等特点，逐渐取代了有机氯和其他剧毒残留杀虫剂，广泛应用于农业、林业和住宅害虫防治中。暴露于环境中的菊酯是引起动物和人体慢性毒性反应的主要原因之一。因此，迫切需要寻找一种简便、高效的分析方法来实现农产品中菊酯类农药残留的检测。

Xu 等基于多壁碳纳米管（MWCNTs）增强分子印迹-量子点（MIP-QDs）复合材料，开发了一种高灵敏度、高选择性的分子印迹电化学发光（MIECL）传感器，用于氯氟氰菊酯（CYF）的快速检测。利用表面接枝技术制备的 MIP-QDs 对 CYF 表现出良好的选择性，导致 MWCNTs/MIP-QDs 修饰电极的 ECL 信号明显下降。在最佳实验条件下，传感器的 ECL 信号与 CYF 浓度在 $0.2 \sim 10^3$ g/L 范围内呈线性关系。在实际样品（鱼或海水）中，CYF 的检测限为 0.05 g/L，加标回收率为 $86.0\% \sim 98.6\%$。

5.3.3.3 氨基甲酸酯类农药

氨基甲酸酯类农药是继有机磷农药之后发展起来的一类新型的合成农药，属于羧酸衍生物中酯类的一种。目前，常见的氨基甲酸酯类农药主要包括西维因、涕灭威、苯菌灵、克百威等。这类农药的优点是杀虫率高、对人畜毒性较低；其化学稳定性较差，易发生水解反应，且在紫外光照射后会发生光分解反应。另外，氨基甲酸酯类农药还具有致突变、致畸和致癌作用，其对机体的毒性作用与有机磷农药类似。因此，建立快速、准确、简单的检测方法对农产品中氨基甲酸酯类农药残留进行严格分析，对保护生态环境和保障人们身体健康具有重大意义。

Luo 等利用反相微乳法将 ECL 发光体 $Ru(bpy)_3^{2+}$ 包裹于二氧化硅（SiO_2）纳米粒子中制备 $Ru@SiO_2$；对其进行氨基化后，通过静电吸附作用将其与作为共反应剂的氮掺杂石墨烯量子点（NGQDs）复合成新型自增强 ECL 发光体（$NH_2-Ru@SiO_2-NGQDs$）。基于此，利用西维因的氧化态对自增强复合材料激发态的猝灭效应，构建一种新型自增强 ECL 传感器，用于西维因的定量分析。该 ECL 传感器的检测范围跨越 9 个数量级，检测限低至 2.2×10^{-15} g/mL，并且已成功应用于生菜中西维因的检测，具有良好的回收率（$89.2\% \sim 106.8\%$）。

为了进一步提高传感器的选择性，科研工作者开始引入具有特异性识别能力的适配体。Li 等基于钌（Ⅱ）联吡啶配合物 $[Ru(bpy)_3^{2+}]$ 和金纳米粒子（AuNPs）之间的有效 ECL 能量转移，用 $Ru(bpy)_3^{2+}$ 标记树枝状聚-L-精氨酸修饰多壁碳纳米管，并用 AuNPs 标记适配体。当目标物不存在时，AuNPs 可显著增强 $Ru(bpy)_3^{2+}$ 的 ECL 信号。当涕灭威存在时，其与 DNA 适配体特异性结合，导致其与 $DPA6/Ru(bpy)_3^{2+}/MWCNTs$ 分离，此时 ECL 信号降低。基于此构建的传感器用于涕灭威的检测范围为 40 pmol/L ~ 4 nmol/L，检测限为 9.6 pmol/L，并且已成功应用于萝卜、卷心菜、土豆、香蕉、芹菜、灌溉水中涕灭威的检测，回收率为 90.3% ~ 108%。

5.3.4 农产品中真菌毒素的电化学发光检测

真菌毒素是在一定环境条件下，由多种菌属生成的有毒的次级代谢产物，于农产品中广泛存在，具有严重的致畸、致癌、致突变等毒性效应，对人和动物的生命安全构成了极大危害。长江三角洲地区具有高温、高湿的气候条件，对真菌的生长极为有利，从而很容易产生真菌毒素污染。因此，建立快速、灵敏、准确的分析方法对保障农产品的质量、保证人体健康具有非常重要的意义。最新发展的电化学分析方法中，ECL 检测技术因具有独特的优势而逐渐受到科研工作者的关注。本节按照真菌毒素的种类简述电化学检测技术在农产品真菌毒素检测中的应用。

5.3.4.1 黄曲霉毒素

黄曲霉毒素是由黄曲霉以及寄生曲霉等菌株代谢产生的一类真菌毒素，广泛存在于自然界的土壤、动植物和各种农产品中，具有"三致"（致癌、致畸和致突变性）毒害作用，已被国际癌症研究机构（IARC）列为Ⅰ类致癌物。常见的黄曲霉毒素包括由产毒真菌直接代谢产生的黄曲霉毒素 B_1、B_2、G_1、G_2（AFB_1、AFB_2、AFG_1、AFG_2）以及由哺乳动物摄入黄曲霉毒素后代谢而产生的黄曲霉毒素 M_1、M_2（AFM_1、AFM_2）等。在黄曲霉毒素中，尤以 AFB_1 毒性最强，分布最广。因此，建立高灵敏度的 AFB_1 检测方法对保障农产品质量与安全具有重大意义。

Xia 等基于鲁米诺-钯-氧化石墨烯（Lum-Pd-GO）自增强 ECL 复合材料构建了一种超灵敏、高选择性检测 AFB_1 的 ECL 免疫传感器。其中，金纳米粒子（AuNPs）修饰的三维氨基石墨烯水凝胶（3D NGH-AuNPs）用于锚定牛血清白蛋白（BSA）-AFB_1，而 Lum-Pd-GO 可以作为 AFB_1 抗体的标记物。钯-氧化石墨烯采用自氧化还原制备，对溶解氧生成活性氧有促进作用。鲁米诺与氧化石墨烯之间的 π-π 共轭缩短了它们之间的电子转移距离，使得 ECL 信号进一步增强（比常规鲁米诺 ECL 信号增强 8.5 倍）。此外，由于 3D NGH 导电性良好、表面积大、氨基充足，可用于锚定金纳米粒子（AuNPs），并可以利用 Au—S 键将牛血清白蛋白（BSA）-AFB$_1$ 固定。因此，借助电极表面固定的 AFB$_1$ 和检测溶液中游离 AFB$_1$ 对 Lum-Pd-GO 耦合 AFB$_1$ 抗体的竞争性结合可实现检测 AFB$_1$ 的目的。该传感器具有较宽的线性响应范围（0.05~50 μg/kg）、较低的检测限（0.005 μg/kg），并已成功用于食品（花生、小麦和玉米）样品中 AFB$_1$ 含量的分析。

近年来，科研工作者除了从发展新型自增强 ECL 复合材料的角度来提高传感器的检测灵敏度外，制备具有聚集诱导 ECL 性能的发光剂也成为研究的热点之一。Lyu 等利用再沉淀法合成了具有聚集诱导发射（AIE）特性的 9,10-二苯蒽立方纳米粒子（DPA CNPs），其在三丙胺（TPA）存在下具有增强且稳定的 ECL 信号。由于分子运动受限，聚合态 DPA CNPs 在激发态弛豫过程中的能量损耗降低，使更多的能量以光子的形式发射。基于此，研究人员发展了一种无标记聚集诱导 ECL 免疫传感法，用于 AFB$_1$ 的检测，线性范围为 0.01 pg/mL~100 ng/mL，检测限为 3 fg/mL。此外，该传感器具有优异的抗干扰能力和稳定性，对核桃样品中 AFB$_1$ 的检测效果较好。

上述基于抗原-抗体构建的免疫传感器均获得较好的分析性能，但抗体存在价钱昂贵、稳定性不好等不足，因而筛选周期短、成本低且易于合成与修饰的适配体逐渐被大家关注。Yan 等基于协同效应和酶驱动的可编程 3D DNA 纳米花（EPDNs）开发了一种高效、稳定的 ECL 生物传感器（IEC-BA），用于 AFB$_1$ 的超灵敏检测。如图 5-20 所示，协同作用主要有对辅助探针（AP）的竞争影响和 Hae III 酶的切割作用。相比于传统的适配体直接竞争法，协同效应确保了适配体可以与目标物进行更有效、更充分的结合。此外，多余的双链探针被 Hae III 酶移除，极大地便于对 AFB$_1$ 的简单、快速和灵敏检测。大量带正电荷的 Ru^{2+} 配合物 $[Ru(bpy)_3^{2+}]$ 通过 EPDNs 富集，因此即使是痕量的 AFB$_1$ 也可以引起 ECL 信号的变化。该方法线性响应范围为 1 pg/mL~5 ng/mL，检测限为 0.27 pg/mL，已被成功应用于花生和小麦中 AFB$_1$ 的分析，回收率为 93.7%~106.6%。

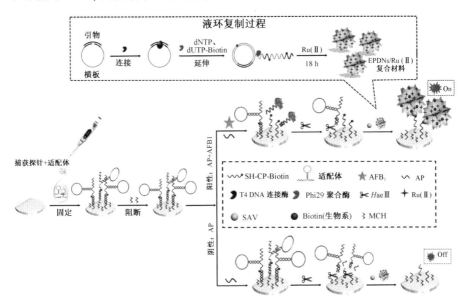

图 5-20　基于协同效应和酶驱动的可编程 3D DNA 纳米花
超灵敏检测黄曲霉毒素 AFB$_1$ 的 IEC-BA 原理示意图

为了避免反应体系与信号检测系统之间因预处理不当导致假阳性或假阴性，Xiong 等提出了物理隔离的方法，即基于丝网印刷双极电极（BPE）开发了一种灵敏的 ECL 免疫传感器，用于农产品中 AFB$_1$ 的检测（图 5-21）。BPE 的阴极作为功能传感界面，阳极作为信号采集界面。AFB$_1$ 不需要参与阳极的 ECL 反应，可以避免光活性分子与复杂反应体系直接接触。待测样品与已知浓度的辣根过氧化物酶标记的 AFB$_1$（HRP-AFB$_1$）对单克隆抗体竞争性结合，HRP 催化苯胺发生聚合反应形成聚苯胺（PANI），使电化学系统中氧化还原电位和 ECL 强度发生变化，以实现样品中 AFB$_1$ 浓度的检测。基于此构建的传感器分析性能良好，线性响应范围为 0.1~100 ng/mL，检测限为 0.033 ng/mL。将该传感器用于六种谷物（水稻、小麦、玉米、高粱、大麦和荞麦）中 AFB$_1$ 的检测时，具有良好的回收率。

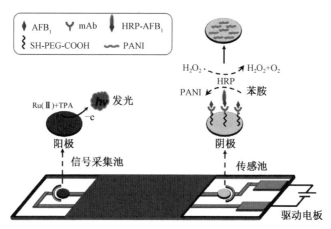

图 5-21　基于丝网印刷 BPE-ECL 生物传感器的农产品 AFB$_1$ 检测原理示意图

除此之外，双模传感技术也逐渐得到广大科研工作者的关注。例如，Ge 等通过自组装制备了一种新型多功能 DNA 纳米管（DNANTs），并将其用于负载 Ru(phen)$_3^{2+}$ 和亚甲基蓝（MB）作为信号放大探针，用于 Dam 甲基化酶（MTase）和黄曲霉毒素 B$_1$（AFB$_1$）的多功能 ECL 和电化学（EC）分析。DNANTs 作为载体可以将大量 MB 或 Ru(phen)$_3^{2+}$ 固定在双链 DNA（ds-DNA）中，显著放大信号。Dam MTase 催化发夹 DNA（H$_1$）发生甲基化，然后用核酸内切酶 Dpn I 切割甲基化的 DNA 将单链 DNA 暴露出来，通过杂交将 MB-DNANTs 或 Ru(phen)$_3^{2+}$-DNANTs 信号探针组装到电极上，可以获得 ECL 或电化学"信号开启"状态。当存在 AFB$_1$ 时，AFB$_1$ 与 NTs 中的适配体 S$_2$ 特异性结合，致使 DNA 的结构崩解，信号探针［Ru(phen)$_3^{2+}$ 或 MB］从电极上释放，从而实现 AFB$_1$"信号关闭"的双重检测。利用多功能 DNANTs 信号放大探针，该适配体传感器具有较宽的线性范围（0.0001~100 ng/mL）和较低的检测限（0.018 pg/mL）。同样，由于二茂铁（Fc）是 Ru(bpy)$_3^{2+}$ 的常见猝灭剂，但两者之间可能存在非常复杂的相互作用，因此 Li 等通过调节 Fc 和二氧化硅包裹的氮掺杂石墨烯量子点-Ru(bpy)$_3^{2+}$（SiO$_2$ @Ru-NGQDs）之间 DNA 序列的长度实现 Ru(bpy)$_3^{2+}$ECL 信号的调控。当 Fc 和 Ru(bpy)$_3^{2+}$ 之间的距离小于 8 nm 时，Ru(bpy)$_3^{2+}$ 的 ECL 信号被抑制；当两者之间的距离超过 12 nm 时，Ru(bpy)$_3^{2+}$ 的 ECL 信号被增强。Fc 对 Ru(bpy)$_3^{2+}$ 的 ECL 信号的调控归因于电子转移机制，其中 Fc 可以参与 Ru(bpy)$_3^{2+}$ 的氧化还原。基于此，用 Fc 标记 AFB$_1$ 适配体（Fc-Apt）可以增强（SiO$_2$@ Ru-NGQDs）的 ECL 信号，通过采集 Fc 的氧化还原电流和 SiO$_2$@ Ru-NGQDs 的 ECL 信号随 AFB$_1$ 浓度变化的信息，可实现 AFB$_1$ 的定量检测。该适配体传感器 ECL 模式的线性响应范围为 $3 \times 10^{-5} \sim 1 \times 10^2$ ng/mL，电化学模式的线性响应范围为 $1 \times 10^{-3} \sim 3 \times 10^3$ ng/mL。

黄曲霉毒素 M$_1$（AFM$_1$）是 AFB$_1$ 的主要代谢物，具有致癌性和致突变性。由于 AFM$_1$ 在牛奶灭菌过程中具有稳定性，世界各国纷纷制定了乳制品中 AFM$_1$ 的限定标准。众所周知，传统的 AFM$_1$ 残留物定量方法存在仪器昂贵、灵敏度相对较低的缺点，因此，迫切需要寻找一种新的方法来实现对乳制品中 AFM$_1$ 的超灵敏检测。基于鲁米诺和 Ru(bpy)$_3^{2+}$ 之间的光谱重叠，两者分子间的 ECL 共振能量转移（ECL-RET）被广泛研究。Liu 等制备了一种鲁米诺和 Ru(bpy)$_2$(mcpbpy)$^{2+}$ 的复合物（Lum-Ru），基于分子内 ECL-RET 构建了新型 ECL 适配体传感器，用于 AFM$_1$ 的灵敏检测。由于能量传递的路径短且鲁米诺与 Ru(bpy)$_2$(mcpbpy)$^{2+}$ 之间的能量损失少，Lum-Ru 的 ECL-RET 明显增强。基于一锅靶诱导循环指数放大（TICEA）反应，ECL 信号与 AFM$_1$ 浓度呈负相关。此传感器的检测范围为 $0.05 \sim 100$ pg/mL，检测限为 0.02 pg/mL，并已成功应用于牛奶中 AFM$_1$ 的检测。Zeng 等通过将三（2,2′-联吡啶）钌（Ⅱ）[Ru(bpy)$_3^{2+}$] 组装到共价有机框架（COF-LZU1）上，制备了一种信号强、稳定性好的 ECL 微型反应器。与 Ru(bpy)$_3^{2+}$/三丙胺（TPA）ECL 体系相比，Ru@ COF-LZU1 的 ECL 强度显著提高了 5 倍，这归因于 COF-LZU1 大的表面积、有限的空间和稳定且疏水的多孔结构，该结构不仅可以使大量的 Ru(bpy)$_3^{2+}$ 被装载到 COF-LZU1 上，而且可以将亲脂性的 TPA 从水溶液中富集到其内部疏水腔中。更重要的是，COF-LZU1 通过将其疏水多孔纳米通道作为微反应器，为 TPA 的电化学氧化和 TPA· 提供了一个限定的反应微环境，实现了 ECL 信号的显著增强。在此基础上，研究人员制备了一种检测范围宽、检测限低的 ECL 传感器，该传感器实现了对脱脂牛奶中 AFM$_1$ 的检测，回收率为 $93.3\% \sim 104.0\%$。

5.3.4.2 赭曲霉毒素

赭曲霉毒素是一种世界范围内广泛关注的真菌毒素，是曲霉菌属和青霉菌属产生的次级代谢产物。赭曲霉毒素对农作物的污染在全球范围内都比较严重，其中赭曲霉毒素 A（OTA）毒性最强、分布最广，严重污染农产品，威胁人类健康。OTA 对肝脏和肾脏具有较大的毒性，并有致畸、致突变和致癌作用。因此，发展快速、灵敏、易行的检测方法用于 OTA 的定量分析是很有必要的。

Wei 等基于 ECL 共振能量转移（ECL-RET）技术和切刻（nicking）内切酶驱动的 DNA 行走机制，构建了一种简单、灵敏的 ECL 适配体传感器，用于检测 OTA。当不存在 OTA 时，Cy5 会显著猝灭硫化镉量子点（CdS QDs）的信号；当存在 OTA 时，Cy5 标记的 DNA（Cy5-DNA）与 Walker 自主杂交，并在切刻核酸内切酶（Nb.BbvC）的辅助下脱离电极表面，使得 CdS QDs 的 ECL 信号恢复。在最佳实验条件下，该传感器对 OTA 的检测在 0.05~5 nmol/L 范围内呈良好的线性关系，检测限为 0.012 nmol/L，且对其他真菌毒素具有良好的选择性。Jia 等基于 CdSe@CdS QDs 构建了一种无标记 ECL 适配体传感器，用于 OTA 的特异性和灵敏检测。壳聚糖可以在金电极表面固定大量 CdSe@CdS QDs 作为发光纳米材料，进一步通过戊二醛（GLU）将 OTA 的适配体固定在电极表面。由于适配体特异性识别 OTA，被适配体捕获的 OTA 引起 ECL 信号降低，从而可以实现定量检测 OTA。在最佳实验条件下，此传感器的线性响应范围为 1~100 ng/mL，检测限为 0.89 ng/mL；通过对实际样品（百合和大黄）中 OTA 的快速简便分析，回收率分别为 98.1%~105.6% 和 97.3%~101.5%，具有良好的实用性。

5.3.4.3 单端孢霉烯族毒素

单端孢霉烯族毒素是由多种霉菌（主要是镰刀菌属）产生的一类真菌毒素，被认为是危害最为严重的毒素之一。其中，脱氧雪腐镰刀菌烯醇（DON）对农产品和饲料的污染最为严重，DON 污染可发生在作物收获前和收获后。研究表明，玉米、小麦、燕麦、大麦等最易受该类毒素污染。DON 能抑制 DNA、RNA 以及蛋白质的合成，导致细胞毒性和细胞周期受阻，从而破坏新陈代谢旺盛的细胞组织。被 DON 污染的食物或饲料，会严重威胁人和动物的健康。

Zheng 等基于氟代香豆素硅酞菁（F-couSiPc）作为 $Ru(bpy)_3^{2+}$（发光体）/TiO_2MOF（共反应剂）体系的共反应促进剂，构建了一种 ECL 免疫传感器，用于 DON 的检测。首先，采用具有高比表面积和规则孔结构的 TiO_2

MOF 固定 $Ru(bpy)_3^{2+}$ 和巯基 β-环糊精（β-CD）；然后，通过超分子自组装将 F-couSiPc 敏化剂封装到 β-CD 的杯状空腔中以避免 F-couSiPc 的聚集。由于缩短了电子传输距离，进而减少了能量损失，所以 $Ru(bpy)_3^{2+}$ 和 F-couSiPc 敏化剂集成的 ECL 反应模式与普通的分子间 ECL 反应相比具有更好的发光效率。将 3-氨基丙基三乙氧基硅烷（APTES）、苝-3,4,9,10-四羧酸（PTCA）和碳纳米角（CNHs）形成的纳米杂化物（APTES-PTCA@CNHs）作为基底固定抗原（DON），由于 APTES 和 DON 之间具有高亲和力，因此可以获得稳定的 ECL 性能。进一步，基于竞争性免疫反应构建一种简便、灵敏的检测 DON 的 ECL 免疫传感器，其线性响应范围为 0.1 pg/mL~20 ng/mL，检测限为 0.03 pg/mL。为了提高传感的准确性，Zheng 等进一步引入比率策略，利用鲁米诺和三(4,4-二羧酸-2,2-联吡啶)二氯钌（Ⅱ）$[Ru(dcbpy)_3^{2+}]$ 的 ECL 信号比值，研制了一种双功能试剂调节比率型 ECL 生物传感器，用于检测 DON。表面活性剂辅助合成了分散在 Nafion 和离子液体（IL）复合膜中的 TiO_2 介晶，为负载 $Ru(dcbpy)_3^{2+}$ 奠定了良好的基础，并可以放大 ECL 信号。此外，将具有高比表面积和良好导电性的螺旋碳纳米管（HCNTs）作为支架，不仅可以实现二茂铁羧酸（FCA）、鲁米诺和二抗（Ab_2）的固定，而且可以加快电子的转移过程。FCA 作为双功能试剂，一方面可以增强鲁米诺的 ECL 响应，另一方面可以抑制 $Ru(dcbpy)_3^{2+}$ 的 ECL 发射。进一步，基于 Ab_1、DON 和 Ab_2 之间的"三明治"免疫反应，建立一种准确、灵敏的比率型 ECL 免疫传感器，这种传感器用于 DON 检测的线性响应范围为 0.05 pg/mL~5 ng/mL，检测限为 0.0167 pg/mL。

5.3.4.4　玉米赤霉烯酮

玉米赤霉烯酮（ZEN）是由镰刀菌侵染产生的次级有毒代谢产物，又称 F-2 毒素，常见于玉米、小麦、大麦等农作物中。当 ZEN 被动物或人体摄入时，ZEN 会参与代谢，从而产生 α-玉米赤霉烯酮（α-ZEN）和 β-玉米赤霉烯酮（β-ZEN）。其中，α-ZEN 的毒性是 ZEN 的 500 倍，而 ZEN 的毒性是 β-ZEN 的 16 倍。目前，联合国癌症研究组织已将 ZEN 列为Ⅲ类致癌物质，其对人体的毒害作用包括生殖系统毒性、免疫毒性、细胞毒性、肝脏毒性、肾脏毒性、肠道毒性、遗传毒性等。

Zheng 等基于四方金红石型 TiO_2 介观晶体（TRM）的双重作用建立了一种新型的夹心型 ECL 免疫传感器用于检测 ZEN。一方面，聚酰胺树状聚合物（PAAD）功能化的 TRM 结合了 PAAD 超支化的优点和 TRM 的高纳米孔隙度及大表面积，其被用作捕获抗体的传感基质，可以实现信号的放大；另一方面，TRM 可以吸附大量的 $Ru(bpy)_3^{2+}$，并通过 4-巯基苯基硼酸（4-MPBA）桥接剂进一步固定 ZEN 的二抗（Ab_2）。巯基乙胺可以敏化 $Ru(bpy)_3^{2+}$ 的 ECL 响应，从而进一步放大其 ECL 信号。最终，夹心型 ECL 免疫传感器以更低的检测限（3.3 fg/mL）和更宽的线性响应范围（0.01~100 pg/mL）实现了对实际样品（牛奶）中 ZEN 的检测。

Luo 等基于一种新型的自增强 ECL 复合材料开发了一种灵敏、有效的 ZEN 检测方法。这种自增强发光复合材料是将氨基功能化的二氧化硅包裹三联吡啶钌（NH_2-Ru@SiO_2 NPs）和氮掺杂石墨烯量子点（NGQDs）通过静电相互作用制备所得，由于该发光材料的发光体和共反应剂存在于同一个纳米颗粒中，使得电子转移距离缩短且能量损失减少。因此，基于这种新型的物质构建的 ECL 适配体传感器用于检测 ZEN 表现出宽的检测范围（10 fg/mL~10 ng/mL）和最低的检测限（1 fg/mL）。更重要的是，该传感器可成功应用于玉米霉变的检测，利用该方法可实现农产品霉变的早期预警。

5.3.4.5 伏马菌素

伏马菌素是在一定温度、湿度下，由串珠镰刀菌、轮状镰孢和其他镰孢菌繁殖所产生。其中，伏马菌素 B_1（FB_1）作为农产品中伏马菌素的主要存在形式，毒性最强，对动物有较严重的毒副作用，如神经毒性、肺毒性和致癌性等，是马脑白质软化症和猪肺水肿的致病因子。此外，FB_1 也会导致人类食道癌、肝癌、胃癌及胎儿神经管畸形等。FB_1 的污染问题已引起国际上的广泛关注，其在食品安全方面的危害性日益突出，是继黄曲霉毒素后的一个重要的研究方向。

Zhang 等开发了一种基于 $Ru(bpy)_3^{2+}$ 掺杂的二氧化硅纳米粒子（Ru@SiO_2 NPs）的新型分子印迹 ECL（MIP-ECL）传感器，用于高灵敏检测 FB_1。首先，将金纳米粒子（AuNPs）修饰在玻碳电极上，基于其局域表面等离子体共振（LSPR）和电化学效应，可明显增强传感体系的 ECL 信号。

然后，选用 Ru@SiO₂ NPs 作为 ECL 发光体，并利用壳聚糖作为成膜基质成功地将其固定在修饰电极表面。当 FB₁ 存在时，由于 FB₁ 具有氨基官能团，可以充当 Ru@SiO₂ NPs 的共反应剂，因此可获得较强的 ECL 信号。当从 MIP 上洗脱模板分子时，ECL 信号明显下降。随后，将 MIP-ECL 传感器在 FB₁ 溶液中孵育，模板分子重新组装至 MIP 表面，从而导致 ECL 信号再次增强。该传感器的线性响应范围为 $0.001 \sim 100$ ng/mL，检测限为 0.35 pg/mL。此外，所开发的 MIP-ECL 传感器在实际样品（牛奶、玉米）中表现出优异的应用性能。

5.4 农产品品质与质量安全的便携式电化学发光检测装置研究

随着现代技术的发展和现场检测需求的提高，便携式检测装置成为现今的研究热点之一。接下来主要从双极 ECL、单极 ECL 以及 ECL 与其他技术联用三个方面介绍目前开发的便携式 ECL 装置。

2001 年，Manz 等首次选用 $Ru(bpy)_3^{2+}$ 体系作为信号输出，并和双极电极联用，这是双极 ECL 技术发展的里程碑。此后，在广大科研人员的不懈努力下，双极 ECL 技术得到了飞速发展。Yuan 等开发了一种结构原理如图 5-22 所示的可再生低背景双极 ECL 装置。该装置以聚丙烯板材料为基底，阴极和阳极分别为两根用铜线相连的玻碳棒，巧妙发挥玻碳棒可以打磨更新的优点，增强了装置重复使用时信号的稳定性。同时，利用不锈钢电极催化 ECL 反应的效率明显低于玻碳电极的特点，利用不锈钢作为驱动电极，并将其与外加电源相连，可有效减少驱动电极上背景光的干扰；除此以外，采用打孔的补胎垫作为 ECL 池，由于补胎垫具有价格低廉并且可重复粘贴的特点，可在简化装置构建步骤的同时节约实验成本。最后使用智能手机的摄像机作为检测器，实现对过氧化氢的可视化检测，线性响应范围为 $5 \sim 300$ μmol/L，检测限为 1.7 mmol/L。该装置使用药用双氧水作为实际样品，实现了对样品中过氧化氢含量的灵敏检测。

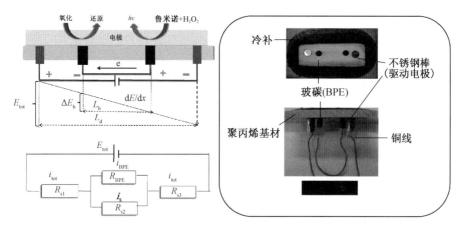

图 5-22 可再生双极 ECL 装置的示意图、实物照片和 ECL 图像

此外，Luo 等开发了一种基于封闭双极电极的多色 ECL 装置，在阳极加入发光体 $Ir(ppy)_3$、$Ru(bpy)_3^{2+}$ 溶液，在阴极加入目标物，通过调节封闭双极电极两极的界面电位来获得 ECL 的选择性激发，使发光体的发光颜色发生变化（图 5-23）。由于封闭双极电极的阴极上存在鼠伤寒沙门菌，会增大电路中的电阻，因此在阳极可以观察到从深橙色到黄色到绿色的颜色变化。封闭双极电极阳极处的电化学信号使用 CCD 相机拍摄，线性响应范围为 0 ~ 106 CFU/mL，检测限为 10 CFU/mL。该多色 ECL 装置将电化学的灵敏度与光学读数的直观性相结合，适用于食品安全快速现场检测。

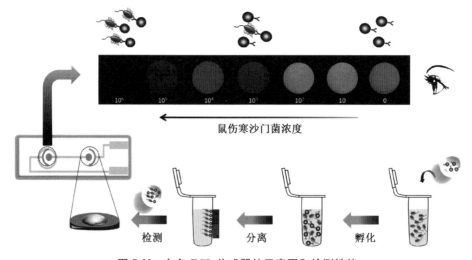

图 5-23 多色 ECL 传感器的示意图和检测性能

在单电极 ECL 的发展中，Gao 等首次提出了单电极 ECL 系统的概念。如图 5-24 所示，使用 ITO（氧化铟锡）电极作为导电基底、导电碳浆涂在 ITO 两端作为驱动电极、打孔的绝缘塑料膜贴在 ITO 表面作为发光池，外加电源通过铜线与其相连以此构建 ECL 器件。通过向发光池中加入鲁米诺/过氧化氢溶液检验单电极 ECL 系统的可行性，通电后每一个塑料膜孔底部的 ITO 都相当于一个电极，孔边缘的两端分别作为阳极和阴极，该系统的 ECL 反应发生在阳极一端，不同塑料膜孔中的发光体产生的 ECL 信号强度相近，说明此装置在高通量检测方面具有一定的应用潜力，并且不需要复杂且昂贵的电极阵列和连接器进行制造。

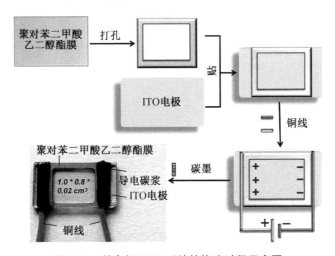

图 5-24　单电极 ECL 系统的构建过程示意图

Du 等开发了一种用于视觉和高通量 ECL 免疫测定的单电极电化学系统。它是通过将带有多个孔的塑料贴纸贴在单个碳墨丝网印刷电极上而设计的，由于优异的吸附性和生物亲和性，碳墨丝网印刷电极被用于固定抗体（图 5-25）。当心肌肌钙蛋白（cTnI）存在时，它会被固定在电极表面的 cTnI 抗体捕获，抑制电子转移，致使鲁米诺/过氧化氢系统的 ECL 信号减弱。使用智能手机作为检测器，可测定 cTnI，线性响应范围为 $1 \sim 1000$ ng/mL，检测限为 0.94 ng/mL。基于碳墨丝网印刷电极的单电极电化学系统具有结构简单、成本低和对用户友好的优点，在现场即时检测方面具有巨大潜力。

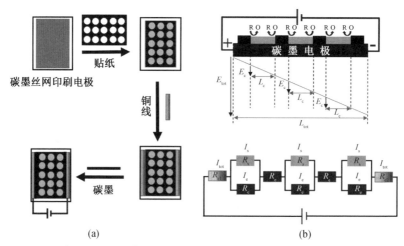

图 5-25　碳墨丝网印刷电极碳墨水制作流程和单电极 ECL 系统等效电路图

Zhu 等开发了一种手持式 ECL 分析设备，该设备集成了印刷电路板（PCB）和用于读取光信号的智能手机（图 5-26）。

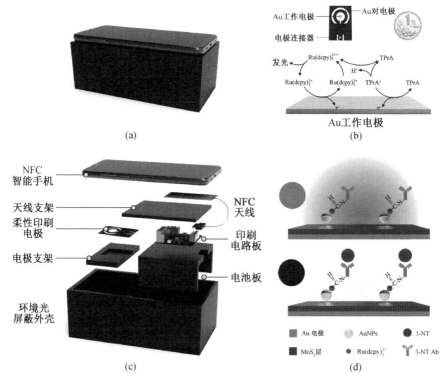

图 5-26　基于智能手机的 ECL 分析设备示意图

用 Ab/Ru@ AuNPs/MoS$_2$ 修饰的 Au 电极可快速准确地测定 3-硝基酪氨酸。3-硝基酪氨酸检测的线性响应范围为 $10^{-8} \sim 10^{-6}$ mol/L，检测限为 8.4×10^{-9} mol/L。此外，研究人员还开发了一种 Android 应用程序来实现 ECL 信号的实时分析和结果读数以进行检测。该手持设备在现场测试方面具有广阔的应用前景。

此外，基于微流控平台、无线技术集成便携式 ECL 设备也相继发展。2011 年，Hogan 等首次将纸基微流控与 ECL 相结合，通过利用喷墨打印的纸张、流体基底和丝网印刷的电极，使用 Ru(bpy)$_3^{2+}$ 作为发光体，构建了低成本和一次性的 ECL 传感器（图 5-27），信号可以用传统的光电探测器或手机相机读出。使用传统的光电探测器检测 DBAE 的线性响应范围为 3 μmol/L~5 mmol/L，检测限为 0.9 μmol/L；使用手机相机检测 DBAE 的线性响应范围为 0.5~20 mmol/L，检测限为 250 μmol/L。

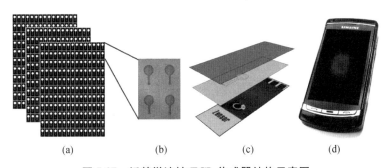

(a)   (b)   (c)   (d)

图 5-27 纸基微流控 ECL 传感器结构示意图

Qi 等首次将 ECL 体系与无线输电技术联用，构建了一种新型的无线 ECL 微小器件。该传感器件由无线发射线圈、无线接收线圈以及和接收线圈相连接的两个电极组成。如图 5-28 所示，两个线圈之间通过电磁感应产生电流，激发鲁米诺/H$_2$O$_2$ 体系产生 ECL 信号。这种新型无线 ECL 微小器件可以在很大程度上避免电极与电源之间直接碰触，为便携化微型发光器件的发展奠定了基础。

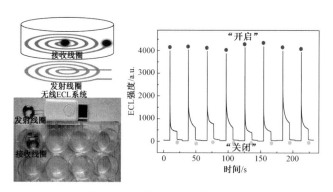

图 5-28　无线 ECL 系统示意图

虽然上述新型无线 ECL 微小器件简化了检测设备和检测过程，但是由于其线圈之间的电磁效应所产生的电流是交流电，使得在某一电位下输出电流的方向发生反转时，产生的中间体会被消耗掉，导致输出的 ECL 信号强度非常弱。基于此，Qi 等对上述装置进行了改进，构建了一种无线 ECL 微阵列芯片，如图 5-29 所示。该芯片由微型二极管、电磁接收线圈和金电极阵列三部分组成。其中，微型二极管可以将交流电转换成直流电，这可以有效避免因电流方向发生变化而导致的 ECL 中间体消耗问题，将 ECL 强度提高了 1.8 万倍。同时，智能手机的摄像机或普通相机可作为检测器实现对鲁米诺/H_2O_2 体系的 ECL 信号的可视化捕获。微阵列芯片的构建不仅增加了无线输电 ECL 检测的灵敏度，而且具有便携性强、成本低、通量高和阵列化容易等优点，在药物筛选、临床监测以及高通量分析方面具有广阔的应用前景。

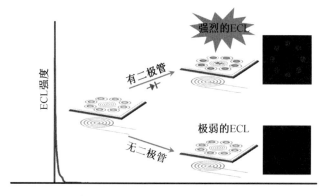

图 5-29　无线 ECL 芯片示意图和有无二极管的 ECL 图像

参考文献

[1] Richter M M. Electrochemiluminescence (ECL) [J]. Chemical Reviews, 2004, 104(6): 3003-3036.

[2] Miao W J. Electrogenerated chemiluminescence and its biorelated applications[J]. Chemical Reviews, 2008, 108(7): 2506-2553.

[3] Long D P, Chen C C, Cui C Y, et al. A high precision MUA-spaced single-cell sensor for cellular receptor assay based on bifunctional Au@ Cu-PbC-QD nanoprobes[J]. Nanoscale, 2018, 10(39): 18597-18605.

[4] Hesari M, Workentin M S, Ding Z F. Highly efficient electrogenerated chemiluminescence of Au38 nanoclusters[J]. ACS Nano, 2014, 8 (8): 8543-8553.

[5] Rodriguez-Lopez J, Shen M, Nepomnyashchii A B, et al. Scanning electrochemical microscopy study of ion annihilation electrogenera-ted chemiluminescence of rubrene and [Ru (bpy) $_3$] $^{2+}$ [J]. Journal of the American Chemical Society, 2012, 134(22): 9240-9250.

[6] Kerr E, Doeven E H, Barbante G J, et al. Annihilation electrogenerated chemiluminescence of mixed metal chelates in solution: modulating emission colour by manipulating the energetics [J]. Chemical Science, 2015, 6(1): 472-479.

[7] Al-Kutubi H, Voci S, Rassaei L, et al. Enhanced annihilation electrochemiluminescence by nanofluidic confinement [J]. Chemical Science, 2018, 9(48): 8946-8950.

[8] Guo W L, Ding H, Gu C Y, et al. Potential-resolved multicolor electrochemiluminescence for multiplex immunoassay in a single sample[J]. Journal of the American Chemical Society, 2018, 140(46): 15904-15915.

[9] Cui L, Yu S L, Gao W Q, et al. Tetraphenylenthene-based conjugated microporous polymer for aggregation-induced electrochemiluminescence[J]. ACS Applied Materials & Interfaces, 2020, 12(7): 7966-7973.

［10］Peng H P, Huang Z N, Deng H H, et al. Dual enhancement of gold nanocluster electrochemiluminescence: electrocatalytic excitation and aggregation-induced emission［J］. Angewandte Chemie International Edition, 2020, 59(25): 9982-9985.

［11］Wong J M, Zhang R Z, Xie P D, et al. Revealing crystallization-induced blue-shift emission of a di-boron complex by enhanced photoluminescence and electrochemiluminescence［J］. Angewandte Chemie International Edition, 2020, 59(40): 17461-17466.

［12］Wang M H, Liu J J, Liang X, et al. Electrochemiluminescence based on a dual carbon ultramicroelectrode with confined steady-state annihilation［J］. Analytical Chemistry, 2021, 93(10): 4528-4535.

［13］Muegge B D, Richter M M. Electrochemiluminescent detection of metal cations using a ruthenium(II) bipyridyl complex containing a crown ether moiety ［J］. Analytical Chemistry, 2002, 74(3): 547-550.

［14］Gai Q Q, Wang D M, Huang R F, et al. Distance-dependent quenching and enhancing of electrochemiluminescence from tris(2, 2′-bipyridine) ruthenium (II)/tripropylamine system by gold nanoparticles and its sensing applications［J］. Biosensors and Bioelectronics, 2018, 118: 80-87.

［15］秦云龙. 新型量子点在电化学发光中的机制及应用研究［D］. 合肥: 中国科学技术大学, 2020.

［16］郭维亮. 新型电化学发光体系的构建及其在生化分析中的应用［D］. 杭州: 浙江大学, 2018.

［17］Sung Y, Gaillard F, Bard A. Demonstration of electrochemical generation of solution-phase hot electrons at oxide-covered tantalum electrodes by direct electrogenerated chemiluminescence［J］. Journal of Physical Chemistry B, 1998, 102: 9797-9805.

［18］刘晓红. 水体中环境雌激素的电化学发光传感分析［D］. 镇江: 江苏大学, 2019.

［19］叶景. 新型化学发光和电化学发光材料的合成及其生物传感器的设计与应用［D］. 合肥: 中国科学技术大学, 2021.

［20］罗维巍. 高灵敏电化学发光传感芯片的构建及其在生物标志物检

测中的应用[D].长春：吉林大学,2022.

[21] Li L B, Zhou L M, Liu X H, et al. Ultrasensitive self-enhanced electrochemiluminescence sensor based on novel PAN@ Ru@ PEI@ Nafion nanofiber mat[J]. Journal of Materials Chemistry B, 2020, 8(16): 3590-3597.

[22] 刘诚昕. 用于胺类有机物的电化学发光检测及装置研究[D].天津:天津理工大学,2022.

[23] 李雅利. 双极电极电化学发光检测装置的设计及其分析特性研究[D].西安:陕西师范大学,2018.

[24] Ding Z, Quinn B, Haram S, et al. Electrochemistry and electrogenerated chemiluminescence from silicon nanocrystal quantum dots[J]. Science, 2002, 296: 1293-1297.

[25] Hesari M, Workentin M S, Ding Z F. NIR electrochemiluminescence from Au25 nanoclusters facilitated by highly oxidizing and reducing co-reactant radicals[J]. Chemical Science, 2014, 5(10): 3814-3822.

[26] Hesari M, Ding Z F. Spooling electrochemiluminescence spectroscopy: development, applications and beyond[J]. Nature Protocols, 2021, 16(4): 2109-2130.

[27] Deng S Y, Ju H X. Electrogenerated chemiluminescence of nanomaterials for bioanalysis[J]. Analyst, 2013, 138(1): 43-61.

[28] Wang X, Bobbitt D R. In situ cell for electrochemically generated Ru(bpy)$_3^{3+}$-based chemiluminescence detection in capillary electrophoresis[J]. Analytica Chimica Acta, 1999, 383(3): 213-220.

[29] Chen L C, Zeng X T, Ferhan A R, et al. Signal-on electrochemiluminescent aptasensors based on target controlled permeable films[J]. Chemical Communications, 2015, 51(6): 1035-1038.

[30] McCall J, Alexander C, Richter M M. Quenching of electrogenerated chemiluminescence by phenols, hydroquinones, catechols, and benzoquinones [J]. Analytical Chemistry, 1999, 71(13): 2523-2527.

[31] Cao W D, Ferrance J P, Demas J, et al. Quenching of the electrochemiluminescence of tris(2,2'-bipyridine)ruthenium(Ⅱ) by ferrocene and its potential application to quantitative DNA detection[J]. Journal of the American

Chemical Society, 2006, 128(23): 7572-7578.

[32] Dai H, Wu X P, Xu H F, et al. Fabrication of a new ECL biosensor for choline by encapsulating choline oxidase into titanate nanotubes and Nafion composite film[J]. Electrochemistry Communications, 2009, 11(8): 1599-1602.

[33] Liu X, Cheng L X, Lei J P, et al. Formation of surface traps on quantum dots by bidentate chelation and their application in low-potential electrochemiluminescent biosensing[J]. Chemistry-A European Journal, 2010, 16(35): 10764-10770.

[34] Du X J, Jiang D, Dai L M, et al. Oxygen vacancy engineering in europia clusters/graphite-like carbon nitride nanostructures induced signal amplification for highly efficient electrochemiluminesce aptasensing[J]. Analytical Chemistry, 2018, 90(5): 3615-3620.

[35] Lu H J, Xu J J, Zhou H, et al. Recent advances in electrochemiluminescence resonance energy transfer for bioanalysis: fundamentals and applications [J]. TrAC Trends in Analytical Chemistry, 2020, 122: 115746.

[36] Chu Y X, Han T T, Deng A P, et al. Resonance energy transfer in electrochemiluminescent and photoelectrochemical bioanalysis[J]. TrAC Trends in Analytical Chemistry, 2020, 123: 115745.

[37] Ma M F, Wen K, Beier R C, et al. Chemiluminescence resonance energy transfer competitive immunoassay employing hapten-functionalized quantum dots for the detection of sulfamethazine[J]. ACS Applied Materials & Interfaces, 2016, 8(28): 17745-17750.

[38] Bery N, Rabbitts T H. Bioluminescence resonance energy transfer 2 (BRET2)-based RAS biosensors to characterize RAS inhibitors[J]. Current Protocols in Cell Biology, 2019, 83(1): e83.

[39] 李璐. 生物单分子定量检测新方法及电化学发光共振能量转移 [D]. 济南: 山东大学, 2010.

[40] Shan Y, Xu J J, Chen H Y. Distance-dependent quenching and enhancing of electrochemiluminescence from a CdS : Mn nanocrystal film by Au nano-particles for highly sensitive detection of DNA[J]. Chemical Communica-

tions, 2009(8): 905-907.

[41] Wu M S, Shi H W, Xu J J, et al. CdS quantum dots/Ru(bpy)$_3^{2+}$ electrochemiluminescence resonance energy transfer system for sensitive cytosensing [J]. Chemical Communications, 2011, 47(27): 7752-7754.

[42] Zhou H, Zhang Y Y, Liu J, et al. Electrochemiluminescence resonance energy transfer between CdS: Eu nancrystals and Au nanorods for sensitive DNA detection[J]. The Journal of Physical Chemistry C, 2012, 116(33): 17773-17780.

[43] 杨芳. 新型纳米发光体结合目标物转换策略构建高效电化学发光生物传感器[D]. 重庆: 西南大学, 2021.

[44] Noffsinger J B, Danielson N D. Generation of chemiluminescence upon reaction of aliphatic amines with tris(2,2'-bipyridine)ruthenium(III)[J]. Analytical Chemistry, 1987, 59(6): 865-868.

[45] Ritchie E L, Pastore P, Wightman R M. Free energy control of reaction pathways in electrogenerated chemiluminescence[J]. Journal of the American Chemical Society, 1997, 119(49): 11920-11925.

[46] Long Y M, Bao L, Zhao J Y, et al. Revealing carbon nanodots as coreactants of the anodic electrochemiluminescence of Ru(bpy)$_3^{2+}$[J]. Analytical Chemistry, 2014, 86(15): 7224-7228.

[47] Luo L J, Li L B, Xu X X, et al. Determination of pentachlorophenol by anodic electrochemiluminescence of Ru(bpy)$_3^{2+}$ based on nitrogen-doped graphene quantum dots as co-reactant[J]. RSC Advances, 2017, 7(80): 50634-50642.

[48] Li L B, Zhao W L, Zhang J Y, et al. Label-free Hg(II) electrochemiluminescence sensor based on silica nanoparticles doped with a self-enhanced Ru (bpy)$_3^{2+}$-carbon nitride quantum dot luminophore[J]. Journal of Colloid and Interface Science, 2022, 608: 1151-1161.

[49] Liao N, Zhuo Y, Chai Y Q, et al. Reagent less electrochemiluminescent detection of protein biomarker using graphene-based magnetic nanoprobes and poly-L-lysine as co-reactant[J]. Biosensors and Bioelectronics, 2013, 45: 189-194.

［50］Raju C V, Kumar S S. Highly sensitive novel cathodic electrochemiluminescence of tris（2,2′-bipyridine）ruthenium（Ⅱ）using glutathione as a coreactant［J］. Chemical Communications, 2017, 53(49): 6593-6596.

［51］Miao W J, Choi J P, Bard A J. Electrogenerated chemiluminescence 69: the tris（2,2′-bipyridine）ruthenium（Ⅱ）,［Ru(bpy)$_3^{2+}$］/tri-n-propylamine（TPrA）system revisiteds-a new route involving TPrA$^+$·cation radicals［J］. Journal of the American Chemical Society, 2002, 124(48): 14478-14485.

［52］Doeven E H, Zammit E M, Barbante G J, et al. A potential-controlled switch on/off mechanism for selective excitation in mixed electrochemiluminescent systems［J］. Chemical Science, 2013, 4(3): 977-982.

［53］舒江南. 新型纳米发光体的化学发光与电化学发光及其在生物分析中的应用［D］. 合肥:中国科学技术大学,2018.

［54］Shi M J, Cui H. Electrochemiluminescence of luminol in dimethyl sulfoxide at a polycrystalline gold electrode［J］. Electrochimica Acta, 2006, 52(3): 1390-1397.

［55］Jiang X Y, Wang H J, Wang H J, et al. Signal-switchable electrochemiluminescence system coupled with target recycling amplification strategy for sensitive mercury ion and mucin 1 assay［J］. Analytical Chemistry, 2016, 88(18): 9243-9250.

［56］Wang C M, Cui H. Electrogenerated chemiluminescence of luminol in neutral and alkaline aqueous solutions on a silver nanoparticle self-assembled gold electrode［J］. Luminescence, 2007, 22(1): 35-45.

［57］阎孟霞. 化学/电化学发光新体系的机制与应用研究［D］. 合肥:中国科学技术大学,2021.

［58］Bae Y, Myung N, Bard A J. Electrochemistry and electrogenerated chemiluminescence of CdTe nanoparticles［J］. Nano Letters, 2004, 4(6): 1153-1161.

［59］Mei Y L, Wang H S, Li Y F, et al. Electochemiluminescence of CdTe/CdS quantum dots with triproprylamine as coreactant in aqueous solution at a lower potential and its application for highly sensitive and selective detection of

Cu^{2+}[J]. Electroanalysis, 2010, 22: 155−160.

[60] Zhao M, Chen A Y, Huang D, et al. MoS$_2$ quantum dots as new electrochemiluminescence emitters for ultrasensitive bioanalysis of lipopolysaccharide [J]. Analytical Chemistry, 2017, 89(16): 8335−8342.

[61] Adhikari J, Rizwan M, Keasberry N A, et al. Current progresses and trends in carbon nanomaterials-based electrochemical and electrochemiluminescence biosensors[J]. Journal of the Chinese Chemical Society, 2020, 67(6): 937−960.

[62] Nie Y X, Liu Y, Zhang Q, et al. Novel coreactant modifier-based amplified electrochemiluminescence sensing method for point-of-care diagnostics of galactose[J]. Biosensors and Bioelectronics, 2019, 138: 111318.

[63] Cai X L, Zheng B, Zhou Y, et al. Synergistically mediated enhancement of cathodic and anodic electrochemiluminescence of graphene quantum dots through chemical and electrochemical reactions of coreactants[J]. Chemical Science, 2018, 9(28): 6080−6084.

[64] Peng H P, Jian M L, Deng H H, et al. Valence states effect on electrogenerated chemiluminescence of gold nanocluster[J]. ACS Applied Materials & Interfaces, 2017, 9(17): 14929−14934.

[65] Díez I, Pusa M, Kulmala S, et al. Color tunability and electrochemiluminescence of silver nanoclusters[J]. Angewandte Chemie International Edition, 2009, 48(12): 2122−2125.

[66] Kim J M, Jeong S, Song J K, et al. Near-infrared electrochemiluminescence from orange fluorescent Au nanoclusters in water[J]. Chemical Communications, 2018, 54(23): 2838−2841.

[67] Jin Z C, Zhu X R, Wang N N, et al. Electroactive metal-organic frameworks as emitters for self-enhanced electrochemiluminescence in aqueous medium[J]. Angewandte Chemie International Edition, 2020, 59(26): 10446−10450.

[68] Zhang J L, Yang Y, Liang W B, et al. Highly stable covalent organic framework nanosheets as a new generation of electrochemiluminescence emitters for ultrasensitive microRNA detection[J]. Analytical Chemistry,2021,93(6):3258−

3265.

[69] Xue J J, Zhang Z Y, Zheng F F, et al. Efficient solid-state electrochemiluminescence from high-quality perovskite quantum dot films[J]. Analytical Chemistry, 2017, 89(16): 8212-8216.

[70] Ye J, Yan M X, Zhu L P, et al. Novel electrochemiluminescence solid-state pH sensor based on an i-motif forming sequence and rolling circle amplification[J]. Chem Commun, 2020, 56(62): 8786-8789.

[71] Jiang J J, Chen D, Du X Z. Ratiometric electrochemiluminescence sensing platform for sensitive glucose detection based on in situ generation and conversion of coreactants[J]. Sensors and Actuators B: Chemical, 2017, 251: 256-263.

[72] Hu Y, Zhu L, Mei X C, et al. Dual-mode sensing platform for electrochemiluminescence and colorimetry detection based on a closed bipolar electrode [J]. Anal Chem, 2021, 93(36): 12367-12373.

[73] Chen H J, Li W, Zhao P, et al. A CdTe/CdS quantum dots amplified graphene quantum dots anodic electrochemiluminescence platform and the application for ascorbic acid detection in fruits[J]. Electrochimica Acta, 2015, 178: 407-413.

[74] Liu P K, Meng H, Han Q, et al. Determination of ascorbic acid using electrochemiluminescence sensor based on nitrogen and sulfur doping graphene quantum dots with luminol as internal standard[J]. Microchimica Acta, 2021, 188 (4): 1-7.

[75] Hu Y, He Y C, Peng Z C, et al. A ratiometric electrochemiluminescence sensing platform for robust ascorbic acid analysis based on a molecularly imprinted polymer modified bipolar electrode[J]. Biosensors and Bioelectronics, 2020, 167: 112490.

[76] Hua Q, Tang F Y, Wang X B, et al. Electrochemiluminescence sensor based on EuS nanocrystals for ultrasensitive detection of mercury ions in seafood [J]. Sensors and Actuators B: Chemical, 2022, 352: 131075.

[77] Li L B, Chen B N, Luo L J, et al. Sensitive and selective detection of

Hg^{2+} in tap and canal water via self-enhanced ECL aptasensor based on NH$_2$-Ru@SiO$_2$-NGQDs[J]. Talanta, 2021, 222: 121579.

[78] Babamiri B, Salimi A, Hallaj R. Switchable electrochemiluminescence aptasensor coupled with resonance energy transfer for selective attomolar detection of Hg^{2+} via CdTe@CdS/dendrimer probe and Au nanoparticle quencher[J]. Biosensors & bioelectronics, 2018, 102: 328-335.

[79] Wang L, Luo D, Qin D D, et al. Cathodic electrochemiluminescence of a CdSe/ZnS QDs-modified glassy carbon electrode and its application in sensing of Pb^{2+}[J]. Analytical Methods, 2015, 7(4): 1395-1400.

[80] Liu X H, Li L B, Li F, et al. An ultra-high-sensitivity electroche-miluminescence aptasensor for Pb^{2+} detection based on the synergistic signal-amplification strategy of quencher abscission and G-quadruplex generation[J]. Journal of Hazardous Materials, 2022, 424: 127480.

[81] Feng D F, Li P H, Tan X C, et al. Electrochemiluminescence aptasensor for multiple determination of Hg^{2+} and Pb^{2+} ions by using the MIL-53(Al)@CdTe-PEI modified electrode[J]. Analytica Chimica Acta, 2020, 1100: 232-239.

[82] Song H L, Yang M, Fan X X, et al. Turn-on electrochemiluminescence sensing of Cd^{2+} based on CdTe quantum dots[J]. Spectrochimiac Acta Part A-Molecular and Biomolecular Spectroscopy, 2014, 133: 130-133.

[83] Xu H F, Zhang S Q, Zhang T, et al. An electrochemiluminescence biosensor for cadmium ion based on target-induced strand displacement amplification and magnetic Fe$_3$O$_4$-GO nanosheets[J]. Talanta, 2022, 237: 122967.

[84] Zhang Y Q, Yan X S, Liu D Z, et al. Versatile electrochemiluminescence sensor for dual-potential "off" and "on" detection of double targets based on a novel terbium organic gel and multifunctional DNA network probes[J]. Sensors and Actuators B: Chemical, 2022, 362: 131740.

[85] Chen Y M, Dong Y Q, Wu H, et al. Electrochemiluminescence sensor for hexavalent chromium based on the graphene quantum dots/peroxodisulfate system[J]. Electrochimica Acta, 2015, 151: 552-557.

[86] Ma H M, Li X J, Yan T, et al. Electrogenerated Chemiluminescence

Behavior of Au nanoparticles-hybridized Pb(Ⅱ) metal-organic framework and its application in selective sensing hexavalent chromium [J]. Scientific Reports, 2016, 6(1): 1-8.

[87] Wang C C, Wang H M, Fan M F, et al. A fast and ultrasensitive detection of zinc ions based on "signal on" mode of electrochemiluminescence from single oxygen generated by porphyrin grafted onto palladium nanocubes[J]. Sensors and Actuators B: Chemical, 2019, 290: 203-209.

[88] Gao Y L, Shao J T, Liu F Y. Determination of zinc ion based on electrochemiluminescence of $Ru(phen)_3^{2+}$ and phenanthroline[J]. Sensors and Actuators B: Chemical, 2016, 234: 380-385.

[89] Liang R P, Yu L D, Tong Y J, et al. An ultratrace assay of arsenite based on the synergistic quenching effect of $Ru(bpy)_3^{2+}$ and arsenite on the electrochemiluminescence of $Au-g-C_3N_4$ nanosheets[J]. Chemical Communications, 2018, 54(99): 14001-14004.

[90] Li S H, Li J P, Ma X H, et al. Molecularly imprinted electroluminescence switch sensor with a dual recognition effect for determination of ultra-trace levels of cobalt (Ⅱ)[J]. Biosens Bioelectron, 2019, 139: 111321.

[91] Chen H J, Li W, Wang Q, et al. Nitrogen doped graphene quantum dots based single-luminophor generated dual-potential electrochemiluminescence system for ratiometric sensing of Co^{2+} ion[J]. Electrochimica Acta, 2016, 214: 94-102.

[92] He Y, Du J W, Luo J H, et al. Coreactant-free electrochemiluminescence biosensor for the determination of organophosphorus pesticides[J]. Biosensors and Bioelectronics, 2020, 150: 111898.

[93] Chen H M, Zhang H, Yuan R, et al. Novel double-potential electrochemiluminescence ratiometric strategy in enzyme-based inhibition biosensing for sensitive detection of organophosphorus pesticides [J]. Analytical Chemistry, 2017, 89(5): 2823-2829.

[94] He Y, Yang G M, Zhao J W, et al. Potentially tunable ratiometric electrochemiluminescence sensing based on conjugated polymer nanoparticle for organophosphorus pesticides detection[J]. Journal of Hazardous Materials, 2022,

432：128699.

[95] Huang J C, Xiang Y D, Li J S, et al. A novel electrochemiluminescence aptasensor based on copper-gold bimetallic nanoparticles and its applications [J]. Biosensors and Bioelectronics, 2021, 194：113601.

[96] Liu H B, Liu Z, Yi J L, et al. A dual-signal electroluminescence aptasensor based on hollow Cu/Co−MOF−luminol and g−C_3N_4 for simultaneous detection of acetamiprid and malathion[J]. Sensors and Actuators B：Chemical, 2021, 331：129412.

[97] 陈媛, 赖鲸慧, 张梦梅, 等. 拟除虫菊酯类农药在农产品中的污染现状及减除技术研究进展[J]. 食品科学, 2022,43(9)：285−292.

[98] Xu J J, Zhang R R, Liu C X, et al. Highly selective electrochemiluminescence sensor based on molecularly imprinted-quantum dots for the sensitive detection of cyfluthrin[J]. Sensors, 2020, 20(3)：884.

[99] Luo L J, Liu X H, Bi X Y, et al. Facile fabrication and application of an innovative self-enhanced luminophore with outstanding electrochemiluminescence properties[J]. Sensors and Actuators A：Physical, 2020, 312：112167.

[100] Li S H, Liu C H, Han B J, et al. An electrochemiluminescence aptasensor switch for aldicarb recognition via ruthenium complex-modified dendrimers on multiwalled carbon nanotubes[J]. Microchimica Acta, 2017, 184(6)：1669−1675.

[101] 章先, 王继璇, 程高钏, 等. 黄曲霉毒素 B_1 高灵敏定性定量免疫层析检测方法的建立[J]. 浙江农林大学学报, 2022, 39(5)：1096−1103.

[102] Xia M K, Yang X, Jiao T H, et al. Self-enhanced electrochemiluminescence of luminol induced by palladium−graphene oxide for ultrasensitive detection of aflatoxin B_1 in food samples[J]. Food Chemistry, 2022, 381：132276.

[103] Lyu X Y, Xu X Y, Miao T, et al. Aggregation-induced electrochemiluminescence immunosensor based on 9,10−diphenylanthracene cubic nanoparticles for ultrasensitive detection of aflatoxin B_1[J]. ACS Applied Bio Materials, 2020, 3(12)：8933−8942.

[104] Yan C, Yang L J, Yao L, et al. Ingenious electrochemiluminescence bioaptasensor based on synergistic effects and enzyme-driven programmable 3D

DNA nanoflowers for ultrasensitive detection of aflatoxin B_1 [J]. Analytical Chemistry, 2020, 92(20): 14122-14129.

[105] Xiong X H, Li Y F, Yuan W, et al. Screen printed bipolar electrode for sensitive electrochemiluminescence detection of aflatoxin B_1 in agricultural products[J]. Biosens Bioelectron, 2020, 150: 111873.

[106] Ge J J, Zhao Y, Li C L, et al. Versatile electrochemiluminescence and electrochemical "on-off" assays of methyltransferases and aflatoxin B_1 based on a novel multifunctional DNA nanotube[J]. Analytical Chemistry, 2019, 91(5): 3546-3554.

[107] Li Y Y, Liu D, Meng S Y, et al. Regulation of $Ru(bpy)_3^{2+}$ electrochemiluminescence based on distance-dependent electron transfer of ferrocene for dual-signal readout detection of aflatoxin B_1 with high sensitivity[J]. Analytical Chemistry, 2022, 94(2): 1294-1301.

[108] Liu J L, Zhao M, Zhuo Y, et al. Highly efficient intramolecular electrochemiluminescence energy transfer for ultrasensitive bioanalysis of aflatoxin M_1 [J]. Chemistry-A European Journal, 2017, 23(8): 1853-1859.

[109] Zeng W J, Wang K, Liang W B, et al. Covalent organic frameworks as micro-reactors: confinement-enhanced electrochemiluminescence[J]. Chemical Science, 2020, 11(21): 5410-5414.

[110] Wei M, Wang C L, Xu E S, et al. A simple and sensitive electrochemiluminescence aptasensor for determination of ochratoxin A based on a nicking endonuclease-powered DNA walking machine[J]. Food Chem, 2019, 282: 141-146.

[111] Jia M X, Jia B Y, Liao X F, et al. A CdSe@CdS quantum dots based electrochemiluminescence aptasensor for sensitive detection of ochratoxin A [J]. Chemosphere, 2022, 287: 131994.

[112] Zheng H L, Yi H, Dai H, et al. Fluoro-coumarin silicon phthalocyanine sensitized integrated electrochemiluminescence bioprobe constructed on TiO_2 MOFs for the sensing of deoxynivalenol[J]. Sensors and Actuators B: Chemical, 2018, 269: 27-35.

[113] Zheng H L, Ke Y M, Yi H, et al. A bifunctional reagent regulated

ratiometric electrochemiluminescence biosensor constructed on surfactant-assisted synthesis of TiO_2 mesocrystals for the sensing of deoxynivalenol[J]. Talanta, 2019, 196: 600−607.

[114] 毕晓雅. 玉米及大麦中真菌毒素检测的荧光适配体传感器研究[D]. 镇江: 江苏大学, 2020.

[115] Zheng H L, Yi H, Lin W, et al. A dual-amplified electrochemilumi-nescence immunosensor constructed on dual-roles of rutile TiO_2 mesocrystals for ultrasensitive Zearalenone detection[J]. Electrochimica Acta, 2018, 260: 847−854.

[116] Luo L J, Ma S, Li L B, et al. Monitoring zearalenone in corn flour utilizing novel self-enhanced electrochemiluminescence aptasensor based on NGQDs−NH_2−Ru@ SiO_2 luminophore[J]. Food Chemistry, 2019, 292: 98−105.

[117] Zhang W, Xiong H W, Chen M M, et al. Surface-enhanced molecularly imprinted electrochemiluminescence sensor based on Ru@ SiO_2 for ultrasensitive detection of fumonisin B_1[J]. Biosensors and Bioelectronics, 2017, 96: 55−61.

[118] Fang D D, Zhang S P, Dai H, et al. Electrochemiluminescent competitive immunoassay for zearalenone based on the use of a mimotope peptide, Ru(Ⅱ)(bpy)$_3$-loaded $NiFe_2O_4$ nanotubes and TiO_2 mesocrystals[J]. Mikrochimica Acta, 2019, 186(9): 608.

[119] Yuan F, Qi L M, Fereja T H, et al. Regenerable bipolar electro-chemiluminescence device using glassy carbon bipolar electrode, stainless steel driving electrode and cold patch[J]. Electrochimica Acta, 2018, 262: 182−186.

[120] Luo Y, Lyu F L, Wang M H, et al. A multicolor electrochemilumine-scence device based on closed bipolar electrode for rapid visual screening of Salmonella typhimurium[J]. Sensors and Actuators B: Chemical, 2021, 349: 130761.

[121] Gao W Y, Muzyka K, Ma X G, et al. A single-electrode electrochemical system for multiplex electrochemiluminescence analysis based on a resistance induced potential difference[J]. Chemical Science, 2018, 9(16): 3911−3916.

[122] Du F X, Dong Z Y, Guan Y R, et al. Single-electrode electrochemi-

cal system for the visual and high-throughput electrochemiluminescence immunoassay[J]. Analytical Chemistry, 2022, 94(4): 2189−2194.

[123] Zhu L H, Li S, Liu W X, et al. Real time detection of 3−nitrotyrosine using smartphone-based electrochemiluminescence[J]. Biosens and Bioelectron, 2021, 187: 113284.

[124] Delaney J L, Hogan C F, Tian J F, et al. Electrogenerated chemiluminescence detection in paper-based microfluidic sensors[J]. Analytical Chemistry, 2011, 83(4): 1300−1306.

[125] Qi W J, Lai J P, Gao W Y, et al. Wireless electrochemiluminescence with disposable minidevice[J]. Analytical Chemistry, 2014, 86(18): 8927−8931.

[126] Qi L M, Xia Y, Qi W J, et al. Increasing electrochemiluminescence intensity of a wireless electrode array chip by thousands of times using a diode for sensitive visual detection by a digital camera[J]. Analytical Chemistry, 2016, 88(2):1123−1127.

[127] 袁帆. 新型小分子电化学发光体系和器件的构建及应用[D]. 合肥:中国科学技术大学, 2020.

光电化学检测技术

6.1 光电化学简介

6.1.1 光电化学概述

光电化学（photoelectrochemistry，PEC）过程是指在光的作用下，半导体材料因吸收光子而使电子被激发促成电荷传递，同时实现由光能到电能的转换。自 1839 年贝克勒尔发现光电效应（光照使不均匀半导体或半导体与金属结合的不同部位之间产生电位差的现象），PEC 受到了广泛的关注。PEC 分析是一种应用前景较好的低成本分析工具，与传统电化学方法不同的是，PEC 分析分别使用光能和电信号作为激发源和检测信号。由于激发源的能量形式不同于检测信号，促使 PEC 分析的灵敏度高于传统电化学方法。与此同时，不同于需在特定电位下产生信号的电化学分析，具有更优异性能的 PEC 传感通过利用电子-空穴对的强氧化还原特性，减少了对施加电位的依赖。此外，与通常需要苛刻实验条件、昂贵设备的光谱检测技术相比，PEC 传感的电信号输出模式具有操作简单、成本低、易于小型化的特点。

6.1.2 光电流产生原理

光电流产生的原理如下：当半导体与电解质接触时，会形成结（如肖特基结）并发生能带弯曲达到界面平衡；当受到高于其带隙能量（$h\nu \geqslant E_{bg}$）的光照射时，电子从价带（VB）跃迁到导带（CB），从而产生电子-空穴（$e^- - h^+$）对，这些 $e^- - h^+$ 分别转移到阳极和阴极表面，导致光电流信号的产生。值得提出的是，施加偏压可调控半导体材料的费米能级，有助于半导体材料表面的电荷分离及载流子在半导体材料表面的反应。当对 n 型半导体施加高于其平带电位（E_{fb}）的外加电位时，空间电荷层（SCL）处的能带向上弯曲，促进光激发产生的电子向电极转移（图 6-1a），在外部电路中产生阳极光电流。相反，对于 p 型半导体，当外加电位低于其平带电位（E_{fb}）时，能带向下弯曲，电解质中的电子受体因消耗电子发生还原反应，产生阴极光电流（图 6-1b）。

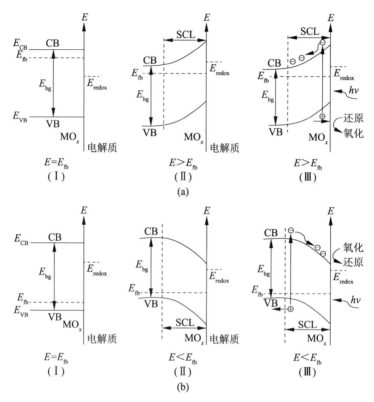

图 6-1　n 型半导体和 p 型半导体的能带弯曲

6.1.3　光电化学分析法的工作原理

PEC 传感器的工作原理是利用合适波长的光源照射修饰在电极表面的光电化学活性材料，从而产生电荷的转移和电子的传输，随后受光激发产生的载流子转移到电极上产生电信号，实现能量转换。目前的 PEC 传感器基本以电流为信号输出方式。典型的 PEC 传感系统包含三个不可或缺的组成部分：激发光源、检测系统（三电极系统包括光活性材料修饰的工作电极、参比电极和对电极，以及作为离子传输介质的电解质溶液）和信号读取装置（图 6-2）。另外，具有特异性的识别元件（酶、抗体、核酸适配体和分子印记聚合物等）对 PEC 传感器的选择性至关重要。在整个 PEC 检测系统中，电信号的产生涉及一系列的物理和化学过程，普遍的原理包括 4 个连续步骤：光子吸收、电荷分离、电荷迁移与重组、电荷利用（产生电信号）。光电转换效率和输出信号完全取决于这些过程的累积效应。当 PEC 传感器对目标物进行定量分析时，其信号变化通常是由于目标物直接或间接改变光活性材料或电解质环境的性质从而影响上述一个或多个过程而产生的。

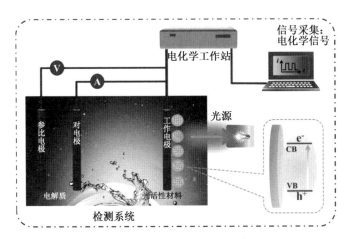

图 6-2 光电化学传感系统示意图

6.1.4 光电化学检测装置

典型的 PEC 检测装置包括激发光源和信号读取装置两大模块。实验室常用的 PEC 检测装置主要分为分体式和集成式两类：一类为较常见的基于氙灯-电化学工作站的 PEC 检测装置，该装置使用氙灯等作为激发光源，使用电化学工作站作为信号读取装置；另一类为集成式 PEC 分析仪，该仪器将光源与工作站集成于同一装置，实现了 PEC 检测装置的集成化。

6.1.4.1 分体式光电化学检测装置

分体式光电化学检测装置使用氙灯等作为激发光源，使用电化学工作站作为电信号的读取装置，如图 6-3 所示。其中，不同波长范围（如 200～2500 nm、300～2500 nm 等）的氙灯被用作 PEC 检测装置的激发光源，并通过光源控制系统实现 PEC 测试过程中光源的自动开关及光源开关时间的调节；PEC 检测过程中电信号的采集以上海辰华的 CHI 系列的多种型号电化学工作站（如 CHI660、CHI760、CHI832 等）为主。

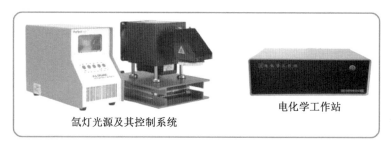

氙灯光源及其控制系统   电化学工作站

图 6-3　基于氙灯光源及电化学工作站的光电化学检测装置

6.1.4.2　集成式光电化学分析仪

随着 PEC 检测技术的迅速发展，集成式 PEC 分析仪应运而生（图 6-4）。与传统的基于氙灯-电化学工作站的 PEC 检测装置相比，该装置集成了数据采集、大功率高稳定窄带宽光源、光学快门、可编程时间继电器控制、测试暗室、电解池支架、液晶显示等模块，具有以下特点：① 内部含有具有数据采集功能的电化学工作站；② 使用大功率高稳定窄带宽光源为激发光源；③ 光学快门和可编程时间继电器控制用于光源的开关可控；④ 测试暗室可降低外界自然光对测试结果的影响，光源开关及其参数设置可以通过液晶显示模块触屏完成，在一定程度上简化了 PEC 检测过程中的繁琐操作；⑤ 实现了 PEC 检测装置的便携化与集成化。

图 6-4　集成式光电化学分析仪

6.2　光活性材料

PEC 传感技术以光活性材料增敏的光电极为换能器，可将生物或化学信息转换为可检测的电信号。因此，在设计高检测性能的 PEC 传感器时，对具有核心作用的光活性材料的选择至关重要。

光活性材料可分为无机半导体材料及其复合材料、有机分子材料及其复合材料两大类，本部分仅对无机半导体材料作具体阐述。无机半导体材料因其制备方法多、制备过程简单、化学稳定性较高和光活性优越等特点，被广泛应用于 PEC 传感器的构建。用于 PEC 传感器的光活性无机半导体材料主要包括金属氧化物、金属硫化物、金属基量子点和非金属氮化碳四类。

6.2.1 金属氧化物及其复合材料

金属氧化物纳米材料由于具有无毒、比表面积大、光学带隙可调、表面修饰可控、PEC 活性高等优势，被广泛应用于 PEC 传感领域。作为 PEC 传感器的光活性材料，理想的金属氧化物纳米材料应具有以下特性：① 适合于紫外–可见光的宽吸收带隙；② 在电解质溶液中具有较好的稳定性；③ 电荷转移和分离效率较高，具有较快的 PEC 动力学反应。

据报道，不同类型的金属氧化物（ZnO、WO_3、TiO_2）和金属氧化物基多元半导体（BiOI、$BiVO_4$ 等）被设计、合成并应用于 PEC 传感研究。Han 等利用定向分级的 ZnO 作为光活性材料，设计了一种用于检测 DNA 的 PEC 生物传感器。研究结果表明，ZnO 的三维结构有利于光生电子的转移，进而有利于提高传感器的检测性能。Gong 等制备了一种碘化氧铋纳米片阵列（BiOI NFs）光活性电极材料，基于该材料与生物大分子乙酰胆碱酯酶的巧妙结合，构建了三维多空间网络生物传感平台，用于有机磷农药的 PEC 检测。Zhang 等提出了在钙钛矿上建立界面电荷转移跃迁（ICTT）的概念，用于高效的 PEC 生物分析（图 6-5）。该模型系统以典型的钛酸铅（$PbTiO_3$）与由异柠檬酸脱氢酶（ICDH）和对羟基苯甲酸羟化酶（PHBH）组成的酶串联为例。原儿茶酸（PCA）的酶促生成能够与 $PbTiO_3$ 表面协调，从而形成 ICTT，使配体–金属电荷在光照射下从 PCA 的最高占据分子轨道（HOMO）直接转移到 $PbTiO_3$ 的导带（CB）。由于 $PbTiO_3$ 的诱导电场和 PCA 修饰的表面极性，ICTT 的电荷分离增强有助于产生阳极光电流，从而为检测酶活性或其底物提供了独特的途径。

LUMO(最低分子占据分子轨道)

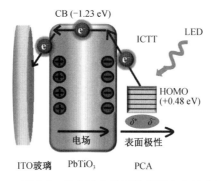

图 6-5　光电流在协同作用下产生特定的 ICTT 过程

上述金属氧化物纳米材料对 PEC 传感器的发展及应用具有重要的推动作用。但由于单一材料的金属氧化物存在光致电子-空穴对快速复合、可见光利用效率低、表面化学状态差等缺陷，无法满足提高 PEC 传感器检测性能的要求。而利用有效的元素掺杂，可以改善金属氧化物纳米材料的 PEC 性能，进而提高传感器的检测性能。Zia 等制备了锡元素掺杂的氧化锌材料，其具有较高的光利用率和较低的光生电子-空穴的重组效率，与单一的氧化锌材料相比，锡掺杂氧化锌的光电流信号明显增强。与外源元素掺杂不同，由于宿主离子和掺杂离子的尺寸差异小，因此自掺杂策略可以减少金属氧化物的结构缺陷，从而更有效地降低其光生电子-空穴的重组效率。Yu 等制备了一种自掺杂的 Sn-SnO$_2$ 纳米管，其具有光生电子-空穴分离效率高、光吸收范围宽的特点，与单一材料的 SnO$_2$ 纳米管相比，其光电流信号显著增强。

除了元素掺杂以外，异质结构键和量子点敏化也是提高金属氧化物 PEC 性能的重要手段。其中，异质结构键可通过提高金属氧化物光生电荷的分离和转移效率从而改善其 PEC 活性；量子点敏化有助于金属氧化物载流子的产生、分离和运输，可提高其 PEC 响应。

（1）异质结构键

各种类型的碳基材料（石墨烯、碳纳米管等）及其衍生物，通常被用作反应助剂与金属氧化物的复合，用于制备性能优异的光电功能材料并构建具有高分析性能的 PEC 传感器。

Wang 等制备了 BiOBr 纳米片/氮掺杂石墨烯 p-n 异质结,并将其与具有特异性识别能力的适配体相结合,提出了一种高选择性及高灵敏度检测鱼类中微囊藻毒素(MC)-LR 的 PEC 传感方法。该方法得益于氮掺杂石墨烯较高的电荷转移速率,抑制了 BiOBr 纳米片电子与空穴的快速复合,使得 BiOBr 纳米片/氮掺杂石墨烯的光电流约为单纯 BiOBr 纳米片的 4.6 倍。此外,纳米材料中 BiOBr 纳米片与氮掺杂石墨烯之间 p-n 异质结的形成,促进了电荷更有效地分离,从而增强了其光电流信号(图 6-6)。

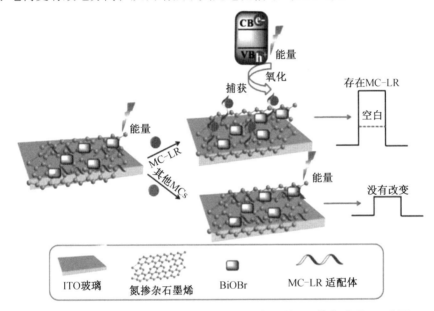

图 6-6 基于 BiOBr NFs-NG/ITO 电极的光电化学适配体传感原理示意图

Jiang 等构建了基于石墨氮化碳(CN)、碳纳米管(CNTs)和 Bi_2WO_6(BWO)纳米片的 Z 型异质结(图 6-7)。由碳纳米管介导的 Z 型电子转移路径引起的电荷载流子的有效分离所制备的石墨氮化碳/碳纳米管/Bi_2WO_6 异质结比裸碳纳米管、Bi_2WO_6 和其他二元石墨氮化碳/碳纳米管、碳纳米管/Bi_2WO_6 和碳纳米管/Bi_2WO_6 复合材料表现出更高的 PEC 活性。另外,通过引入其他类型的半导体与金属氧化物形成异质结,可大大改善金属氧化物的 PEC 性能。与单一 ZnO、MoS_2 相比,基于 p-n 异质结的 ZnO/MoS_2 阵列表现出更高的光电流响应,这归因于 ZnO/MoS_2 阵列具有较高的电荷载流子分离效率。通过将 Bi_2S_3 与 $BiFeO_3$ 进行复合形成异质结,不仅能有效地拓宽 $BiFeO_3$ 的可见光响应范围，而且能有效地提高其可见光的吸收强度。研究表明，$Bi_2S_3/BiFeO_3$ 异质结具有更高的电荷分离和转移效率，从而具有更高的 PEC 活性。

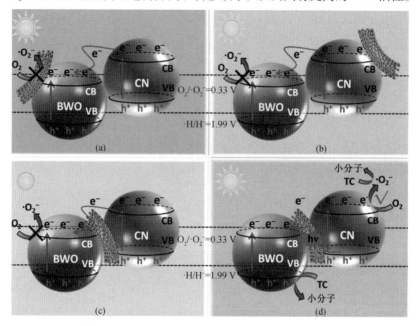

图 6-7　CN/CNT/BWO 光生电子转移机理示意图

（2）量子点敏化

利用量子点敏化提高金属氧化物的 PEC 性能也有相关报道。例如，通过 $g-C_3N_4$ 量子点对 TiO_2 纳米球进行敏化，可以提高 TiO_2 对可见光的捕获能力，延缓其光生电子-空穴对的重组，进而提高其 PEC 活性。Velásquez 等制备了环境友好的 $AgIn_5Se_8$ 量子点用于增敏 Ti/TiO_2 纳米管（NTs）光阳极的 PEC 活性。结果表明，与 Ti/TiO_2 NTs 光阳极相比，量子点敏化的 Ti/TiO_2 NTs 光阳极具有更好的 PEC 性能。

6.2.2　金属硫化物及其复合材料

作为一种具有独特能带和电子结构的半导体纳米材料，金属硫化物（Bi_2S_3、MoS_2 等）表现出优异的光学、电学、量子效应等诸多理化特性，得到了众多科研人员的青睐，在光伏电池、光催化，尤其是 PEC 传感领域展现出巨大的应用前景。例如，以单层 MoS_2 为光活性材料，Li 等构建了高灵敏的 PEC 传感器，用于甲硫氨酸的检测；以 Bi_2S_3 修饰电极为光电极，Li 等设计并制备了可用于检测增塑剂邻苯二甲酸二辛酯的 PEC 传感器。

然而，这种基于单组分金属硫化物的 PEC 传感器，由于光生电子-空穴较容易发生重新组合，导致 PEC 信号较弱，从而引起传感器灵敏度低。因此，利用有效的手段（包括异质结形成和染料敏化等）提高金属硫化物的光生电子-空穴的分离、传输效率被广泛研究并应用于 PEC 传感器的构建。以 CdS 为例，其作为一种具有合适的带隙（2.4 eV）和强的可见光吸收的典型 n 型半导体，在 PEC 传感领域具有巨大的应用潜能。然而，由于其存在严重的光生电子-空穴重组和光腐蚀问题，其应用受到一定限制。Liu 等通过将 CdS 与 CuS 复合，设计制备了 CuS/CdS 纳米复合物，用于 Cu^{2+} 的 PEC 超灵敏检测（图 6-8）。

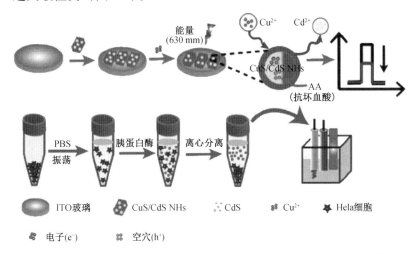

图 6-8　CuS/CdS NHs 基光电化学传感器的制备过程及对 Hela 细胞释放 Cu^{2+} 的检测

6.2.3　金属基量子点及其复合材料

金属基量子点是直径为 2~10 nm 的半导体纳米粒子，由元素周期表的 II 族元素（Zn、Cd、Hg）和 VI 族元素（Se、S 和 Te）组成。与金属氧化物和金属硫化物相比，金属基量子点具有成本低、流动性好、粒径分布窄、抗降解性能好等优势。目前，各种不同类型的金属基量子点，包括 CdTe、CdS、PbS、Ag_2S 等，已被应用于 PEC 传感领域。例如，研究人员利用 PbS、ZnS 和 Ag_2S 量子点的优异特性，构建了各种类型的 PEC 传感器用于检测 Cr^{6+}、Hg^{2+} 和可溶性 CD146，并获得了满意的检测效果。

为了克服单一量子点的应用局限性，过渡金属离子掺杂被认为是提高量子点光电化学性能的有效途径。Wu 等提出通过 Mn^{2+} 掺杂提高 CdS 量子点电荷分离效率，改善光电流输出信号，用于开发光电化学生物传感器。另外，设计异质结构的量子点是提高量子点的电荷分离效率的另一种有效途径。以硫化锌（ZnS）量子点为例，ZnS 是一种宽带隙 n 型半导体，其光生电子-空穴对较易发生复合，且其带隙较宽，导致 PEC 电性能较差。研究表明，通过设计 ZnS 基异质结量子点，可明显改善其 PEC 响应。Zhang 等以 Ag_2S 量子点作为 PEC 敏化剂构筑的核壳 $ZnS@Ag_2S$ 量子点，由于 Ag_2S 量子点的引入使 ZnS 量子点的光吸收和光生电子-空穴对的分离增强，从而改善了 ZnS 量子点的 PEC 响应，他们进一步基于 $ZnS@Ag_2S$ 量子点，构建了一种可用于 Hg^{2+} 检测的 PEC 传感器。

6.2.4　非金属氮化碳及其复合材料

氮化碳（$g\text{-}C_3N_4$）是一种具有较好的生物相容性的非金属半导体材料，具有理想的电子能级结构和高稳定性，被广泛应用于 PEC 传感领域。据报道，具有不同形貌及不同结构的 $g\text{-}C_3N_4$ 材料，包括纳米片、纳米棒、多孔结构和三维枝状结构，常用于设计制备 PEC 传感器的研究。例如，具有多孔结构和丰富表面官能团的 $g\text{-}C_3N_4$（如 A-CN，即—NH_x/—OH 功能化 $g\text{-}C_3N_4$）常用于 PEC 检测 Cu^{2+}（图 6-9）。

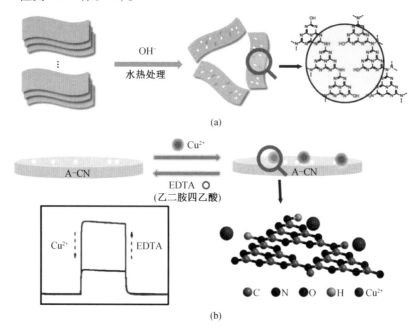

图 6-9　A-CN 的制备过程及其光电化学检测 Cu^{2+} 示意图

在可见光照射下，Cu^{2+}诱导的表面激子陷阱大大抑制了 A-CN 光生电荷的转移。在优化的条件下，该传感器对于 Cu^{2+}的检测具有较高的灵敏度和较低的检测限。基于 g-C$_3$N$_4$/ITO 光电极，Wang 等设计了一种灵敏、简单的 PEC 传感器，用于检测 H$_2$O$_2$、ClO$^-$ 和抗坏血酸。

由于 g-C$_3$N$_4$ 材料存在光生电子-空穴对复合效率高、可见光利用效率低等问题，因此采用单一的 g-C$_3$N$_4$ 作为光活性材料，在一定程度上限制了其在 PEC 传感器中性能的提高，而通过与合适的半导体形成异质结，可以有效降低 g-C$_3$N$_4$ 电子-空穴对的复合效率，从而通过提高 g-C$_3$N$_4$ 材料的 PEC 活性来提高 PEC 传感器的分析性能。Li 等制备了由 SnO$_{2-x}$NPs 和 g-C$_3$N$_4$ 纳米片组成的新型 SnO$_{2-x}$/g-C$_3$N$_4$ 异质结，基于 SnO$_2$ 含量的合适掺杂以及 SnO$_{2-x}$NPs 和 g-C$_3$N$_4$ 纳米片之间的紧密结构，与纯 SnO$_{2-x}$ 或 g-C$_3$N$_4$ 相比，异质结表现出更强的 PEC 性能。Wang 等制备了具有可见光/近红外光响应的钒氧酞菁（VOPc）/g-C$_3$N$_4$ 纳米复合材料，用于抗生素双氯芬酸的 PEC 检测，由于 VOPc 对 g-C$_3$N$_4$ 具有光敏化作用，与单一的 VOPc 或 g-C$_3$N$_4$ 材料相比，VOPc/g-C$_3$N$_4$ 纳米复合材料表现出较高的光电流转换效率和良好的 PEC 活性。

另外，g-C$_3$N$_4$ 材料的光活性也可以通过杂原子掺杂的形式进行增强。例如，将硼（B）原子引入 g-C$_3$N$_4$ 中形成 B 掺杂的 g-C$_3$N$_4$（BCN）功能材料，由于 g-C$_3$N$_4$ 中 B 原子的掺杂可以减小 g-C$_3$N$_4$ 的带隙并延长其载流子寿命，因此与单一材料 g-C$_3$N$_4$ 相比，BCN 表现出更高的光电流密度。Zheng 等设计并制备了具有中空结构的 S,Na 掺杂 g-C$_3$N$_4$/还原氧化石墨烯（S,Na-CN/rGO）介孔微球。结果表明，S 和 Na 元素的引入以及 rGO 的有效掺杂，使得 S,Na-CN/rGO 产生的光电流密度是 g-C$_3$N$_4$ 的 78 倍。

综上所述，不同种类的无机光活性材料，如金属氧化物、金属硫化物、金属基量子点、非金属氮化碳及其功能复合材料，已被设计制备用于提高其在 PEC 传感中的检测性能。

6.3 保障农产品品质与质量安全的光电化学检测技术

PEC 传感的初步研究更多地集中在不同种类目标物的检测应用上，以验证其多功能性和发展潜力。在农产品品质与质量安全检测应用中，PEC

传感方法已被应用于各种目标物的检测，包括农产品中含有的多种营养物质（矿物元素、抗坏血酸、L-半胱氨酸、葡萄糖、果糖等）及影响农产品质量安全的各种污染物（重金属离子、农药残留、真菌毒素、农用抗生素等）。本节将对 PEC 传感方法在农产品品质与质量安全检测中的应用作具体阐述，包括检测农产品中的营养成分、重金属、农药残留、真菌毒素 4 个方面。

6.3.1　农产品中营养成分的光电化学检测

农产品中含有多种营养成分，利用 PEC 方法可以检测农产品中的矿物元素、糖类、氨基酸及维生素等。

6.3.1.1　矿物元素

人体所必需的微量元素有铁（Fe）、锌（Zn）、铜（Cu）、铬（Cr）、锰（Mn）、钴（Co）、镍（Ni）、氟（F）、碘（I）、硒（Se）、钒（V）、钼（Mo）、锶（Sr）、锡（Sn）等。农产品中含有的无机矿物元素对人体健康具有重要作用，例如硒具有很强的抗氧化活性和防癌作用；锶（Sr）对于人的心血管系统、骨骼系统有很好的治疗和保健作用；锌（Zn）参与人体内多种酶的合成，并且对伤口的愈合和溃疡病的治疗具有积极作用，但摄入过量会造成恶心、头晕、呕吐和腹泻等负面影响。

近年来，基于 PEC 技术的矿物元素检测方法已被报道并应用于农产品品质检测中。Wang 等提出了基于表面等离子共振效应的 PEC 分析方法，用于茶叶中 Cu^{2+} 的检测。在该检测体系中，Au 纳米粒子（AuNPs）沉积在 BiOI 上，通过表面等离子共振效应，使传感器具有广泛的可见光吸收且达成电子-空穴的快速分离，从而使传感器具有较高的光电流响应。在 Cu^{2+} 1~50 μmol/L 的浓度范围内，传感器的光电流与 Cu^{2+} 浓度呈现良好的线性关系，并且在实际茶叶样品的检测中，传感器检测的样品回收率为 89.27%~104.09%。结果表明，该传感器可用于茶叶中 Cu^{2+} 的检测。

6.3.1.2　功能性成分

利用 PEC 方法可以检测的农产品中的功能性成分主要包含各种糖类（如葡萄糖、果糖）、氨基酸（如 L-半胱氨酸、肌氨酸）、多肽（如谷胱甘肽）及维生素（如维生素 C）等。

葡萄糖是自然界分布最广且最为重要的一种单糖，一般来说，含葡萄糖比较丰富的食物以水果和甜食为主，比如蛋糕、桂圆、红枣、西瓜、葡萄、香蕉、苹果、梨、猕猴桃，都含有大量葡萄糖。葡萄糖是生物体内新陈代谢不可缺少的营养物质，人类生命活动所需能量主要由葡萄糖主导的氧化反应放出的热量提供。另外，葡萄糖对于记忆的加强、钙质的吸收具有重要意义。葡萄糖检测在医药、食品、环境等领域的应用非常广泛，因此发展具有低成本、高灵敏度、高选择性的葡萄糖检测传感器具有重要意义。作为一种仪器设备简单、价格低廉的检测方法，PEC分析法用于葡萄糖检测已有报道。目前报道的PEC葡萄糖检测传感器分为有酶和无酶两种。Wang等采用AuNPs包裹的TiO$_2$纳米棒阵列作为光阳极材料，当邻苯二甲酸氢钠（KPH）存在时，传感器可以氧化不稳定的有机化合物葡萄糖，从而引起传感界面光电流信号的变化，根据氧化不同浓度的葡萄糖所产生的传感界面光电流信号的变化实现葡萄糖的检测，该传感器对于葡萄糖检测具有较宽的线性范围。Chen等利用ZnO-Au-Cu$_2$O光活性材料与H$_2$O$_2$之间的化学反应，构建了基于葡萄糖氧化酶（GOD）的PEC传感器，用于葡萄糖检测。该传感器的线性范围为0~91 mmol/L，检测限为80 μmol/L，对于葡萄糖的检测具有较理想的结果。另外，Yang等使用聚中性红作为阴极产生响应信号，ZnIn$_2$S$_4$作为阳极产生参考信号，根据GOD的特异性与两个电极之间信号变化的差异，提出了一种PEC比率方法，用于检测葡萄糖。所制备的传感器对于葡萄糖的检测具有良好的选择性、重现性与长期稳定性，线性范围为0.08~30 mmol/L，检测限低至27 μmol/L，并成功应用于人血清样品中葡萄糖的检测。由于GOD对葡萄糖氧化具有较高的催化活性和特异性，因此基于GOD的酶传感器对葡萄糖检测具有较高的选择性。然而，酶传感器的实际应用会受到酶的耐久性短和不稳定性的限制，为了解决这一问题，基于葡萄糖电催化氧化的非酶葡萄糖传感器被广泛研究。Zhang等构建了双功能的无酶PEC传感器，用于葡萄糖的检测。该传感器有PEC传感和自供能传感两种检测模式：在PEC传感模式下，Ni(OH)$_2$/TiO$_2$光阳极对葡萄糖催化氧化具有较高的活性，且随着葡萄糖浓度的不断增加，传感器的光电流信号逐渐增强。基于光电流信号与葡萄糖浓度的线性关系，可建立用于葡萄糖检测的PEC传感器。该传感器用于葡萄糖检测的线性范围为0.5~20 μmol/L。在自供能传感模式下，利用Ni(OH)$_2$/TiO$_2$光阳极构建了基于燃料电池的自供能传感体系。在这种传感策略中，燃料电池的输出可以直接提供响应葡萄糖浓度的电信号。该体系可在不依赖外部电源的条件下，实现对葡萄糖的定量检测。该自供能传感方法用于葡萄糖检测的线性范围为 5~100 μmol/L。

果糖是葡萄糖的同分异构体，它以游离的状态大量存在于蜂蜜以及水果的果浆中。果糖不仅甜度高、有水果香味、热值低，而且因其具有可降低血脂、不致龋齿的功能，成为糖尿病患者、肥胖症患者、儿童食品的理想甜味剂。不同于葡萄糖，果糖在体内代谢快，易被机体吸收利用，在人体内能促进双歧杆菌等有益细菌生长繁殖，同时能抑制有害菌生长，改善人体肠胃功能和代谢。Zhou 等利用金红石纳米线阵列作为光阳极，基于光阳极材料对果糖的光电催化氧化反应所引起的传感器光电流信号的变化，构建了无酶 PEC 传感器，用于果糖的直接检测。结果表明，随着果糖浓度的逐渐增加，传感器的光电流响应逐渐增大，该传感器可用于果糖的高灵敏分析。

L-半胱氨酸是一种多存在于蛋白质和谷胱甘肽中的生物体内常见的氨基酸。由于其具有独特的电活性，可以被修饰在传感器表面的活性材料催化氧化，因此，基于光活性材料对 L-半胱氨酸的光电催化氧化，一系列 PEC 传感器被成功构建并应用于 L-半胱氨酸的检测。Zhang 等以利用一步热解法制备的 CuO-Cu_2O 异质结为光活性材料，基于 L-半胱氨酸与含铜化合物形成 Cu—S 键引起传感器 PEC 信号的变化构建了 PEC 传感器，用于检测 L-半胱氨酸。由于 CuO-Cu_2O 异质结在可见光区有较强的吸收和较高的光生电子-空穴对分离效率，在可见光照射下，CuO-Cu_2O 包覆电极表现出良好的阴极光电流响应。在 L-半胱氨酸存在时，由于 L-半胱氨酸与传感器表面的 CuO-Cu_2O 材料形成 Cu—S 键，使得传感器的光电流信号减弱。随着 L-半胱氨酸浓度从 0.2 μmol/L 增加到 10 μmol/L，该传感器的光电流信号强度呈线性下降，检测限为 0.05 μmol/L，且该传感器对于 L-半胱氨酸的检测具有较高的选择性、重现性和稳定性。Liu 等以 Bi_2MoO_6-TiO_2 复合物为光活性材料，构建了无酶 PEC 传感平台，用于检测 L-半胱氨酸。在传感器构建中，L-半胱氨酸不仅可以通过 Bi—S 键对目标物进行特异性识别，而且其作为电子供体，可以清除 Bi_2MoO_6-TiO_2 复合物的光生空穴，引起传感器光电流信号的增强。对于 L-半胱氨酸的检测，该传感器的线性范围为 500 nmol/L~500 μmol/L，检测限为 150 nmol/L，且在实际尿液和血清样本检测中具有较好的结果。

肌氨酸也称为肌酸，是一种产生于肝脏，给肌肉细胞提供能量的物质，补充肌氨酸可有效改善机体运动表现、力量及恢复时间。Wang 等以 PbS 纳米晶修饰的 NiO 纳米片为光活性材料，建立了一种基于肌氨酸氧化酶（SOx）的 PEC 自供能传感平台，用于肌氨酸的检测。在可见光照射下，光电阴极的光生电子与电解液中的 O_2 反应生成 O_2^-；当肌氨酸存在时，固定在传感界面的 SOx 分解肌氨酸的过程会消耗 O_2 生成 H_2O_2 等，从而产生 SOx 与 NiO/PbS/Au 的 O_2 消耗竞争，导致传感器阴极光电流信号强度减弱。在最佳实验条件下，构建的传感器对于肌氨酸检测的线性范围为 $5.0 \times 10^{-8} \sim 5.0 \times 10^{-2}$ mol/L，检测限为 1.7×10^{-8} mol/L。该传感器具有良好的重复性、稳定性和高特异性，并且在实际样品的肌氨酸检测中具有较好的可行性。

谷胱甘肽是一种含 γ-酰胺键和巯基的三肽，由谷氨酸、半胱氨酸及甘氨酸组成。谷胱甘肽具有广谱解毒作用，不仅可用于药物，而且广泛应用于增强免疫力、延缓衰老、抗肿瘤等功能性食品中，其在生物体内有着重要的作用，在一些动植物中含量很高，如动物肝脏、小麦胚芽、西红柿、菠萝、黄瓜等。Jia 等构建了用于谷胱甘肽灵敏检测的 In_2O_3-In_2S_3/分子印迹聚合物（MIP）PEC 传感器。光活性材料 In_2O_3 的中空结构促进了光的吸收，异质结 In_2O_3-In_2S_3 的构建阻碍了光生电子-空穴对的快速复合，有利于提高材料的光电转换性能，进而提升传感器检测的灵敏度。另外，MIP 的引入有效地提高了 PEC 传感器的选择性。MIP 基 PEC 传感器具有较低的检测限（0.82 μmol/L），以及良好的稳定性、重复性和高选择性，为谷胱甘肽的检测提供了一种新方法。

抗坏血酸作为一种重要的水溶性维生素，曾经在预防长时间航海旅行引发坏血病方面起到重要作用。尽管大多数动物可以自然合成抗坏血酸，但人类和灵长类动物只能通过外部获取。除了柑橘等水果以外，花椰菜、菠菜也是抗坏血酸的良好来源。研究者们致力于利用 PEC 传感方法检测抗坏血酸。Cheng 等基于 Bi 的 SPR 效应对 $BiVO_4$ 微球的光电流信号增强构建了 PEC 传感器，用于检测抗坏血酸。由于金属 Bi 的费米能级高于 $BiVO_4$，因此光生电子可以从 Bi 轻松转移至 $BiVO_4$，且 Bi 因具有较大的势能，可以从 $BiVO_4$ 的价带接受部分电子，从而降低 $BiVO_4$ 中的电子-空穴复合率，增强传感界面的 PEC 信号，进一步达到高灵敏度检测抗坏血酸的目的。该传感器的线性范围为 0.2～118 μmol/L，检测限为 0.09 μmol/L。Han 等以 TiO₂/Ti₃C₂ 复合物为光敏材料，基于抗坏血酸与传感界面的氧化还原电位，构建了 PEC 传感器，用于抗坏血酸的检测。在 TiO₂/Ti₃C₂ 复合物中，由于 TiO₂ 纳米粒子与 Ti₃C₂ 层之间形成肖特基势垒，可以加快 PEC 过程中 TiO₂ 的电荷转移。在光照射下，TiO₂ 的光生电子-空穴对快速分离，光生电子从 TiO₂ 的导带转移到 Ti₃C₂ 中，Ti₃C₃ 因具有良好的金属导电性和较大的比表面积，可以加速电子转移，并且可以有效防止电子-空穴的快速复合。在 12.48～521.33 μmol/L 浓度范围内，传感器的光电流信号响应与抗坏血酸浓度保持良好的线性关系。该传感器可用于实际样品抗坏血酸的检测，为农产品的营养成分分析提供了思路。

　　除了上述功能性成分外，农产品中还存在许多其他种类的功能性成分，如咖啡酸、绿原酸以及多种还原性物质，基于 PEC 传感方法检测这些营养物质也有一些报道。Liang 等使用 g-C₃N₄/NiS/TiO₂ 作为光敏材料，开发了 PEC 传感方法，用于检测葡萄中的抗氧化物质。g-C₃N₄/NiS/TiO₂ 三元异质结因具有良好的可见光吸收和更高的电子转移效率，有效放大了传感器的 PEC 信号。当电解液中含有抗氧化物质时，g-C₃N₄/NiS/TiO₂ 中带正电的空穴会从中得到电子，从而放大传感器的光电流信号。因此，可以根据光电流信号的变化，检测样品中的抗氧化物质，检测范围为 1.25×10^{-6}～1.51×10^{-3} mol/L，检测限低至 5.6×10^{-7} mol/L。Sousa 等基于 TiO₂ 与吖啶橙（AO）复合材料的高光电流响应构建了 PEC 传感器，用于检测农产品中的绿原酸（CGA）。在光照射下，光活性材料的光生电子从 AO 转移至 TiO₂ 中，进而转移至外电路，产生光电流响应信号。当 CGA 存在时，它可以充当电子供体，引起传感器 PEC 信号增强。因此，可以根据传感器 PEC 响应信号的变化，达到检测 CGA 含量的目的。咖啡酸（CA）是存在于多种植物中的酚类化合物，因其具有较高的抗氧化活性并且可以预防多种疾病，被认为是一种重要的酚酸。Botelho 等通过将 TiO₂、碳纳米管（CNTs）和碲化镉量子点（CdTe QDs）搅拌得到光活性复合材料 TiO₂/CNTs/CdTe QDs，并基于该材料构建了一种 PEC 传感器，用于检测茶叶等农产品中的 CA。在 0.5～360 μmol/L 浓度范围内，传感器的光电流响应与 CA 浓度之间保持良好的线性关系，同时该传感器具有良好的选择性，可用于实际样品中 CA 的检测。

6.3.2 农产品中重金属元素的光电化学检测

受生长环境（如土壤、灌溉水等）影响，农产品中含有各种重金属元素，主要有镉（Cd）、汞（Hg）、铅（Pb）、砷（As）、铬（Cr）和铜（Cu）等。农产品中含有的重金属可通过食物摄入的方式进入人体，从而对人体健康产生严重威胁。

汞离子（Hg^{2+}）作为一种剧毒重金属离子，可通过多种途径进入并富集在人体内，严重影响中枢神经系统、免疫系统和肾脏功能等，对人体造成诸多负面影响，如神经失常、四肢麻痹、视觉丧失、肾功能衰竭，甚至死亡。Zhang 等通过将金属 Ag 沉积在 Ag_2S 上获得 Ag@Ag_2S 纳米复合材料，基于 Ag-Hg 选择性结合对 Ag@Ag_2S 基传感界面 PEC 信号的影响，实现对 Hg^{2+} 的检测。该传感器在光照下的检测机理如图 6-10 所示，由于金属 Ag 具有 SPR 效应，因此放大了传感界面的 PEC 信号。当 Hg^{2+} 存在时，Ag-Hg 选择性结合，从而抑制光电流响应。该传感器具有较好的选择性，可在众多金属离子共存下准确检测 Hg^{2+}，且具有较宽的线性范围（0.001～5 nmol/L），检测限低至 0.5 pmol/L，因此可用于食品中 Hg^{2+} 的痕量检测。Jiang 等通过使用 $Ti_3C_2T_x$ 修饰 $BiVO_4$ 构建了肖特基异质结，用于 PEC 检测 Hg^{2+}。$Ti_3C_2T_x$ 作为一个典型的过渡金属碳化物，因具有大的比表面积、较高的金属导电性、可调的带隙、良好的光学性能而备受关注。PEC 检测 Hg^{2+} 的机理如下：在光照下，光生空穴转移至 $Ti_3C_2T_x$，当溶液中添加还原型谷胱甘肽时，可以从 $Ti_3C_2T_x$ 表面捕获空穴，加快空穴的消耗速度，并且向外电路提供电子，使传感器产生较强的光电信号。当 Hg^{2+} 存在时，谷胱甘肽与 Hg^{2+} 发生螯合反应导致谷胱甘肽消耗，谷胱甘肽的空穴捕获能力降低，从而导致光电信号降低。在 1 pmol/L～2 nmol/L 的浓度范围内，该传感器的光电信号响应与 Hg^{2+} 浓度保持良好的线性关系，检测限为 1 pmol/L。Qiu 等使用蜡丝网印刷与碳油墨丝网印刷，制备传感器用于 Hg^{2+} 的检测。该传感器集成了 PEC 的高灵敏度与离子印迹的高选择性，实现了 Hg^{2+} 的高灵敏度、高选择性检测。为了避免干扰，该传感器将光敏材料与涂有 Hg^{2+} 印迹的区域分开，同时使用 ZnS 包裹的 CdS 的核壳结构 QDs，在不施加偏压的情况下可产生更大的光电流。在 0.0005～5 mg/L 的浓度范围内，该传感器可以实现对 Hg^{2+} 的定量检测，检测限低至 0.090 μg/L。该传感器具有较好的长期稳定性与选择性，可用于茶与果汁中 Hg^{2+} 的检测。

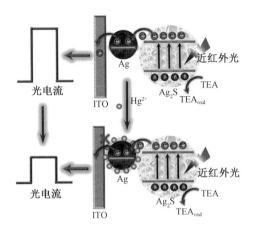

图 6-10　基于 Ag@Ag₂S 修饰电极的 PEC 传感方法检测 Hg²⁺机理示意图

铅离子（Pb^{2+}）作为另一种剧毒重金属离子，不断在大气、水和土壤间进行迁移和蓄积，并通过食物链的生物富集效应，对农作物和人体造成严重危害。对农作物而言，Pb^{2+} 并不是生长发育的必需元素，其以非代谢的方式进入植物根部，当积累到一定程度时，就会抑制植物根系细胞的分裂，从而对植物的生长发育造成严重影响。另外，当 Pb^{2+} 浓度高时，还会通过抑制植物的蛋白质、氨基酸的活性进而影响种子的发芽率。对人体而言，Pb^{2+} 通过食物链等途径进入人体，并在体内积累，导致人体内的蛋白质、氨基酸和酶等物质的活性下降，对正常生理活动造成负面影响，同时抑制血红蛋白合成，导致贫血。此外，Pb^{2+} 还会严重影响人类神经系统，特别是大脑处于发育期的儿童，易造成食欲不振、头痛、便秘、腹泻、失眠、记忆力衰退等症状。Li 等使用 BiOI 作为光活性材料，发展了 PEC 传感方法用于 Pb^{2+} 检测。首先通过酰胺键将二茂铁（Fc）修饰的 DNA 组装在电极表面，利用光生电子在 BiOI 光活性传感界面的有效转移，实现传感器的光电流信号放大。当加入 AuNPs 后，由于 AuNPs 的双重猝灭效应，以及 DNA 链的刚性导致 Fc 远离电极表面，光电流信号明显降低。当 Pb^{2+} 存在时，可以将 AuNPs 修饰的 DNA 剪切为两个片段，使得光电信号恢复，根据不同 Pb^{2+} 浓度引起的传感器光电流信号的变化，可以实现 Pb^{2+} 的定量检测。在 $5.0\times10^{-12}\sim1.0\times10^{-6}$ mol/L 浓度范围内，传感器的光电流信号响应与 Pb^{2+} 浓度的对数呈线性关系，检测限为 3.16 pmol/L。Meng 等将 TiO_2/AuNPs 修饰在电极上后，将 DNA1 通过 Au—S 键连接在 $TiO_2/AuNPs$ 材料表面，进而将 CdS QDs 修饰的 DNA2 引入电极表面，通过形成 Z 型异质结增强传感器的光电流响应。当 Pb^{2+} 存在时，DNA1 与 DNA2 发生解旋，传感器的 PEC 信号强度降低。该传感器具有良好的选择性，可以在 0.5 pmol/L ~ 10 nmol/L 的宽线性范围内准确检测 Pb^{2+}，其检测限可达 0.13 pmol/L，并已成功用于多种复杂环境样品中 Pb^{2+} 的检测。Huang 等提出了一种在不同波长下同时检测 Mg^{2+} 与 Pb^{2+} 的 PEC 传感方法。该传感器利用 3,4,9,10-苝四羧酸二酐（PTCDA）作为光活性材料，分别使用含有亚甲基蓝的单链 DNA S1（MB-S1）和二茂铁的 S2（Fc-S2）作为敏化剂和猝灭剂。由于 MB 可以拓宽材料的光吸收范围，因而可以增强传感器在 623 nm 与 590 nm 光源激发下的光电流信号。而 Fc 的存在，可通过捕获 590 nm 光源激发下的光生电子，导致其光电流信号强度降低。结果表明，623 nm 光源激发下传感器的光电流信号响应与 MB 的浓度成正比，590 nm 光源激发下传感器的光电流信号同时受 Fc 和 MB 浓度的影响。因此，可以由 623 nm 光源激发下传感器的光电流信号计算 MB 的浓度，进而通过 590 nm 光源激发下传感器的光电流信号计算得出 Fc 的浓度，并且 MB-S1 与 Fc-S2 可以被目标物 Pb^{2+} 与 Mg^{2+} 回收，可以通过直接获得 MB 与 Fc 的浓度，间接获得目标物 Pb^{2+} 与 Mg^{2+} 的浓度，传感器机制如图 6-11 所示。该传感器对于 Mg^{2+} 与 Pb^{2+} 的检测限分别为 0.3 pmol/L 与 0.3 nmol/L，已成功用于检测实际样品。同样地，Deng 等利用双信号输出的 PEC 传感器，实现了对多种重金属离子的同时检测。其所设计传感器采用 3,4,9,10-苝四甲酸（PTCA）和氮化碳（C_3N_4）作为光活性材料，分别标记单一的 DNA，用来提高 DNA 的利用率，然后分别在 365 nm 与 623 nm 光源激发下获取信号，实现 Pb^{2+} 与 Mg^{2+} 的同时检测。由于将电极孵育 Mg^{2+} 时可以使 C_3N_4 功能化的探针 1 固定在电极上，在 Cu^{2+} 的催化下，传感器可以在 365 nm 光源激发下产生一较强的光电流信号，而在 632 nm 光源激发下光电信号十分微弱，可忽略不计；同时，Pb^{2+} 孵育可以使 PTCA 功能化的探针 2 固定在电极上，在 623 nm 和 365 nm 光源激发下传感器均会产生较强的光电流信号。由于两个波长所产生的信号不会互相干扰，因此可以通过信号转换计算获得 Pb^{2+}、Mg^{2+} 和 Cu^{2+} 的含量。该传感器可同时检测多种金属元素，在食品、环境分析等领域具有巨大的应用潜力。

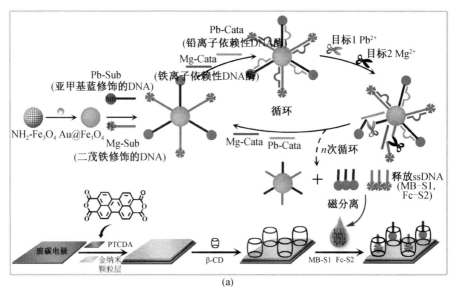

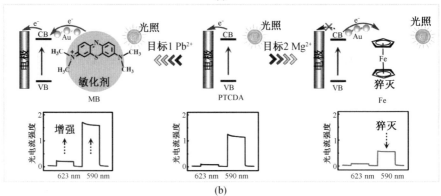

图 6-11　在不同波长下同时检测 Pb²⁺和 Mg²⁺的 PEC 传感器机制示意图

　　六价铬离子（Cr^{6+}）是一种无法被降解的剧毒重金属离子污染物。Cr^{6+}进入人体后会与 DNA 结合，导致中枢神经系统发生突变并产生损伤，即使微量的摄入也具有很强的致癌性。因此，建立高效的分析方法，实现 Cr^{6+} 的检测刻不容缓。Dashtian 等通过原位电聚合的方法将 $Pb_5S_2I_6$ 与聚多巴胺进行结合，然后将其涂在 Ti 箔生长的 TiO_2 上，制备了一种灵敏检测 Cr^{6+} 的 PEC 传感器。在光照下，$Pb_5S_2I_6$ 价带中的光生电子受到激发，转移至其导带，然后通过聚多巴胺转移至 TiO_2 的导带上。当 Cr^{6+} 存在时，Cr^{6+} 会被还原为 Cr^{3+}，同时会产生空穴，导致传感器的 PEC 信号增强。该传感器可以在

0.01~80 μmol/L 浓度范围内对 Cr^{6+} 进行准确地检测，并成功应用于番茄汁等实际样品中 Cr^{6+} 的检测。

钴离子（Co^{2+}）是人体必需的一种微量元素，可以促进红细胞、部分酶的合成以及调节酶、辅助因子的催化活性，在人体中发挥着重要作用。但 Co^{2+} 的过量摄入会使机体内的自由基过剩，导致细胞凋亡，进而使人患上哮喘、鼻炎、过敏性皮炎和心肌病等疾病。Li 等将壳聚糖（CS）覆盖在 WO_3 阵列上，利用 CS 的增敏及螯合作用发展 PEC 方法检测 Co^{2+}。当 Co^{2+} 存在时，它将会与 CS 发生螯合反应生成 Co—N 键，降低 CS 对光电流信号的增强效应，引起 PEC 传感器信号强度的降低，从而实现 Co^{2+} 的检测。该传感器的线性范围为 1.0~60.0 μmol/L，检测限低至 0.3 μmol/L，在实际样品分析中具有较高的准确性。

6.3.3 农产品中农药残留的光电化学检测

农药是主要用于农作物病、虫防治的化学试剂，按照其作用及功效可分为除菌剂、杀虫剂和除草剂等。农药分子化学组成呈现多样化，同时其毒性也千差万别，目前世界上登记的农药已经超过千余种。农药残留是指农药施用后会残留于作用物质表面，残留污染不仅限于农药本体，还包括其降解产物或者植物体内的代谢物和转化产物。农药残留现象普遍存在，其危害也是多方面的，如直接或间接食用农药污染的农产品会造成相关农药在人体内的蓄积和转变。研究表明，当人体内的农药达到一定蓄积水平时，有一定概率会引发严重的病症，如急性神经系统毒性、神经发育障碍、肌肉无力、呼吸和内分泌紊乱、人体免疫系统混乱、瘫痪、癌症和慢性肾脏肝脏疾病等。因此，建立农产品农药残留分析方法，对保障农产品安全和人类健康具有重要意义。

乙草胺是一种常见的除草剂，适用于玉米、豆类、花生、马铃薯、大蒜、大葱、棉花、油菜、向日葵、蓖麻和烟草等。其作用机理为：通过阻碍蛋白质合成而抑制细胞生长，使杂草幼芽、幼根停止生长，进而死亡。Jin 等基于除草剂乙草胺对葡萄糖氧化酶（GOx）活性的抑制能力，使用 NH_2-MIL-125(Ti)/TiO_2 纳米复合物作为光敏材料，构建了一种酶抑制型 PEC 生物传感器，用于检测乙草胺（图 6-12）。

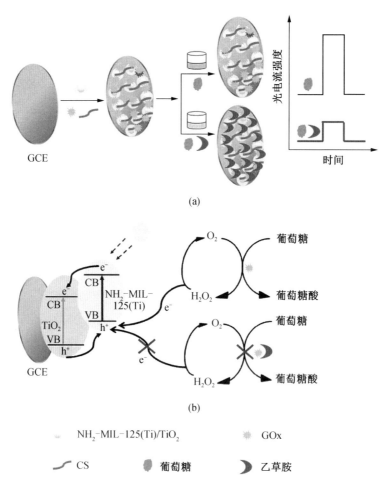

(a)

(b)

NH₂-MIL-125(Ti)/TiO₂   GOx

CS   葡萄糖   乙草胺

图 6-12 GOx/CS/NH₂-MIL-125(Ti)/TiO₂ 生物传感器的构建过程及电子转移机理

具体检测过程如下：GOx 催化葡萄糖产生 H_2O_2，H_2O_2 作为电子供体可消耗 NH₂-MIL-125（Ti）/TiO₂ 的光生空穴，有利于传感器光电流信号强度的提高；当在含有葡萄糖的磷酸盐缓冲溶液中加入乙草胺时，GOx 的活性被乙草胺抑制，阻碍电子供体 H_2O_2 的产生，导致传感器的光电流信号强度降低。所构建的 PEC 生物传感器对乙草胺检测的线性范围为 0.02～1.0 nmol/L 和 10～200 nmol/L，检测限为 0.003 nmol/L。以草莓、番茄、黄瓜等为实际样品，对开发的 PEC 生物传感器在实际样品中检测乙草胺的可行性进行评估，其加标回收率为 94.3%～103.8%，与 GC-MS 方法的检测结果基本一致。另外，在光照下，乙草胺可与光活性材料发生氧化反应，引起 PEC 传感器光电流信号增强，因此，可以通过考察乙草胺对传感器光电流信号的影响，获得乙草胺浓度信息。基于上述原理，Jin 等利用 TiO_2-聚（3-己基噻吩）-离子液体（TiO_2-P3HT-IL）纳米复合材料构建了 PEC 传感器，实现了乙草胺的灵敏检测。激发态 P3HT 与 TiO_2 的导带之间的强电子耦合作用提高了 TiO_2-P3HT-IL 纳米复合材料的光电流转换效率；离子液体提供了大量的自由电荷载流子，使得离子导电性增强，进一步提高了 TiO_2-P3HT-IL 纳米复合材料的光电流转换效率。当加入乙草胺后，由于 TiO_2 光生空穴对乙草胺的光催化氧化作用，进一步增强了传感器的光电流信号。在最佳实验条件下，该传感器可以实现 $0.5 \sim 20$ μmol/L 浓度范围内乙草胺的检测，检测限为 0.2 nmol/L。

作为一种硫代磷酸酯类杀虫剂，毒死蜱可通过胃毒、触杀、熏蒸作用，有效防治水稻、小麦、棉花、蔬菜、果树、茶树上多种咀嚼式和刺吸式口器害虫。Wang 等以分子印迹聚合物为识别元件构建了 PEC 传感器，用于毒死蜱的选择性检测。通过将邻苯二胺（o-phenylenediamine，o-PD）单体和毒死蜱模板分子在金纳米粒子/二氧化钛纳米管（$AuNPs/TiO_2$ NTs）上进行电聚合，合成了聚邻苯二胺（PoPD）功能化的 $AuNPs/TiO_2$ NTs（PoPD-$AuNPs/TiO_2$ NTs），应用于毒死蜱的分子印迹 PEC 检测（图 6-13）。具有分子印迹识别能力的 PoPD 薄膜由于具有快速的电子转移能力，不仅可以作为识别元件，还可以提高传感界面的光电流信号强度。AuNPs 增加了从 PoPD 到 TiO_2 NTs 的电子注入率，进一步增强了光电流信号。毒死蜱被识别后，消耗光生空穴使得光电流信号放大。在最佳实验条件下，毒死蜱浓度（$0.05 \sim 10$ mmol/L）与光电流响应变化成正比，检测限为 0.96 nmol/L。为了验证该传感器应用于实际样品的可行性，他们考察了绿色蔬菜样品中毒死蜱的含量检测。结果显示，毒死蜱的加标回收率良好，且与 GC-MS 检测结果吻合，表明该传感器具有实际应用的潜力。另外，毒死蜱是乙酰胆碱酯酶（AChE）抑制剂，可有效抑制 AChE 的活性，基于毒死蜱对 AChE 活性抑制作用的 PEC 酶传感器被构建并成功用于毒死蜱的检测。Wang 等通过制备 CdS QDs 功能化的吩噻嗪聚合物（PPT）薄膜修饰的 ITO 电极（CdS/PPT/ITO）构建了一种基于 AChE 的 PEC 传感器，用于毒死蜱的检测。AChE 催化水解乙酰硫代胆碱产生的硫代胆碱，通过静电排斥作用有效地引导 CdS QDs 离开 PPT/ITO，使得光电流信号强度降低；而当毒死蜱存在时，其通过抑制 AChE 活性抑制了硫代胆碱的产生，阻碍了 PEC 电流信号强度的降低。所构建的 PEC 生物传感器对毒死蜱检测的线性范围为 1.5~200 μg/L，检测限为 0.63 μg/L。进一步利用标准加入法将该传感器应用于白菜提取物中毒死蜱的检测，回收率为 96.20%~107.00%，且所得结果与 HPLC 结果基本一致。利用相同的检测原理，Miao 等通过制备 ITO/BiVO₄/AChE 电极构建了一种灵敏的 PEC 生物传感器，用于毒死蜱的检测。首先通过热处理获得具有优良光电性能的 ITO/BiVO₄ 光电极，然后 AChE 在电极表面的催化反应中产生的硫代胆碱，可以被光生空穴，进而增强光电流信号。当毒死蜱存在时，AChE 的活性被抑制导致光电流信号强度下降。所制备的 PEC 生物传感器可以实现对毒死蜱的灵敏检测，检测范围为 1 pmol/L~10 nmol/L，检测限为 0.25 pmol/L。为了验证传感器应用于实际样品检测的可行性，对葡萄、草莓和菠菜中的毒死蜱进行加标回收率实验，回收率为 95.70%~106.10%。该传感器表现出较高的灵敏度、可接受的稳定性和良好的可重复性，为环境和食品中农药残留的检测提供了新途径。

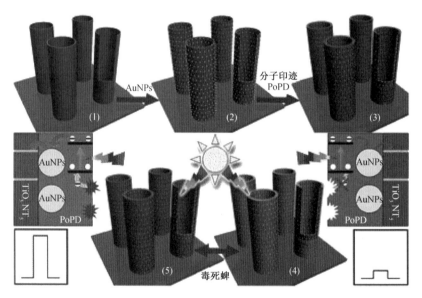

图 6-13　基于 AuNPs 和分子印迹聚邻苯二胺修饰 TiO₂ NTs 的光电化学传感器的构建及检测原理示意图

除此之外，基于传感材料和分析物毒死蜱之间的直接相互作用的无识别元件传感模式已开始引起人们的关注。Du 等通过简单的湿化学过程制备了 AgBr/Ti₃C₂ 肖特基异质结，构建了自供能 PEC 传感器，用于毒死蜱的检测。肖特基势垒可以提供从 AgBr 到 Ti₃C₂ 纳米片不可逆的电子转移通道，从而提高光吸收和电荷分离的效率。毒死蜱中的 C≡N 键和 P≡S 键与 Ti₃C₂ MXene 纳米片中的 Ti(Ⅲ) 有强配位相互作用，可以在没有识别元件的情况下，驱动毒死蜱组装到电极界面。Ti-毒死蜱复合物的空间位阻效应，可以使光电流信号强度下降。自供能 PEC 传感器具有宽的线性范围（$1 \times 10^{-3} \sim 1$ ng/L）、低的检测限（0.33 pg/L）、良好的重现性和稳定性。Du 等采用标准添加法对苹果和黄瓜样品中的毒死蜱含量进行检测，加标回收率为 96.0% ~ 106.0%，且与 GC-MS 的检测结果基本一致。Wang 等通过一锅沉淀法在室温下制备了 Z 型 I-BiOCl/N 掺杂石墨烯量子点（I-BiOCl/N-GQDs）异质结，基于毒死蜱与复合材料表面 Bi(Ⅲ) 的配位作用引起的传感器光电流信号的变化，构建了一种用于选择性检测毒死蜱的 PEC 传感器。毒死蜱的 C≡N 键和 P≡S 键与 I-BiOCl/N-GQDs 异质结表面 Bi(Ⅲ) 位点之间具有特定的螯合作用，Bi-毒死蜱复合物的形成抑制了载流子的有效转移，引起传感器光电流信号强度的下降。在最佳实验条件下，光电流响应的变化与毒死蜱浓度的对数呈良好的线性关系，线性范围为 0.3 ~ 80 ng/mL，检测限为 0.01 ng/mL。Liu 等提出了一种利用氮功能化石墨烯量子点/三维碘氧化铋复合空心微球（NFGQDs/3D BiOI HHMs）作为光电极选择性检测毒死蜱的高效 PEC 传感器。与单纯的 BiOI 微球相比，由于 NFGQDs/3D BiOI HHMs 的带隙缩小及电子转移加速，复合材料的光电流信号显著增强（约 18 倍）。当目标分析物毒死蜱存在时，其 C≡N 键和 P≡S 键与 Bi(Ⅲ) 结合形成 Bi-毒死蜱复合物，导致电荷转移效率降低、光电流信号强度下降。所发展的 PEC 传感器对于毒死蜱的检测具有线性范围宽（0.1 ~ 50 ng/mL）、检测限低（0.03 ng/mL）、选择性和可靠性较好的优点。Wang 等基于 Z 型 2D/2D β-Bi₂O₃/g-C₃N₄ 异质结构建了 PEC 传感器，用于检测毒死蜱。由于 2D/2D 异质结紧密地接触界面可以促进电子-空穴对的分离和迁移，因此 β-Bi₂O₃/g-C₃N₄ 复合材料比单一的 β-Bi₂O₃ 和 g-C₃N₄ 具有更强的光电流响应。当毒死蜱存在时，原位形成的 Bi-毒死蜱复合物的空间位阻效应阻碍了光生载流子的转移，通过检测光电流信号强度的下降可以实现对毒死蜱的选择性检测。该 PEC 传感器具有检测范围宽（0.01 ~ 80 ng/mL）、检测限低（0.03 ng/mL）和稳定性好等优点。

对氧磷为广谱性杀虫剂，杀灭昆虫效果显著，高温条件下可进一步提高其杀虫效果，具有触杀、胃毒、熏蒸三重作用，多用于防治梨、苹果、桃、柑桔等果树害虫及麦红蜘蛛等。敌敌畏是一种常用的环境卫生杀虫剂，用于控制家庭害虫、保护储存产品免受昆虫侵害。基于对氧磷和敌敌畏对 AChE 活性的抑制作用，Li 等使用 CdSe@ZnS QDs 与石墨烯修饰 ITO 作为光活性电极，构建了 PEC 生物传感器，用于检测对氧磷和敌敌畏。石墨烯可以促进光生载流子的有效分离，从而降低 CdSe@ZnS QDs 中电子与空穴的复合速率，AChE 催化乙酰硫代胆碱生成硫代胆碱，硫代胆碱作为 CdSe@ZnS QDs 价带中空穴的电子供体，提高了传感器的光电流信号强度。当酶的活性被农药抑制时，光电流信号强度明显下降。在最佳实验条件下，在 $10^{-12} \sim 10^{-6}$ mol/L 的浓度范围内，光电流信号强度与对氧磷和敌敌畏浓度的对数成正比。该传感器对对氧磷和敌敌畏的检测限分别低至 10^{-14} mol/L 和 10^{-12} mol/L。为了证明该传感器应用于实际样品分析的可行性，对苹果样品中的对氧磷和敌敌畏进行了检测，其加标回收率为（93.67 ± 12.1）% ~（103.37 ± 12.8）%，与 HPLC-MS 检测结果非常吻合，表明该传感器在有机磷农药检测中具有实际应用价值。

马拉硫磷是一种有机磷的副交感神经杀虫剂，具有良好的触杀、胃毒和一定的熏蒸作用。2017 年 10 月，世界卫生组织国际癌症研究机构公布的致癌物清单显示，马拉硫磷在 2A 类致癌物清单中。Cao 等基于 Cu-BTC 金属有机骨架（MOF）衍生的 CuO 构建了一种用于检测马拉硫磷的 PEC 传感器。通过煅烧得到 Cu-BTC MOF 衍生的 CuO，具有较大的活性面积以及较高的光电流转换效率。当马拉硫磷存在时，CuO 与马拉硫磷中的硫基（—S 或 P=S）配位产生 CuO-马拉硫磷配合物，导致电子从 CuO 纳米颗粒转移到电极表面的空间位阻增加，传感器的光电流信号强度降低。该 PEC 传感器具有宽的线性范围（$1.0 \times 10^{-10} \sim 1.0 \times 10^{-5}$ mol/L）和低的检测限（8.6×10^{-11} mol/L），在大白菜中马拉硫磷的检测应用中，回收率为 94.0% ~ 105.2%，且与 GC-MS 检测结果一致，说明基于 MOF 衍生氧化物构建的 PEC 传感器在实际样品检测中具有良好的应用前景。Li 等提出了一种用于草甘膦检测的 PEC 传感器。该传感器的检测机理如下：传感界面的 Ag^+ 可以与 g-C_3N_4 的光生电子发生反应，被还原成 Ag，抑制了 g-C_3N_4 的光生电子向电极界面的转移，从而抑制了传感器光电流的产生。然而，当 $Ag^+/g-C_3N_4$ 修饰电极被浸入草甘膦溶液中时，Ag^+ 通过螯合作用与草甘膦结合，从 $g-C_3N_4$ NSs 中脱离，使光电流信号恢复，通过农药加入前后传感器光电流信号的变化实现草甘膦的定量分析。在最佳实验条件下，传感器光电流信号的变化与草甘膦浓度呈良好的线性关系，检测范围为 $1.0×10^{-10} \sim 1.0×10^{-3}$ mol/L，检测限为 30 pmol/L。将该传感器应用于橙汁中草甘膦的加标试验，回收率为 94.5%～114.9%，表明该传感器可用于复杂样品中草甘膦的检测。

6.3.4　农产品中真菌毒素的光电化学检测

产毒霉菌通常会在农产品的种植、生长、收割、储运及加工阶段接触、滋生并繁殖，从而进入食物链。在常见的真菌毒素中，具有代表性的有黄曲霉毒素 B_1（AFB_1）、赭曲霉毒素 A（OTA）、伏马菌素 B_1（FB_1）、玉米赤霉烯酮（ZEN）等。当摄入的农产品以及由其加工的食品被真菌毒素严重污染后，会导致人和牲畜产生多种中毒症状，如急性呕吐、出血症、多发性神经炎、雌激素亢进等，死亡率极高。为了避免真菌毒素污染的农产品带来健康隐患和经济损失，开发高灵敏和高特异性的真菌毒素检测方法成为一项重大而紧迫的任务。

6.3.4.1　黄曲霉毒素 B_1

黄曲霉属真菌、寄生曲霉属真菌和其他曲霉属真菌在高温和潮湿条件下会产生次级代谢产物，具有极强的毒性。世界卫生组织（WHO）于 1993年将黄曲霉毒素列为 I 类致癌物。黄曲霉毒素的种类超过 20 种，最常见的类型包括黄曲霉毒素 B_1（AFB_1）、黄曲霉毒素 B_2（AFB_2）、黄曲霉毒素 G_1（AFG_1）、黄曲霉毒素 G_2（AFG_2）等。其中，AFB_1 在含量上占主导地位，且毒性最强，是目前已知最强的天然化学致癌物，常出现在水果、谷类、葡萄酒和豆制品等食品中。由于 AFB_1 具有热稳定性，所以不会被正常的工业加工或烹饪所破坏。足够的人类流行病学和动物实验证明，AFB_1 具有高致癌性、高致突变性及高致畸性。因此，发展简便快捷、灵敏可靠的 AFB_1 分析方法具有重要意义。

Mao 等通过在石墨碳氮化物（$g-C_3N_4$）纳米片表面原位生长 CuO，合成了 $CuO-g-C_3N_4$ 纳米复合材料（图 6-14），并采用分子印迹聚合物作为识别元件，构建了用于检测 AFB_1 的 PEC 传感器。在最佳实验条件下，该传感器检测

AFB$_1$ 的线性范围为 0.01 ng/mL ~ 1 μg/mL，检测限为 6.8 pg/mL，通过标准添加法对玉米样品中的 AFB$_1$ 进行加标回收率检测，回收率为 98.7% ~ 105.7%，这为农产品品质安全及质量高效检测提供了新思路。Chen 等通过将 BiOBr 与氮掺杂石墨烯纳米带（N-GNR）相结合作为光活性界面，构建了用于检测 AFB$_1$ 的 PEC 适配体传感器。该传感器的检测范围为 5 ~ 15 pg/mL，检测限为 1.7 pg/mL，通过标准添加法检测玉米样品中的 AFB$_1$，回收率为 98.0% ~ 102.0%。该传感器可扩展到其他类黄曲霉毒素的实际样品检测中。

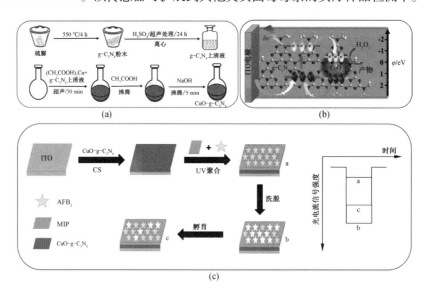

图 6-14　基于 CuO-g-C$_3$N$_4$ 纳米复合材料构建的 PEC 传感器的机理示意图

6.3.4.2　赭曲霉毒素 A

赭曲霉毒素 A（OTA）是由多种生长在粮食（小麦、玉米、燕麦、黑麦、大麦、大米和黍类等）、花生、蔬菜（豆类）等农作物上的曲霉和青霉产生的，主要分布在霉变谷物、霉变饲料中。OTA 检测对快速准确地进行了农产品品质安全筛查具有重要意义。

Wei 等设计了一种 PEC-比色双模免疫传感器，用于 OTA 的精准检测（图 6-15）。该传感器利用抗体作为识别元件，并使用双功能氧化铜纳米花（CuO NFs）作为双信号探针，以触发 PEC 和比色检测的响应信号变化。在 PEC 模式下，CuO-NFs 释放的 Cu^{2+} 可以取代光活性材料中的 Cd^{2+} 形成新的带隙，从而加速电子-空穴复合，引起传感器光电流信号的变化。在比色模式下，Cu^{2+} 有效地辅助金纳米棒（Au-NRs）的蚀刻，导致金纳米棒的多重颜色变化和局部表面等离子体共振（LSPR）位移。该传感器检测 OTA 的线性范围为 1 ng/L～10 μg/L，通过标准添加法对玉米样品中的 OTA 进行检测，回收率为 88.7%～109.1%。该双模检测方法使用两种独立模式的不同检测机制来反映 OTA 的浓度，具有更高的准确性和可靠性。

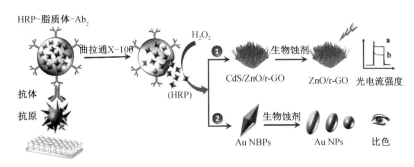

图 6-15　PEC-比色双模免疫传感器检测过程示意图

Liang 等提出了一种利用 PEC 和方波伏安信号的比率传感器，将 CdS 生长在 MoS_2 纳米片上作为光电极固定抗原，以合成的三维 ZnS/Ag_2S 纳米笼固定二抗。免疫反应后，由于 CdS 和 Ag_2S 之间的能级匹配，传感器的 PEC 电流发生变化，而方波伏安法（SWV）信号的获取是由电极酸处理后从 ZnS 中释放 Zn^{2+} 产生的。通过目标物 OTA 加入前后传感器的 PEC 与方波伏安电流信号的比率，可实现 OTA 浓度的定量分析。结果表明，在 1 ng/L～1 μg/L 的范围内，光电流与方波伏安电流信号的比值与 OTA 浓度的对数呈线性关系，该传感器在实际样品检测中具有较好的回收率（99%～107%），为设计新型比率传感器提供了可能途径。

6.3.4.3　玉米赤霉烯酮

玉米赤霉烯酮（ZEN）是一类主要由禾谷镰刀菌、粉红镰刀菌以及尖孢镰刀菌产生的 2,4-二羟基甲酸内酯化合物，是一种非固醇类物质，具有较强的雌激素活性。由于 ZEN 的化学结构与内源性雌激素相似，因此可以与哺乳动物体内的雌激素受体结合，导致雌激素超负荷，从而引发一系列的类雌激素毒性作用和各类病变。我国现行的《食品安全国家标准　食品中真菌毒素限量》（GB 2761—2017）规定：小麦、小麦粉中 ZEN 的最大限量标准为 60 μg/kg，玉米、玉米面（渣、片）中 ZEN 均不得超过 60 μg/kg。

PEC 分析法具有操作简单、分析时间短、灵敏度高等优点，为实现真菌毒素的高灵敏定量分析提供了新的策略。

Huang 等合成了由 CdS 纳米颗粒/MoS$_2$ 纳米薄片/还原氧化石墨烯/碳纳米管（CMGC）纳米复合材料制成的柔性三维（3D）膜，并将其粘贴在基板上作为免疫传感器界面。然后，进一步通过不同的抗原修饰膜电极，竞争性免疫反应后可获得 PEC 和电化学反应的比值信号（图6-16），利用比值信号变化可实现 ZEN 的检测，传感器的线性范围为 0.001 ~ 1 μg/L。另外，以氧化锌氮掺杂石墨烯量子点（ZnO-NGQDs）复合物为光电极，Luo 等构建了一种新型的 PEC 适配体传感器，用于 ZEN 的检测。NGQDs 的引入能够有效地抑制电荷-空穴对的复合，提高 ZnO 的光电转换效率，他们进一步将制备的 ZnO-NGQDs 复合材料与 ZEN 适配体结合，构建了一种灵敏度高、选择性好的 PEC 适配体传感器，以实现 ZEN 的灵敏检测。该传感器的检测线性范围为 $1.0 \times 10^{-13} \sim 1.0 \times 10^{-7}$ g/L，检测限低至 3.3×10^{-14} g/L，并且在实际样品（如大米、大麦）的加标回收率测试中得到了较好的结果。

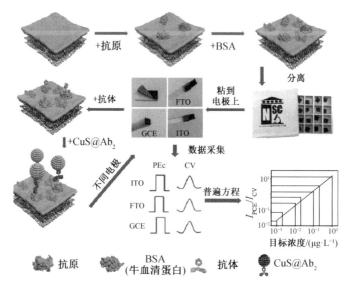

图 6-16　免疫传感器构建及检测过程示意图

6.3.4.4　伏马菌素 B$_1$

伏马菌素 B$_1$（FB$_1$）是一种水溶性次级代谢物，主要由镰刀菌、层斑镰刀菌和轮叶镰刀菌在一定的温度和湿度条件下产生。由于伏马菌素与神经鞘氨醇具有相似的结构，可以通过阻断二氢神经酰胺的形成进一步阻断神经酰胺的生成。因此，伏马菌素对人类和牲畜而言，不仅是一种促癌物，更是一种致癌物。我国现行的关于伏马菌素的检测标准方法有 GB/T 25228—2010，N/T 1958—2007，SN/T 1572—2005，SN/T 3136—2012。不同的检测标准方法有不同的限量标准，一般为 12 μg/kg~0.5 mg/kg。

Mao 等将 CdS QDs 和氧化石墨烯（GO）结合形成异质结，构建了一种快速、超灵敏检测 FB₁ 的分子印迹 PEC 传感平台。首先将分子印迹聚合物固定在光电极上，非洗脱的 PEC 传感器几乎没有光电流响应。分子印迹洗脱后，模板分子被冲走导致电子供体进入空穴并加速电子转移，其光电流响应显著恢复。当分子印迹聚合物与目标物识别时，由于分子印迹空腔填充，其光电流响应降低。基于这一现象该传感器能够特异性检测目标物 FB₁，检测线性范围 0.01~1000 ng/mL，检测限为 4.7 pg/mL，对牛奶、玉米等实际样品进行加标检测的回收率为 94.03 %~106.41 %。该传感器可以扩展到其他类真菌毒素的实际样品检测，为检测其他种类的污染物提供了新思路。

6.4　便携式光电化学检测装置

为了满足快速、便携化以及智能化检测的应用需求，应积极探求新型 PEC 传感设备和检测模式。传感器件性能和检测方式对 PEC 传感系统的综合性能具有显著影响，传统的 PEC 传感系统必不可少的部分包括激发光源、暗盒、三电极检测系统和电化学工作站。以降低成本并简化设备为前提，研究者们积极开发多功能和便携式 PEC 传感装置，现已取得一定的成效。根据信号输出装置的不同，便携式 PEC 传感装置大致分为基于数字万用表、U 盘式电化学工作站、自制微型化恒电位仪等类型。

6.4.1　基于数字万用表的便携式光电化学传感装置

小型电子设备如数字万用表（DMM）与电容器结合非常有利于构建便携式生物传感器。一方面，作为最常用的电子测试设备，DMM 已被证明是一些生物传感器优良的信号读取装置（相对于传统的电化学工作站）；另一方面，作为一种广泛使用的储能设备，电容器的特点是设备小型化、循环稳定性好、充电和放电速度快，被作为一种有效的生物传感信号放大器。当一个电容器被整合到一个生物传感器中时，它可以在几十秒到几分钟的充放电过程中显著放大产生的电输出。此外，由于电容器放大的电信号可以比电化学工作站更方便地在 DMM 上显示，因此电容器和 DMM 的结合为构建低成本的便携式 PEC 传感器提供了一种有效的方法。Tang 等设计了一种基于 DMM 的新型分体式 PEC 免疫传感器。PEC 检测装置由电容器/DMM 连接的电子电路和基于过草酸盐化学发光的自发光电池组成。首先，将还原氧化石墨烯掺杂 BiVO$_4$（BiVO$_4$-rGO）光活性材料集成到电容器/DMM 连接电路中，监测在过氧化氢（H$_2$O$_2$，作为空穴捕获剂）存在下光电流响应情况。通过使用葡萄糖氧化酶/检测抗体偶联金纳米颗粒（pAb$_2$-AuNP-GOx）作为信号放大探针，在捕获抗体包被的微孔板中进行与目标 PSA 的夹心型免疫分析。伴随着夹层免疫复合物标记的 GOx 可以氧化葡萄糖产生 H$_2$O$_2$，生成的 H$_2$O$_2$ 可以作为共反应剂触发过氧草酸盐体系的化学发光和 BiVO$_4$-rGO 的 PEC 反应。同时，自发光可以诱导光伏材料 BiVO$_4$-rGO 产生用于为外部电容器充电的电压。在开关闭合的情况下，电容器可以通过 DMM 放电并产生瞬时电流。与传统的 PEC 免疫测定不同，该传感器产生的光电子存储在电容器中并立即释放以放大光电流信号输出，如图 6-17 所示。该分体式 PEC 免疫测定可避免光伏材料受生物分子干扰，消除了 PEC 分析且无需激发光源和昂贵仪器。

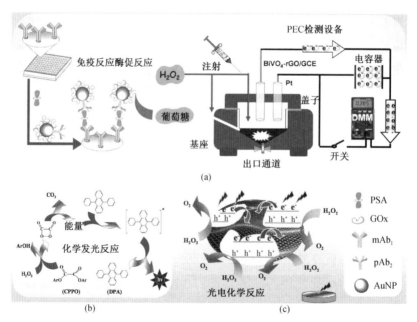

图 6-17　基于数字化万用表的光电化学免疫分析传感器构建与检测示意图

6.4.2 基于 U 盘式电化学工作站的便携式光电化学传感装置

近年来，随着智能手机技术的快速发展，手持大容量充电宝或便携式充电器在日常生活中越来越受欢迎。考虑到 PEC 仪器和电源可以合理地组装在一个手提箱中，基于电源组合 LED 的便携 PEC 分析仪可以为连续现场环境监测提供一种途径，Zheng 等设计了一种便携式 PEC 分析仪，用于环境中大肠杆菌 O157：H7 的现场检测。该分析仪通过一种商用的充电宝（5 V，20 A·h），为 LED 供电；同时，采用笔记本电脑供电的小型 USB 型电化学工作站进行信号采集、处理和读取。为了便于在测试点之间运输，PEC 分析仪被装入手提箱（约 3.5 kg）。该 PEC 分析仪可以连续工作至少 12 小时不充电，因此可以长时间工作在室外。该装置将 LED、电源和定制的三电极系统石英比色管安装在塑料盒中，如图 6-18a 所示。

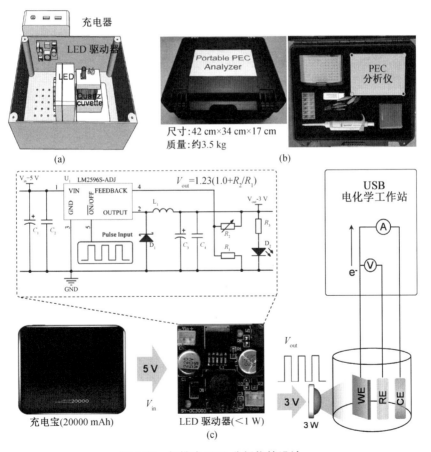

图 6-18 便携式 PEC 分析仪的设计

具体地说，将 LED 放置在光学聚光器的焦点上，聚光器将 LED 光照射到沉积有光活性物质的 ITO 电极上；为了在照明过程中散热，为 LED 配备铝散热器；产生的光电流信号由 USB 型电化学工作站（由笔记本电脑供电和控制）采集。为了方便现场应用，Zheng 等设计了手提箱（42 cm×34 cm×17 cm）用于放置 PEC 分析过程中所需的所有设备（图 6-18b）。为了给 LED 供电，用自制的电压调节器将输出电压降至 3 V，电压调节器（LM2596S-ADJ）的详细电路如图 6-18c 所示。考虑到充电宝的容量(20 A·h)，该 PEC 分析仪预计可以连续工作至少 12 小时，以利于现场环境连续监测。

6.4.3　基于恒电位仪的便携式光电化学传感装置

结合各种微型传感器和小型的检测设备，研究者们实现了各种传感检测方法在智能手机平台上的应用。集成电路的发展为检测设备和光源的小型化提供了可能。另外，智能手机平台为使用者提供了一个简便易操作的功能界面，利用其高度可控的系统和高速计算的优势，能够更好地与集成电路相配合，实现 PEC 传感检测技术的小型化和便携式检测，为多种目标物质的传感检测提供新方法。

Liu 等设计了一种基于智能手机的 PEC 检测系统，如图 6-19a 所示。整个检测在 3D 打印的光屏蔽罩（46 mm×43 mm×82 mm）中进行，检测电路和专门设计的反应设备置于其中。黑色尼龙印刷盖子用于固定三电极系统，集成在电路板上的表面贴装 1206 芯片 LED（3.2 mm×1.6 mm×1.1 mm）用作工作电极的激发光源。LED 紧贴在 PEC 检测单元的外侧，并直接与工作电极对齐。对 PEC 传感而言，智能手机充当显示终端和控制中心。基于智能手机的 PEC 检测系统的框图和工作原理如图 6-19b 所示。微控制器单元（MCU，MSP430FR5959，Texas Instruments Inc.，USA）用于控制数模转换器（DAC，DAC8562，Texas Instruments Inc.，USA）以生成所需的激励模拟信号。LED 开关由 MCU 的 I/O 端口控制。采用运算放大器（Amp）和跨阻放大器（TIA）组成一个集成的 4 通道放大器（AD8608，Analog Devices Inc.，USA）形成恒电位仪模块，接收来自 DAC 的模拟信号并执行 i-t 曲线测量。从 PEC 传感器获得的光电流信号通过模数转换器（ADC，ADS1115，Texas Instruments Inc.，USA）转换为数字信号。蓝牙模块（HC-06）实现电路板与智能手机的通信，负责传输指令和数据。整个模块由锂离子电池（3.7 V）供电。所开发的电路板如图 6-19c 所示。此外，Liu 等还设计了相应的 PEC 检测应用程序（App）来执行便携式光电流分析，并将其视为智能手机和电路板之间的接口。借助无线蓝牙传输技术，可以下达指令，包括 i-t 检测参数和 LED 激励信号；还可以将接收到的数据处理显示在智能手机屏幕上进行分析。

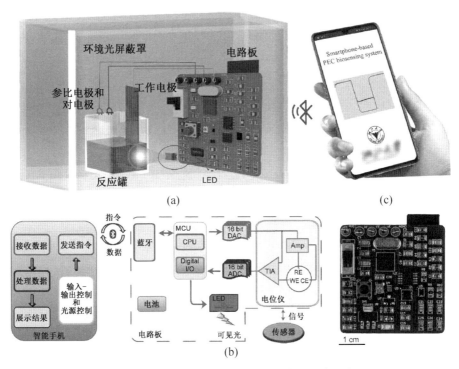

图 6-19　基于智能手机的光电化学检测系统设计

参考文献

[1] Qiao Y F, Li J, Li H B, et al. A label-free photoelectrochemical aptasensor for bisphenol A based on surface plasmon resonance of gold nanoparticle-sensitized ZnO nanopencils[J]. Biosensors and Bioelectronics, 2016,86:315-320.

[2] Bessegato G G, Guaraldo T T, de Brito J F, et al. Achievements and trends in photoelectrocatalysis: from environmental to energy applications[J]. Electrocatalysis, 2015, 6(5): 415-441.

［3］Tiwari J N, Singh A N, Sultan S, et al. Recent advancement of p-and d-block elements, single atoms, and graphene-based photoelectrochemical electrodes for water splitting［J］. Advanced Energy Materials, 2020, 10（24）: 2000280.

［4］Liu Q, Zhang H, Jiang H H, et al. Photoactivities regulating of inorganic semiconductors and their applications in photoelectrochemical sensors for antibiotics analysis: A systematic review［J］. Biosensors and Bioelectronics, 2022, 216: 114634.

［5］Kannan K, Radhika D, Sadasivuni K K, et al. Nanostructured metal oxides and its hybrids for photocatalytic and biomedical applications［J］. Advances in Colloid and Interface Science, 2020, 281: 102178.

［6］He H C, Liao A Z, Guo W L, et al. State-of-the-art progress in the use of ternary metal oxides as photoelectrode materials for water splitting and organic synthesis［J］. Nano Today, 2019, 28: 100763.

［7］Han Z Z, Luo M, Chen L, et al. A photoelectrochemical biosensor for determination of DNA based on flower rod-like zinc oxide heterostructures［J］. Microchimica Acta, 2017, 184（8）: 2541-2549.

［8］Zhang B Q, Zhang Q S, He L H, et al. Photoelectrochemical oxidation of glucose on tungsten trioxide electrode for non-enzymatic glucose sensing and fuel cell applications［J］. Journal of the Electrochemical Society, 2019, 166（8）: B569-B575.

［9］Zheng C Y, Li B C, Hong C Y, et al. Chitosan as a promising hole-scavenger for photoelectrochemical monitoring of cobalt（Ⅱ）ions in water［J］. Journal of Electroanalytical Chemistry, 2019, 851: 113470.

［10］Mokhtar B, Kandiel T A, Ahmed A Y, et al. New application for TiO_2 P25 photocatalyst: A case study of photoelectrochemical sensing of nitrite ions［J］. Chemosphere, 2021, 268: 128847.

［11］Gong J M, Wang X Q, Li X, et al. Highly sensitive visible light activated photoelectrochemical biosensing of organophosphate pesticide using biofunctional crossed bismuth oxyiodide flake arrays［J］. Biosensors and Bioelectronics, 2012, 38（1）: 43-49.

［12］Wang S, Li S P, Wang W W, et al. A non-enzymatic photoelectrochemical glucose sensor based on $BiVO_4$ electrode under visible light［J］. Sensors and Actuators B: Chemical, 2019, 291: 34-41.

［13］He L H, Yang Z, Gong C L, et al. The dual-function of photoelectrochemical glucose oxidation for sensor application and solar-to-electricity production ［J］. Journal of Electroanalytical Chemistry, 2021, 882: 114912.

［14］Han Z Z, Luo M, Chen L, et al. A photoelectrochemical biosensor for determination of DNA based on flower rod-like zinc oxide heterostructures［J］. Microchimica Acta, 2017, 184(8): 2541-2549.

［15］Gong J M, Wang X Q, Li X, et al. Highly sensitive visible light activated photoelectrochemical biosensing of organophosphate pesticide using biofunctional crossed bismuth oxyiodide flake arrays［J］. Biosensors and Bioelectronics, 2012, 38(1): 43-49.

［16］Zhang Q, Zhang L, Liu X N, et al. Establishing interfacial charge-transfer transitions on ferroelectric perovskites: An efficient route for photoelectrochemical bioanalysis［J］. ACS Sensors, 2020, 5(12): 3827-3832.

［17］Zia T, Shah A. Label-free photoelectrochemical immunosensor based on sensitive photocatalytic surface of Sn doped ZnO for detection of hepatitis C (HCV) anticore mAbs 19D9D6［J］. Colloids and Surfaces A: Physicochemical and Engineering Aspects, 2021, 630: 127586.

［18］Yu H H, Tan X R, Sun S B, et al. Engineering paper-based visible light-responsive Sn-self doped domed SnO_2 nanotubes for ultrasensitive photoelectrochemical sensor［J］. Biosensors and Bioelectronics, 2021, 185: 113250.

［19］Du X J, Jiang D, Dai L M, et al. Fabricating photoelectrochemical aptasensor for selectively monitoring microcystin-LR residues in fish based on visible light-responsive BiOBr nanoflakes/N-doped graphene photoelectrode［J］. Biosensors and Bioelectronics, 2016, 81: 242-248.

［20］Jiang D L, Ma W X, Xiao P, et al. Enhanced photocatalytic activity of graphitic carbon nitride/carbon nanotube/Bi_2WO_6 ternary Z-scheme heterojunction with carbon nanotube as efficient electron mediator［J］. Journal of Colloid and Interface Science, 2018, 512: 693-700.

[21] Han F J, Song Z Q, Nawaz M H, et al. MoS$_2$/ZnO-heterostructures-based label-free, visible-light-excited photoelectrochemical sensor for sensitive and selective determination of synthetic antioxidant propyl gallate [J]. Analytical Chemistry, 2019, 91(16): 10657-10662.

[22] Ma Y, Lyu P, Duan F, et al. Direct Z-scheme Bi$_2$S$_3$/BiFeO$_3$ hetero-junction nanofibers with enhanced photocatalytic activity[J]. Journal of Alloys and Compounds, 2020, 834: 155158.

[23] Li Y H, Lyu K L, Ho W, et al. Hybridization of rutile TiO$_2$(rTiO$_2$) with g-C$_3$N$_4$ quantum dots (CN QDs): An efficient visible-light-driven Z-scheme hybridized photocatalyst[J]. Applied Catalysis B: Environmental, 2017, 202: 611-619.

[24] Velásquez D A P, Sousa F L N, Soares T A S, et al. Boosting the per-formance of TiO$_2$ nanotubes with ecofriendly AgIn$_5$Se$_8$ quantum dots for photoelec-trochemical hydrogen generation [J]. Journal of Power Sources, 2021, 506: 230165.

[25] Li N, Fu C P, Wang F F, et al. Photoelectrochemical detection of let-7a based on toehold-mediated strand displacement reaction and Bi$_2$S$_3$ nanoflower for signal amplification [J]. Sensors and Actuators B: Chemical, 2020, 323: 128655.

[26] Li Y X, Mei S Y, Liu S M, et al. A photoelectrochemical sensing strategy based on single-layer MoS$_2$ modified electrode for methionine detection [J]. Journal of Pharmaceutical and Biomedical Analysis, 2019, 165: 94-100.

[27] Li X Q, Zhong L, Liu R L, et al. A molecularly imprinted photoelec-trochemical sensor based on the use of Bi$_2$S$_3$ for sensitive determination of dioctyl phthalate[J]. Microchimica Acta, 2019, 186(11): 688.

[28] Liu J, Liu Y, Wang W, et al. Component reconstitution-driven photo-electrochemical sensor for sensitive detection of Cu^{2+} based on advanced CuS/CdS p-n junction[J]. Science China Chemistry, 2019, 62(12): 1725-1731.

[29] Li Y M, Meng L X, Zou K, et al. A novel photoelectrochemical immu-nosensor for prion protein based on CdTe quantum dots and glucose oxidase[J]. Journal of Electroanalytical Chemistry, 2018, 829: 51-58.

［30］Li J, Mo F, Guo L, et al. Ligand reduction and cation exchange on nanostructures for an elegant design of copper ions photoelectrochemical sensing ［J］. Sensors and Actuators B: Chemical, 2021, 328: 129032.

［31］Wang N N, Pan R R, Ji L N, et al. Photoelectrochemical analysis of the alkaline phosphatase activity in single living cells［J］. The Analyst, 2021, 146(18): 5528-5532.

［32］Huang C A, Liu Y Q, Sun Y N, et al. Cathode-anode spatial division photoelectrochemical platform based on a one-step DNA walker for monitoring of miRNA - 21 ［J］. ACS Applied Materials & Interfaces, 2021, 13 (30): 35389-35396.

［33］Zhang X R, Liu M S, Liu H X, et al. Low-toxic Ag_2S quantum dots for photoelectrochemical detection glucose and cancer cells［J］. Biosensors and Bioelectronics, 2014, 56: 307-312.

［34］Wang P P, Cao L, Wu Y, et al. A cathodic photoelectrochemical sensor for chromium(Ⅵ) based on the use of PbS quantum dot semiconductors on an ITO electrode［J］. Microchimica Acta, 2018, 185(7): 356.

［35］Wang Y, Wang P P, Wu Y, et al. A cathodic "signal-on" photoelectrochemical sensor for Hg^{2+} detection based on ion-exchange with ZnS quantum dots［J］. Sensors and Actuators B: Chemical, 2018, 254: 910-915.

［36］Jiang G H, Yang R Y, Liu J, et al. Two-dimensional Ti_2C MXene-induced photocurrent polarity switching photoelectrochemical biosensing platform for ultrasensitive and selective detection of soluble CD146［J］. Sensors and Actuators B: Chemical, 2022, 350: 130859.

［37］Wu P, Pan J B, Li X L, et al. Long-lived charge carriers in Mn-doped CdS quantum dots for photoelectrochemical cytosensing［J］. Chemistry-A European Journal, 2015, 21(13): 5129-5135.

［38］Zhang L X, Li P, Feng L P, et al. Synergetic Ag_2S and ZnS quantum dots as the sensitizer and recognition probe: A visible light-driven photoelectrochemical sensor for the "signal-on" analysis of mercury (Ⅱ)［J］. Journal of Hazardous Materials, 2020, 387: 121715.

[39] Li K Y, Fang Z L, Xiong S, et al. Novel graphitic-C_3N_4 nanosheets: Enhanced visible light photocatalytic activity and photoelectrochemical detection of methylene blue dye[J]. Materials Technology, 2017, 32(7): 391-398.

[40] Xu L, Xia J X, Wang L G, et al. Graphitic carbon nitride nanorods for photoelectrochemical sensing of trace copper(Ⅱ) ions[J]. European Journal of Inorganic Chemistry, 2014, 2014(23): 3665-3673.

[41] Liang D, Liang X, Zhang Z X, et al. A regenerative photoelectrochemical sensor based on functional porous carbon nitride for Cu^{2+} detection[J]. Microchemical Journal, 2020, 156: 104922.

[42] Du J Y, Fan Y F, Gan X R, et al. Three-dimension branched crystalline carbon nitride: A high efficiency photoelectrochemical sensor of trace Cu^{2+} detection[J]. Electrochimica Acta, 2020, 330: 135336.

[43] Motaghed M R, Ge L Q, Jiang H, et al. A facile photoelectrochemical sensor for high sensitive ROS and AA detection based on graphitic carbon nitride nanosheets[J]. Biosensors and Bioelectronics, 2018, 107: 54-61.

[44] Qi H B, Sun B, Dong J, et al. Facile synthesis of two-dimensional tailored graphitic carbon nitride with enhanced photoelectrochemical properties through a three-step polycondensation method for photocatalysis and photoelectrochemical immunosensor[J]. Sensors and Actuators B: Chemical, 2019, 285: 42-48.

[45] Tan J, Tian N, Li Z F, et al. Intrinsic defect engineering in graphitic carbon nitride for photocatalytic environmental purification: A review to fill existing knowledge gaps[J]. Chemical Engineering Journal, 2021, 421: 127729.

[46] Li K, Zeng X Q, Gao S M, et al. Ultrasonic-assisted pyrolyzation fabrication of reduced $SnO_2-x/g-C_3N_4$ heterojunctions: Enhance photoelectrochemical and photocatalytic activity under visible LED light irradiation[J]. Nano Research, 2016, 9(7): 1969-1982.

[47] Shi T Y, Li H N, Ding L J, et al. Facile preparation of unsubstituted iron(Ⅱ) phthalocyanine/carbon nitride nanocomposites: A multipurpose catalyst with reciprocally enhanced photo/electrocatalytic activity[J]. ACS Sustainable Chemistry & Engineering, 2019, 7(3): 3319-3328.

[48] Huang M Y, Zhao Y L, Xiong W, et al. Collaborative enhancement of

photon harvesting and charge carrier dynamics in carbon nitride photoelectrode [J]. Applied Catalysis B: Environmental, 2018, 237: 783-790.

[49] Zheng Y M, Liu Y Y, Guo X L, et al. S, Na Co-doped graphitic carbon nitride/reduced graphene oxide hollow mesoporous spheres for photoelectrochemical catalysis application[J]. ACS Applied Nano Materials, 2020, 3(8): 7982-7991.

[50] Wang X X, Hu X J, Yang W P, et al. Exploitation of a turn-on photoelectrochemical sensing platform based on Au/BiOI for determination of copper (Ⅱ) ions in food samples[J]. Journal of Electroanalytical Chemistry, 2021, 895: 115536.

[51] Wang Y Z, Zu M, Li S, et al. Dual modification of TiO_2 nanorods for selective photoelectrochemical detection of organic compounds[J]. Sensors and Actuators B: Chemical, 2017, 250: 307-314.

[52] Chen D L, Wang X H, Zhang K X, et al. Glucose photoelectrochemical enzyme sensor based on competitive reaction of ascorbic acid[J]. Biosensors and Bioelectronics, 2020, 166: 112466.

[53] Yang Y X, Yang J, He Y C, et al. A dual-signal mode ratiometric photoelectrochemical sensor based on voltage-resolved strategy for glucose detection [J]. Sensors and Actuators B: Chemical, 2021, 330: 129302.

[54] Alizadeh T, Mirzagholipur S. A Nafion-free non-enzymatic amperometric glucose sensor based on copper oxide nanoparticles-graphene nanocomposite [J]. Sensors and Actuators B: Chemical, 2014, 198: 438-447.

[55] Yang Y H, Yan K, Zhang J D. Dual non-enzymatic glucose sensing on $Ni(OH)_2/TiO_2$ photoanode under visible light illumination[J]. Electrochimica Acta, 2017, 228: 28-35.

[56] Zhu Y H, Xu Z W, Yan K, et al. One-step synthesis of $CuO-Cu_2O$ heterojunction by flame spray pyrolysis for cathodic photoelectrochemical sensing of l-cysteine[J]. ACS Applied Materials & Interfaces, 2017, 9(46): 40452-40460.

[57] Liu W T, Yao C F, Cui H, et al. A nano-enzymatic photoelectrochemical L-cysteine biosensor based on Bi_2MoO_6 modified honeycomb TiO_2 nanotube arrays composite[J]. Microchemical Journal, 2022, 175: 107200.

[58] Wang H Y, Qi Y T, Wu D, et al. A photoelectrochemical self-powered sensor for the detection of sarcosine based on NiO NSs/PbS/AuNPs as photocathodic material[J]. Journal of Hazardous Materials, 2021, 416: 126201.

[59] Liu D Q, Bai X Y, Sun J, et al. Hollow In_2O_3/In_2S_3 nanocolumn-assisted molecularly imprinted photoelectrochemical sensor for glutathione detection [J]. Sensors and Actuators B: Chemical, 2022, 359: 131542.

[60] Cheng Y J, Chen C J, Hu S N, et al. A facile photoelectrochemical sensor for high sensitive dopamine and ascorbic acid detection based on Bi surface plasmon resonance-promoted $BiVO_4$ microspheres[J]. Journal of the Electrochemical Society, 2020, 167: 027536.

[61] Han F J, Song Z Q, Xu J N, et al. Oxidized titanium carbide MXene-enabled photoelectrochemical sensor for quantifying synergistic interaction of ascorbic acid based antioxidants system [J]. Biosensors and Bioelectronics, 2021, 177: 112978.

[62] Liang Z S, Han D F, Han F J, et al. Novel strategy of natural antioxidant nutrition quality evaluation in food: Oxidation resistance mechanism and synergistic effects investigation[J]. Food Chemistry, 2021, 359: 129768.

[63] Sousa K A P, Lima F M R, Monteiro T O, et al. Amperometric photosensor based on acridine orange/TiO_2 for chlorogenic acid determination in food samples[J]. Food Analytical Methods, 2018, 11(10): 2731-2741.

[64] Botelho C N, das Mercês Pereira N, Silva G G, et al. Photoelectrochemical-assisted determination of caffeic acid exploiting a composite based on carbon nanotubes, cadmium telluride quantum dots, and titanium dioxide[J]. Analytical Methods, 2019, 11(37): 4775-4784.

[65] 张家一. 农业用水中汞离子检测的电化学发光生物传感器研究 [D]. 镇江: 江苏大学, 2019.

[66] Zhang L X, Feng L P, Li P, et al. Near-infrared light-driven photoelectrochemical sensor for mercury (Ⅱ) detection using bead-chain-like Ag@ Ag_2S nanocomposites[J]. Chemical Engineering Journal, 2021, 409: 128154.

[67] Jiang Q Q, Wang H J, Wei X Q, et al. Efficient $BiVO_4$ photoanode

decorated with Ti₃C₂TX MXene for enhanced photoelectrochemical sensing of Hg (Ⅱ) ion[J]. Analytica Chimica Acta, 2020, 1119: 11-17.

[68] Qiu M L, Mao X Y, Zhang C S. Lab-on-cloth integrated with a photo-electrochemical cell and ion imprinting for point-of-care testing of Hg(Ⅱ)[J]. Sensors and Actuators B: Chemical, 2022, 361: 131689.

[69] Wu H, Sui F F, Duan H T, et al. Comparison of heavy metal specia-tion, transfer and their key influential factors in vegetable soils contaminated from industrial operation and organic fertilization[J]. Journal of Soils and Sediments, 2022, 22(6): 1735-1745.

[70] Li H B, Li M Y, Zhao D, et al. Oral bioavailability of As, Pb, and Cd in contaminated soils, dust, and foods based on animal bioassays: A review [J]. Environmental Science & Technology, 2019, 53(18): 10545-10559.

[71] Li Y, Chen F T, Luan Z Z, et al. A versatile cathodic "signal-on" photoelectrochemical platform based on a dual-signal amplification strategy[J]. Biosensors and Bioelectronics, 2018, 119: 63-69.

[72] Meng L X, Liu M Y, Xiao K, et al. Sensitive photoelectrochemical as-say of Pb^{2+} based on DNAzyme-induced disassembly of the "Z-scheme" TiO_2/Au/ CdS QDs system[J]. Chemical Communications, 2020,56(59):8261-8264.

[73] Huang L J, Deng H M, Zhong X, et al. Wavelength distinguishable signal quenching and enhancing toward photoactive material 3, 4, 9, 10-peryle-netetracarboxylic dianhydride for simultaneous assay of dual metal ions[J]. Bio-sensors and Bioelectronics, 2019, 145: 111702.

[74] Deng H M, Huang L J, Chai Y Q, et al. Ultrasensitive photoelectro-chemical detection of multiple metal ions based on wavelength-resolved dual-signal output triggered by click reaction[J]. Analytical Chemistry,2019,91(4):2861-2868.

[75] Dashtian K, Ghaedi M, Hajati S. Photo-Sensitive $Pb_5S_2I_6$ crystal in-corporated polydopamine biointerface coated on nanoporous TiO_2 as an efficient sig-nal-on photoelectrochemical bioassay for ultrasensitive detection of Cr(Ⅵ) ions [J]. Biosensors and Bioelectronics, 2019, 132: 105-114.

[76] Liao S, Zhu F W, Zhao X Y, et al. A reusable P, N-doped carbon

quantum dot fluorescent sensor for cobalt ion[J]. Sensors and Actuators B: Chemical, 2018, 260: 156-164.

[77] 李百川. 光电化学传感技术在白酒酒精度、饮用水中钴离子和硫离子检测中的应用研究[D]. 厦门: 集美大学, 2019.

[78] Ioannidou S, Cascio C, Gilsenan M B. European Food Safety Authority open access tools to estimate dietary exposure to food chemicals[J]. Environment International, 2021, 149: 106357.

[79] 吴兴强. 特色食用农产品中农药残留检测技术研究与应用[D]. 保定: 河北大学, 2021.

[80] Jin D Q, Gong A Q, Zhou H. Visible-light-activated photoelectrochemical biosensor for the detection of the pesticide acetochlor in vegetables and fruit based on its inhibition of glucose oxidase[J]. RSC Advances, 2017, 7(28): 17489-17496.

[81] Jin D Q, Xu Q, Wang Y J, et al. A derivative photoelectrochemical sensing platform for herbicide acetochlor based on TiO_2−poly (3−hexylthiophene)−ionic liquid nanocomposite film modified electrodes[J]. Talanta, 2014, 127: 169-174.

[82] Wang P P, Dai W J, Ge L, et al. Visible light photoelectrochemical sensor based on Au nanoparticles and molecularly imprinted poly(o−phenylenediamine)-modified TiO_2 nanotubes for specific and sensitive detection chlorpyrifos [J]. Analyst, 2013, 138(3): 939-945.

[83] Wang J A, Lyu W X, Wu J H, et al. Electropolymerization-induced positively charged phenothiazine polymer photoelectrode for highly sensitive photoelectrochemical biosensing[J]. Analytical Chemistry, 2019, 91(21): 13831-13837.

[84] Miao L L, Li Z, Chen Y, et al. A sensitive photoelectrochemical biosensor for pesticide detection based on $BiVO_4$[J]. International Journal of Environmental Analytical Chemistry, 2021: 1-14.

[85] Du X J, Du W H, Sun J, et al. Self-powered photoelectrochemical sensor for chlorpyrifos detection in fruit and vegetables based on metal-ligand

charge transfer effect by Ti$_3$C$_2$ based Schottky junction[J]. Food Chemistry, 2022, 385: 132731.

[86] Wang H, Zhang B H, Zhao F Q, et al. One-pot synthesis of N-graphene quantum dot-functionalized I-BiOCl Z-scheme cathodic materials for "signal-off" photoelectrochemical sensing of chlorpyrifos[J]. ACS Applied Materials & Interfaces, 2018, 10(41): 35281-35288.

[87] Liu Q, Yin Y Y, Hao N, et al. Nitrogen functionlized graphene quantum dots/3D bismuth oxyiodine hybrid hollow microspheres as remarkable photoelectrode for photoelectrochemical sensing of chlopyrifos[J]. Sensors and Actuators B: Chemical, 2018, 260: 1034-1042.

[88] Wang H X, Liang D, Xu Y, et al. A highly efficient photoelectrochemical sensor for detection of chlorpyrifos based on 2D/2D β-Bi$_2$O$_3$/g-C$_3$N$_4$ heterojunctions[J]. Environmental Science: Nano, 2021, 8(3): 773-783.

[89] Li X Y, Zheng Z Z, Liu X F, et al. Nanostructured photoelectrochemical biosensor for highly sensitive detection of organophosphorous pesticides[J]. Biosensors and Bioelectronics, 2015, 64: 1-5.

[90] Cao Y, Wang L N, Wang C Y, et al. Photoelectrochemical determination of malathion by using CuO modified with a metal-organic framework of type Cu-BTC[J]. Microchimica Acta, 2019, 186(7): 481.

[91] Li Y L, Zhang S P, Zhang Q R, et al. Binding-induced internal-displacement of signal-on photoelectrochemical response: A glyphosate detection platform based on graphitic carbon nitride[J]. Sensors and Actuators B: Chemical, 2016, 224: 798-804.

[92] 王成全. 基于磁控适配体传感体系的农产品中典型霉菌毒素检测研究[D]. 镇江: 江苏大学, 2016.

[93] 安克奇. 形貌调控的纳米金构建可抛式电化学适配体传感器及其黄曲霉毒素检测研究[D]. 镇江: 江苏大学, 2020.

[94] Mao L B, Xue X J, Xu X, et al. Heterostructured CuO-g-C$_3$N$_4$ nanocomposites as a highly efficient photocathode for photoelectrochemical aflatoxin B$_1$ sensing[J]. Sensors and Actuators B: Chemical, 2021, 329: 129146.

[95] Chen W, Zhu M Y, Liu Q, et al. Fabricating photoelectrochemical

aptasensor for sensitive detection of aflatoxin B_1 with visible-light-driven BiOBr/nitrogen-doped graphene nanoribbons[J]. Journal of Electroanalytical Chemistry, 2019, 840: 67-73.

[96] Wei J E, Chen H M, Chen H H, et al. Multifunctional peroxidase-encapsulated nanoliposomes: Bioetching-induced photoelectrometric and colorimetric immunoassay for broad-spectrum detection of ochratoxins[J]. ACS Applied Materials & Interfaces, 2019, 11(27): 23832-23839.

[97] Qileng A R, Liang H Z, Huang S L, et al. Dual-function of ZnS/Ag_2S nanocages in ratiometric immunosensors for the discriminant analysis of ochratoxins: Photoelectrochemistry and electrochemistry[J]. Sensors and Actuators B: Chemical, 2020, 314: 128066.

[98] Li M X, Wang H Y, Wang X X, et al. Ti_3C_2/Cu_2O heterostructure based signal-off photoelectrochemical sensor for high sensitivity detection of glucose [J]. Biosensors and Bioelectronics, 2019, 142: 111535.

[99] Qileng A R, Huang S L, He L A, et al. Composite films of CdS nanoparticles, MoS_2 nanoflakes, reduced graphene oxide, and carbon nanotubes for ratiometric and modular immunosensing-based detection of toxins in cereals[J]. ACS Applied Nano Materials, 2020, 3(3): 2822-2829.

[100] Luo L J, Liu X H, Ma S, et al. Quantification of zearalenone in mildewing cereal crops using an innovative photoelectrochemical aptamer sensing strategy based on ZnO - NGQDs composites [J]. Food Chemistry, 2020, 322: 126778.

[101] 罗莉君. 玉米中玉米赤霉烯酮和脱氧雪腐镰刀菌烯醇的自增强电化学发光适配体传感研究[D]. 镇江：江苏大学，2021.

[102] Mao L B, Ji K L, Yao L L, et al. Molecularly imprinted photoelectrochemical sensor for fumonisin B_1 based on GO-CdS heterojunction[J]. Biosensors and Bioelectronics, 2019, 127: 57-63.

[103] Tang D P, Zhang B, Liu B Q, et al. Digital multimeter-based immunosensing strategy for sensitive monitoring of biomarker by coupling an external capacitor with an enzymatic catalysis[J]. Biosensors and Bioelectronics, 2014, 55: 255-258.

［104］Qian J, Han Y J, Yang C H, et al. Energy storage performance of flexible NKBT／NKBT－ST multilayer film capacitor by interface engineering［J］. Nano Energy, 2020, 74：104862.

［105］Li C, Cong S, Tian Z N, et al. Flexible perovskite solar cell-driven photo-rechargeable lithium-ion capacitor for self-powered wearable strain sensors［J］. Nano Energy, 2019, 60：247－256.

［106］Wang Y H, Ge L, Ma C, et al. Self-powered and sensitive DNA detection in a three-dimensional origami-based biofuel cell based on a porous Pt－paper cathode［J］. Chemistry-A European Journal, 2014, 20（39）：12453－12462.

［107］Gao C M, Wang Y H, Su M, et al. A dual functional analytical device for self-powered point of care testing and electric energy storage［J］. Chemical Communications, 2015, 51（46）：9527－9530.

［108］Shu J A, Qiu Z L, Zhou Q A, et al. Enzymatic oxydate-triggered self-illuminated photoelectrochemical sensing platform for portable immunoassay using digital multimeter［J］. Analytical Chemistry, 2016, 88（5）：2958－2966.

［109］Zheng T, Jiang X M, Li N W, et al. A portable, battery-powered photoelectrochemical aptasesor for field environment monitoring of E. coli O157：H7［J］. Sensors and Actuators B：Chemical, 2021, 346：130520.

［110］Zhang S Q, Li L H, Zhao H J, et al. A portable miniature UV－LED－based photoelectrochemical system for determination of chemical oxygen demand in wastewater［J］. Sensors and Actuators B：Chemical, 2009, 141（2）：634－640.

［111］Zhang S Q, Li L H, Zhao H J. A portable photoelectrochemical probe for rapid determination of chemical oxygen demand in wastewaters［J］. Environmental Science & Technology, 2009, 43（20）：7810－7815.

［112］张情情. 基于智能手机的光电化学生化传感检测系统研究［D］. 杭州：浙江大学, 2021.

［113］Zhang Q Q, Chen Z T, Shi Z H, et al. Smartphone-based photoelectrochemical biosensing system with graphitic carbon nitride／gold nanoparticles modified electrodes for matrix metalloproteinase－2 detection［J］. Biosensors and Bioelectronics, 2021, 193：113572.